时频分析及其应用

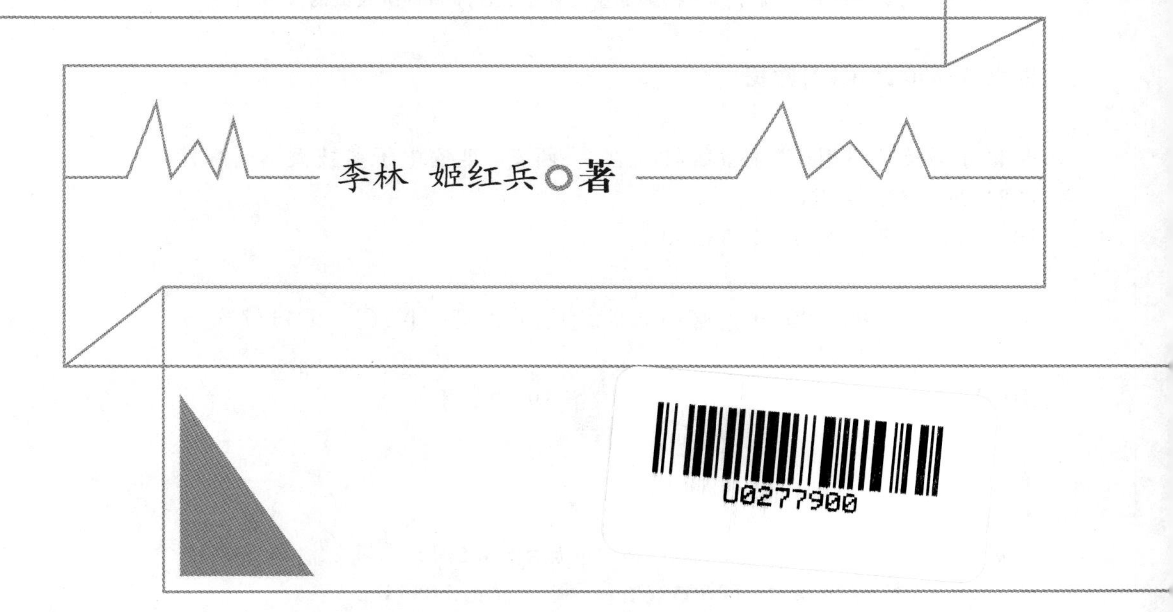

西安电子科技大学出版社

内 容 简 介

时频分析技术是信号处理领域的主要技术之一，广泛应用于雷达、通信、电子对抗、航天测控等领域。本书是编者在总结近年来承担的多项科研项目中涉及的时频分析及其应用相关研究成果的基础上，结合最新研究进展编写的。书中侧重于介绍相关数学理论和模型的挖掘，融合泛函分析、矩阵与张量分析等数学知识，从方便理解和应用的角度，系统地介绍了信号空间、傅里叶分析、小波变换等基础理论，以及瞬时频率估计、信号重构、信号分离等代表性方法和应用。

本书具有基础理论系统、分析方法先进、工程应用典型的特点，可作为高等学校电子信息类专业硕士、博士研究生的教材，也可作为相关专业研究生、教师和科研人员的参考书。

图书在版编目(CIP)数据

时频分析及其应用 / 李林，姬红兵著. --西安：西安电子科技大学出版社，
2024.1(2024.12 重印)
ISBN 978 - 7 - 5606 - 7056 - 0

Ⅰ. ①时…　Ⅱ. ①李…　②姬…　Ⅲ. ①信号处理　Ⅳ. ①TN911.7

中国国家版本馆 CIP 数据核字(2023)第 192834 号

策　　划　高　樱
责任编辑　于文平
出版发行　西安电子科技大学出版社(西安市太白南路 2 号)
电　　话　(029)88202421　88201467　　邮　　编　710071
网　　址　www.xduph.com　　电子邮箱　xdupfxb001@163.com
经　　销　新华书店
印刷单位　陕西天意印务有限责任公司
版　　次　2024 年 1 月第 1 版　2024 年 12 月第 2 次印刷
开　　本　787 毫米×960 毫米　1/16　印张　12.25
字　　数　242 千字
定　　价　36.00 元
ISBN 978 - 7 - 5606 - 7056 - 0

XDUP 7358001 - 2

前　言

信号处理算法包括信号表示、信号滤波、信号变换、参数估计、信号特征分析等，研究有效的信号处理算法，以揭示信号变化的机理与规律，尽可能获取有用信息，一直以来都是信号与信息处理技术的发展目标。自然界中存在的信号一般都是随机信号，可分为平稳信号与非平稳信号。平稳信号是指其统计特性不随时间变化的信号，如随机初相信号、白噪声等；非平稳信号是指其统计特性随时间变化的信号，如声音、地震、潮汐等自然信号，以及电子、经济、医学等人工信号。实际中存在的信号都是非平稳信号，而平稳信号一般只是工程上的近似和简化。传统的傅里叶分析理论只适用于平稳信号，无法准确表征非平稳信号的时间局部特征，也不能揭示其非平稳变化信息。近年来，非平稳信号分析已广泛应用于工程技术的各个领域，成为信号分解与重构、压缩感知、超分辨分析、目标识别、故障分析等领域的关键技术，并一直是信号处理领域的研究热点和前沿方向。

国内外已经出版了一些非平稳信号分析的专(译)著，其中具有代表性的是 I. Daubechies 所著的《小波十讲》，该书深入系统地论述了小波分析理论，对于非平稳信号分析的理论建立做出了重要贡献。张贤达、保铮所著的《非平稳信号分析与处理》系统全面地阐述了时频分析、循环平稳分析、高阶循环谱等方法，对于非平稳信号分析理论研究和工程应用起到了积极的推动作用。近几年，随着压缩感知、超分辨分析、盲源分离、目标识别等理论，以及认知雷达、电磁频谱战、新一代通信技术等的飞速发展，非平稳信号分析方法也取得了长足的进步。区别于已有著作，本书主要以电子信息类研究生为对象，在系统总结课题组多年研究成果的基础上，结合领域最新研究进展，重点介绍相关基础理论和代表性方法，注重基础理论的系统性、分析方法的先进性和工程应用的典型性，其特色主要体现在以下几个方面：

(1) 结构紧凑，理论系统。针对雷达、通信、电子对抗等实际应用中涉及的非平稳信号处理问题，首先给出信号空间的概念，综合了内积空间、函数空间、矩阵空间、张量空间等；然后基于泛函分析和矩阵分析理论，在信号空间中定义短时傅里叶变换、小波分析、时频分布等分析方法，通过泛函分析和矩阵表示将信号空间和时频空间紧密联系起来，形成了一个有机的整体。

(2) 内容新颖，方法先进。以复杂多分量非平稳信号分析为重点，系统介绍信号瞬时频率估计，以及多分量信号分离与重构的理论和方法，反映了课题组近年来的研究成果和领域的最新研究进展。

(3) 应用典型，易于推广。针对电子信息类硕士和博士研究生，引入了雷达信号、脑电信号、语音信号等应用实例，在归纳总结科研项目中的非平稳信号处理相关问题的基础上，挖掘相应的数学模型和理论，使读者可以理论联系实际、更深层次地理解相关分析、处理方法，具有广泛的适用性。同时，针对电子信息类研究生的知识结构和专业特点，尽量从物理角度阐述变换的概念，解释其内在的含义，省略复杂冗繁的理论推导和分析，提高了本书内容的可读性。

全书共 6 章，第 1 章信号空间，重点介绍向量空间、内积空间、向量空间中的基、矩阵空间、张量空间等概念；第 2 章短时傅里叶变换，在傅里叶变换的基础上，详细介绍了短时傅里叶变换、谱图的时频特征、时频基和 Gabor 展开；第 3 章小波分析，从时频基和时频滤波的角度出发，介绍了小波变换、多分辨分析、离散小波变换等；第 4 章时频分布，以精确的瞬时频率估计为目标，重点介绍各种高聚集性时频分布算法，以及时频聚集性评价方法；第 5 章自适应时频分析，主要介绍自适应小波变换、自适应短时傅里叶变换和自适应同步压缩变换等；第 6 章信号分离与重构，从经典的盲源分离模型和理论出发，引出单通道非平稳多分量信号分离与重构问题，介绍经验模式分解算法、直接信号分离算法、基于时间-频率-调频斜率的三维信号表示等最新理论和技术。

本书在编写过程中得到了美国密苏里大学圣路易斯分校蒋庆堂教授、美国斯坦福大学崔锦泰教授的指导和帮助，在此表示衷心的感谢。书中部分内容源于编者与两位教授在 *Applied and Computational Harmonic Analysis*、*IEEE Transactions on Signal Processing*、*Journal of Computational and Applied Mathematics*、*Mechanical Systems and Signal Processing*、*Signal Processing*、*IEEE Transactions on Aerospace and Electronic Systems* 等重要学术期刊合作发表的学术论文，部分内容参考了崔锦泰教授和蒋庆堂教授撰写的专著 *Applied Mathematics: Data Compression, Spectral Methods, Fourier Analysis, Wavelets and Applications*。此外，本书在编写过程中得到了西安电子科技大学电子工程学院、电子信息攻防对抗与仿真技术教育部重点实验室、智能频谱感知与信息融合西安市重点实验室的同仁和研究生的支持与帮助，本书的出版也得到了西安电子科技大学出版社的大力支持，在此一并表示衷心的感谢。

限于编者水平，书中疏漏在所难免，敬请广大读者批评指正。

编　者

2023 年 8 月

目　录

第1章　信号空间

1.1　引　　言

什么是信号？信号是表示消息的物理量，是运载消息的工具，是消息的载体。从广义上讲，信号包含光信号、声信号、电信号、图像信号等。例如，电信号可以通过幅度、频率、相位的变化来表示不同的消息，这种表示消息的电信号在通信领域中一般称为幅度调制（amplitude modulation，AM）、频率调制（frequency modulation，FM）或相位调制（phase shift keying，PSK）信号。信号可理解为事件的状态随时间变化的情况，时间是信号的一个重要因素。按照实际用途区分，信号包括声音信号（如图 1.1－1 所示）、电视信号、广播信号、雷达信号、通信信号等。按照特性区分，信号可分为确定性信号和随机信号，连续信号和离散信号，模拟信号和数字信号等。其中，随机信号又可以按照其概率分布分为高斯信号、瑞利信号等。

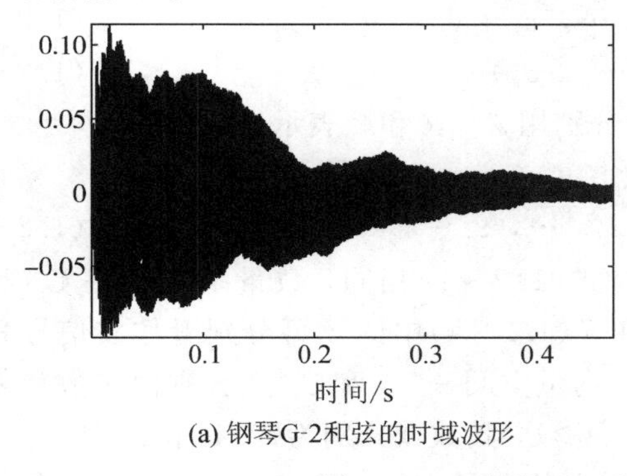

(a) 钢琴G-2和弦的时域波形

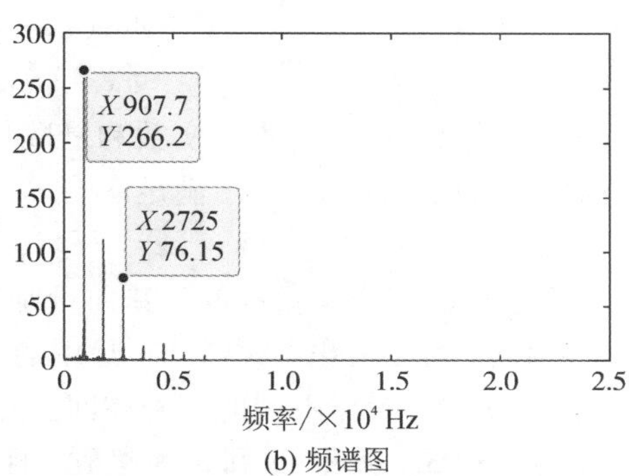

(b) 频谱图

图 1.1－1　钢琴 G-2 和弦的时域波形及其频谱图

根据表示信号的维数，信号可分为一维信号、二维信号和多维信号等。其中，一维连续信号 $x(t)$ 可看作以时间 t 为变量的一维函数；一维离散信号 $x(n)$ 可看作一维序列或向量。

类似地，多维信号也可以用多维函数或多维序列(矩阵)进行表示。在数学上，向量空间由函数和序列构成。因此，信号空间是向量空间的一个特例，在物理上具有时间和信息的特征。

为了从数学上更好地理解信号、信号模型，以及信号在不同分析域中的表示方法，本章将重点介绍向量空间、内积空间、向量空间中的基、矩阵空间、张量空间等概念。1.2 节介绍向量空间，包括向量空间的定义、度量空间、序列空间、函数空间、范数等基本概念。1.3 节介绍内积空间，并给出内积空间范数、柯西-施瓦茨不等式等。1.4 节介绍向量空间中的基，包括正交基、对偶基、正交投影等。1.5 节介绍矩阵空间，重点介绍谱分解、奇异值分解、主分量分析等理论，以及主分量分析在数据降维中的应用。1.6 节介绍张量空间，包括张量的秩、CP 分解、Tucker 分解等。

1.2 向量空间

1.2.1 向量空间的定义

定义 1.2.1 向量空间(vector space)：令$\mathbb{F}$表示数域(scalar field)，例如整数、实数和复数，非空集合$\mathbb{V}$包含元素(向量)和两种运算(向量加法和数量乘法)，如果在向量加法和数量乘法下$\mathbb{V}$是闭空间，且这两种运算满足特定的规则，那么称$\mathbb{V}$为数域$\mathbb{F}$上的**向量空间**。

例如，若向量 $\boldsymbol{x}\in\mathbb{R}^n$ 满足

$$\boldsymbol{x}=(x_1, \cdots, x_n), \ x_1, \cdots, x_n\in\mathbb{R} \tag{1.2-1}$$

则$\mathbb{R}^n$是$\mathbb{F}$上的一个向量空间，其向量加法和数量乘法分别定义为

$$\boldsymbol{x}+\boldsymbol{y}=(x_1+y_1, \cdots, x_n+y_n) \tag{1.2-2}$$

$$a\boldsymbol{x}=(ax_1, \cdots, ax_n) \tag{1.2-3}$$

其中 $a\in\mathbb{R}$。在本书中，整数、实数和复数集合分别用$\mathbb{Z}$、$\mathbb{R}$和$\mathbb{C}$表示。

类似地，如果向量 $\boldsymbol{z}\in\mathbb{C}^n$ 满足

$$\boldsymbol{z}=(z_1, \cdots, z_n), \ z_1, \cdots, z_n\in\mathbb{C} \tag{1.2-4}$$

则称$\mathbb{C}^n$是$\mathbb{C}$上的一个向量空间，其向量加法与式(1.2-2)相同，数量乘法($a\in\mathbb{C}$)与式(1.2-3)相同。可以看出，式(1.2-1)中的 $\boldsymbol{x}$ 和式(1.2-4)中的 $\boldsymbol{z}$ 可分别看作实信号和复信号，$\mathbb{R}^n$ 和$\mathbb{C}^n$ 可看作不同的信号空间。另外，向量空间$\mathbb{R}^{m,n}$ 和$\mathbb{C}^{m,n}$ 分别由实数和复数的 $m\times n$ 矩阵构成，其中 m 和 n 为整数，且 $m, n\geqslant 1$，其数域分别为$\mathbb{F}=\mathbb{R}$和$\mathbb{F}=\mathbb{C}$。

如果$\mathbb{F}$域上向量空间$\mathbb{V}$的非空子集$\mathbb{W}$也是$\mathbb{F}$域上的向量空间，且与$\mathbb{V}$具有相同的向量加法和数量乘法规则，可以证明，如果在该向量加法和数量乘法下$\mathbb{W}$是闭合的，那么$\mathbb{W}$为$\mathbb{V}$的一个子空间。

1.2.2 度量空间

度量空间又称为距离空间，在数学中是指一个集合，并且该集合中任意元素之间的距离是可定义的。

定义 1.2.2 度量空间：如果对所有 $\boldsymbol{x}$，$\boldsymbol{y}\in\mathbb{U}$存在度量函数(或距离测量)$d(\boldsymbol{x}, \boldsymbol{y})$，那么集合$\mathbb{U}$称为**度量空间**。其中，度量函数 $d(\boldsymbol{x}, \boldsymbol{y})$须满足以下条件：

(1) **正定性(positivity)**：对所有 $\boldsymbol{x}$，$\boldsymbol{y}\in\mathbb{U}$，$d(\boldsymbol{x}, \boldsymbol{y})\geqslant 0$，且 $d(\boldsymbol{x}, \boldsymbol{y})=0\Leftrightarrow\boldsymbol{x}=\boldsymbol{y}$；

(2) **对称性(symmetry)**：对所有 $\boldsymbol{x}$，$\boldsymbol{y}\in\mathbb{U}$，$d(\boldsymbol{x}, \boldsymbol{y})=d(\boldsymbol{y}, \boldsymbol{x})$；

(3) **三角不等式(triangle inequality)**：对所有 $\boldsymbol{x}$，$\boldsymbol{y}$，$\boldsymbol{z}\in\mathbb{U}$，有

$$d(\boldsymbol{x}, \boldsymbol{y})\leqslant d(\boldsymbol{x}, \boldsymbol{z})+d(\boldsymbol{z}, \boldsymbol{y})$$

例如，实数集合$\mathbb{R}$是一个度量空间，其度量定义为绝对差值，即 $d(\boldsymbol{x}, \boldsymbol{y})=|\boldsymbol{x}-\boldsymbol{y}|$。一般地，对于任意正整数 n，欧几里德空间$\mathbb{R}^n$是度量空间，其度量可定义为

$$d(\boldsymbol{x}, \boldsymbol{y})=\left[(x_1-y_1)^2+(x_2-y_2)^2+\cdots+(x_n-y_n)^2\right]^{\frac{1}{2}} \tag{1.2-5}$$

需要特别指出的是，度量空间只是一个集合，可能并非向量空间。实际上，在定义度量空间时，并不需要数域的概念。举例来说，任何有界区间 $J\in\mathbb{R}$是一个度量空间，其度量函数的定义与度量空间$\mathbb{R}$相同，即绝对值，但是 J 在加法运算下并不是闭合的。

定义 1.2.3 赋范空间：如果存在定义在向量空间$\mathbb{V}$上的函数$\|\cdot\|$满足以下条件：

(1) 正定性：对任意 $\boldsymbol{x}\in\mathbb{V}$，$\|\boldsymbol{x}\|\geqslant 0$，且$\|\boldsymbol{x}\|=0\Leftrightarrow\boldsymbol{x}=\boldsymbol{0}$；

(2) 尺度不变性：对任意 $\boldsymbol{x}\in\mathbb{V}$，$a\in\mathbb{F}$，$\|a\boldsymbol{x}\|=|a|\,\|\boldsymbol{x}\|$；

(3) 三角不等式：对任意 $\boldsymbol{x}$，$\boldsymbol{y}\in\mathbb{V}$，

$$\|\boldsymbol{x}+\boldsymbol{y}\|\leqslant\|\boldsymbol{x}\|+\|\boldsymbol{y}\|$$

其中，函数$\|\cdot\|$称为**范数(norm)**。那么，在$\mathbb{C}$或$\mathbb{R}$的数域$\mathbb{F}$上的向量空间$\mathbb{V}$称为**赋范空间**。

可以证明，如果集合$\mathbb{V}$是一个具有范数$\|\cdot\|$的赋范空间，那么$\mathbb{V}$也是一个度量空间，其度量定义为

$$d(\boldsymbol{x}, \boldsymbol{y})=\|\boldsymbol{x}-\boldsymbol{y}\|, \quad \boldsymbol{x}, \boldsymbol{y}\in\mathbb{V} \tag{1.2-6}$$

实际上，式(1.2-6)中的 $d(\boldsymbol{x}, \boldsymbol{y})$满足度量空间定义中的条件(1)和(2)。此外，有

$$d(\boldsymbol{x}, \boldsymbol{y})=\|(\boldsymbol{x}-\boldsymbol{z})+(\boldsymbol{z}-\boldsymbol{y})\|\leqslant\|\boldsymbol{x}-\boldsymbol{z}\|+\|\boldsymbol{z}-\boldsymbol{y}\|=d(\boldsymbol{x}, \boldsymbol{z})+d(\boldsymbol{z}, \boldsymbol{y})$$

即对 $d(\boldsymbol{x}, \boldsymbol{y})$的三角不等式成立，因此，$\mathbb{V}$是一个度量空间。

欧几里德空间(Euclidean space)$\mathbb{R}^n$和$\mathbb{C}^n$既是度量空间，也是赋范空间，其范数为$\|\boldsymbol{x}-\boldsymbol{y}\|=d(\boldsymbol{x}, \boldsymbol{y})$。

对于向量空间$\mathbb{C}^n$中的 $\boldsymbol{x}=(x_1, \cdots, x_n)$，定义 $p(p\in\mathbb{R}^+)$范数：

(1) 如果 $1\leqslant p<\infty$，则

$$\| \boldsymbol{x} \|_p = \left(\sum_{j=1}^{n} | x_j |^p \right)^{\frac{1}{p}} \tag{1.2-7}$$

(2) 如果 $p=\infty$，则

$$\| \boldsymbol{x} \|_\infty = \max\{ |x_j| : j=1, 2, \cdots, n \} \tag{1.2-8}$$

(3) 如果 $0 \leqslant p < 1$，则

$$\| \boldsymbol{x} \|_p = \sum_{j=1}^{n} | x_j |^p \tag{1.2-9}$$

特别地，当 $p=0$ 时，一般定义 $a^0=1(a>0)$ 且 $0^0=0$。因此，$\| \boldsymbol{x} \|_0$ 等于 $\boldsymbol{x}$ 中非零元素的个数。

可以证明，对于任意 $\boldsymbol{x}, \boldsymbol{y} \in \mathbb{C}^n$，下面的三角不等式成立：

$$\| \boldsymbol{x}+\boldsymbol{y} \|_p \leqslant \| \boldsymbol{x} \|_p + \| \boldsymbol{y} \|_p \tag{1.2-10}$$

令 L_p^n 是 $\mathbb{C}$ 上的向量空间，那么对于任意的 p，$0 \leqslant p \leqslant \infty$，$L_p^n$ 既是度量空间，其度量定义为

$$d(\boldsymbol{x}, \boldsymbol{y}) = \| \boldsymbol{x}-\boldsymbol{y} \|_p, \ \boldsymbol{x}, \boldsymbol{y} \in L_p^n$$

对于任意的 p，$1 \leqslant p \leqslant \infty$，$L_p^n$ 又是赋范空间，范数表示为 $\| \cdot \|_p$。此外，将 $\mathbb{C}$ 和 $\mathbb{C}^n$ 分别替换为 $\mathbb{R}$ 和 $\mathbb{R}^n$，上述结论仍然成立。

注意到，当 $p=2$ 时，度量空间 L_p^n 是欧几里德空间 $\mathbb{C}^n$(或 $\mathbb{R}^n$)。当 $0 \leqslant p < 1$ 时，L_p^n 虽然是向量空间和度量空间，但并不是赋范空间，因为不满足尺度不变性条件。即对任意的标量 $c \neq 0$，当 $0 \leqslant p < 1$ 时，$\| c\boldsymbol{x} \|_p \neq |c| \| \boldsymbol{x} \|_p$。

L_p^n 空间可以扩展到无穷序列 $\boldsymbol{x}=\{x_j\}$，其中 $x_j \in \mathbb{C}$，$j \in \mathbb{Z}$。为了定义序列空间 L_p，其中 $0 \leqslant p \leqslant \infty$，引入下面的度量 $\| \boldsymbol{x} \|_p$：

(1) 如果 $1 \leqslant p < \infty$，则

$$\| \boldsymbol{x} \|_p = \left(\sum_{j=-\infty}^{\infty} | x_j |^p \right)^{\frac{1}{p}} \tag{1.2-11}$$

(2) 如果 $p=\infty$，则

$$\| \boldsymbol{x} \|_\infty = \sup_j |x_j| \tag{1.2-12}$$

其中，$\sup_j |x_j|$(sup 表示上确界“supremum”)是有界序列 $\boldsymbol{x}$ 的最小上界；对于无界 $\boldsymbol{x}$，$\sup_j |x_j| = \infty$。即 $\sup_j |x_j|$ 表示最小的 M，对所有 $j=\cdots, -1, 0, 1, \cdots$，满足 $|x_j| \leqslant M$。

(3) 如果 $0 \leqslant p < 1$，则

$$\| \boldsymbol{x} \|_p = \sum_{j=-\infty}^{\infty} | x_j |^p \tag{1.2-13}$$

其中，$\| \boldsymbol{x} \|_0$ 表示 $\boldsymbol{x}$ 中非零元素的个数。

基于上述无穷序列的度量 $\| \boldsymbol{x} \|_p$，下面引入无穷复数序列空间的子空间，即 L_p 空间，定义如下：

$$L_p=\{\boldsymbol{x}=\{x_j\}: \|\boldsymbol{x}\|_p<\infty,\ x_j\in\mathbb{C}\}$$

类似地，也用 L_p 表示无穷实数序列 $\boldsymbol{x}$ 的子空间，其中 $0\leqslant p\leqslant\infty$。可以证明，对任意的 $p(0\leqslant p\leqslant\infty)$，集合 L_p 的度量 $\|\cdot\|_p$ 满足三角不等式：

$$\|\boldsymbol{x}+\boldsymbol{y}\|_p\leqslant\|\boldsymbol{x}\|_p+\|\boldsymbol{y}\|_p \tag{1.2-14}$$

其中，$\boldsymbol{x}$，$\boldsymbol{y}\in L_p$。此外，L_p 在加法运算下是闭合的。

对于任意的 $p(0\leqslant p\leqslant\infty)$，集合 L_p 是一个矢量空间，也是一个度量空间，其度量 $d(\boldsymbol{x},\boldsymbol{y})$定义为

$$d(\boldsymbol{x},\boldsymbol{y})=\|\boldsymbol{x}-\boldsymbol{y}\|_p,\ \boldsymbol{x},\boldsymbol{y}\in L_p$$

此外，对于任意的 $p(0\leqslant p\leqslant\infty)$，$L_p$ 是一个赋范空间。

1.2.3 函数空间

对于一个有界区间 J，函数 f 在 J 上分段连续的条件是：除了有限个间断点外，f 在 J 上连续，且在这些间断点处 f 的跳跃值是有限的。换言之，假设在间断点 $t_0\in J$ 处，左极限 $f(t_0^-)$ 和右极限 $f(t_0^+)$都存在。如果 $f(t_0^-)\neq f(t_0^+)$，则称 t_0 为 f 的间断点，且 $f(t_0^+)-f(t_0^-)$称为 f 在 $t=t_0$ 处的跳跃值。如果 J 是一个无界区间，且 f 在 J 的任意有界子区间上分段连续，则称 f 在 J 上分段连续。注意到，区间 J 可能是有界的或无界的，也可能是开放的、闭合的或半开放的。

用 $C(J)$表示在 J 上连续的函数集合，$\mathrm{PC}(J)$表示在 J 上分段连续的函数集合。可见，在标准的函数加法和数量乘法运算下，集合 $C(J)$和 $\mathrm{PC}(J)$是数域$\mathbb{F}=\mathbb{R}$或$\mathbb{C}$上的函数空间。针对分段连续函数 f，引入如下度量：

(1) 对于 $1\leqslant p<\infty$，则

$$\|f\|_p=\left(\int_J|f(t)|^p\mathrm{d}t\right)^{\frac{1}{p}} \tag{1.2-15}$$

(2) 对于 $p=\infty$，则

$$\|f\|_\infty=\operatorname{ess\,sup}_t|f(t)| \tag{1.2-16}$$

(3) 对于 $0<p<1$，则

$$\|f\|_p=\int_J|f(t)|^p\mathrm{d}t \tag{1.2-17}$$

式(1.2-16)中，“ess sup”表示本质上确界，其含义是求最小上界时可以忽略 f 在不间断点处的取值。

例 1.2.1 令 $J=[0,1]$，定义 $\mathrm{PC}(J)$上的函数 f 和 g 如下，求解其无穷范数。

$$f(t)=\begin{cases}1, & 0<t<1\\ 2, & t=0,\ t=1\end{cases}$$

$$g(t)=\begin{cases}-2t, & 0\leqslant t<1\\ 3, & t=1\end{cases}$$

$\|f\|_\infty$和$\|g\|_\infty$的求解过程如下：

忽略$f(t)$在$t=0$和$t=1$处的取值，$|f(t)|$的上界为1，即对于$0<t<1$，$|f(t)|\leqslant 1$。显然，1是最小上界，因此$\|f\|_\infty=1$。

忽略$g(x)$在$t=1$处的取值，则$|g(t)|=2t$在$[0, 1)$上的上界是2。因为$\lim_{t\to 1^-}|g(t)|=2$，2是最小上界，所以$\|g\|_\infty=2$。

对于实数p，$0<p\leqslant\infty$，函数空间$\tilde{L}_p(J)$定义如下：

$$\tilde{L}_p(J)=\{f\in \mathrm{PC}(J): \|f\|_p<\infty\} \tag{1.2-18}$$

对于任意的函数f，$g\in\tilde{L}_p(J)$，式(1.2-15)～式(1.2-17)定义的度量也满足三角不等式：

$$\|f+g\|_p\leqslant\|f\|_p+\|g\|_p \tag{1.2-19}$$

可以看出，$\tilde{L}_p(J)$在加法运算下是闭合的。

对于任意的$0<p\leqslant\infty$，$\tilde{L}_p(J)$是向量空间，也是度量空间，其度量定义为

$$d(f, g)=\|f-g\|_p, \quad f, g\in\tilde{L}_p(J) \tag{1.2-20}$$

此外，对于任意的$p\geqslant 1$，$\tilde{L}_p(J)$是赋范空间，范数为$\|\cdot\|_p$。

下面简要讨论度量空间的**完备性**。定义$\mathbb{V}$为度量空间，度量为$d(\cdot, \cdot)$。若m，$n\to\infty$（m和n独立），并满足

$$d(\boldsymbol{x}_m, \boldsymbol{x}_n)\to 0 \tag{1.2-21}$$

则称序列$\{\boldsymbol{x}_k, k=1, 2, \cdots\}\subset\mathbb{V}$为**柯西序列(Cauchy sequence)**。如果对于$\mathbb{V}$中的每一个柯西序列$\{\boldsymbol{x}_k\}$，存在$\boldsymbol{x}\in\mathbb{V}$是$\{\boldsymbol{x}_k\}$的极限，即当$k\to\infty$时，满足

$$d(\boldsymbol{x}_k, \boldsymbol{x})\to 0 \tag{1.2-22}$$

那么，称$\mathbb{V}$是**完备的**。如果一个度量空间不是完备的度量空间，则称该度量空间是**不完备的**。

1.3 内积空间

1.3.1 内积空间的基本概念

定义 1.3.1 内积空间(inner-product space)：设$\mathbb{V}$是某个数域$\mathbb{F}$上的向量空间，$\mathbb{F}$可以是$\mathbb{C}$或者$\mathbb{C}$的任意子域(如实数域$\mathbb{R}$)。如果一个定义在$\mathbb{V}\times\mathbb{V}$上的函数$\langle\cdot, \cdot\rangle\in\mathbb{F}$满足以下性质：

(1) 共轭对称性：对于任意的 $\boldsymbol{x}$，$\boldsymbol{y}\in\mathbb{V}$，$\langle\boldsymbol{x},\boldsymbol{y}\rangle=\overline{\langle\boldsymbol{y},\boldsymbol{x}\rangle}$；

(2) 线性：对于任意的 $\boldsymbol{x}$，$\boldsymbol{y}$，$\boldsymbol{z}\in\mathbb{V}$，$a$，$b\in\mathbb{F}$，$\langle a\boldsymbol{x}+b\boldsymbol{y},\boldsymbol{z}\rangle=a\langle\boldsymbol{x},\boldsymbol{z}\rangle+b\langle\boldsymbol{y},\boldsymbol{z}\rangle$；

(3) 非负性：对于任意的 $\boldsymbol{x}\in\mathbb{V}$，$\langle\boldsymbol{x},\boldsymbol{x}\rangle\geqslant 0$，当且仅当 $\boldsymbol{x}=\boldsymbol{0}$ 时等号成立。

则称$\mathbb{V}$为**内积空间**。

函数$\langle\cdot,\cdot\rangle$称为内积。因为内积结果属于数域$\mathbb{F}$，所以内积又称为数量积。对于$\mathbb{V}=\mathbb{R}^n$和$\mathbb{F}=\mathbb{R}$，函数$\langle\cdot,\cdot\rangle$在$\mathbb{R}^n\times\mathbb{R}^n$上的定义如下：

$$\langle\boldsymbol{x},\boldsymbol{y}\rangle=\boldsymbol{x}\cdot\boldsymbol{y}=x_1y_1+x_2y_2+\cdots+x_ny_n \tag{1.3-1}$$

对于$\mathbb{R}^n$中的所有$\boldsymbol{x}=(x_1, x_2, \cdots, x_n)$和$\boldsymbol{y}=(y_1, y_2, \cdots, y_n)$，式(1.3-1)又称为$\boldsymbol{x}$和$\boldsymbol{y}$之间的“点积”。对于复数域$\mathbb{C}$，可以将“点积”扩展到$\mathbb{V}=\mathbb{C}^n$中的向量，定义如下：

$$\langle\boldsymbol{x},\boldsymbol{y}\rangle=\boldsymbol{x}\cdot\bar{\boldsymbol{y}}=x_1\bar{y}_1+x_2\bar{y}_2+\cdots+x_n\bar{y}_n \tag{1.3-2}$$

对于所有的$\boldsymbol{x}$，$\boldsymbol{y}\in\mathbb{C}^n$，式(1.3-2)完全满足内积定义中的3条性质。证明如下：

(1) 对于任意的$\boldsymbol{x}$，$\boldsymbol{y}\in\mathbb{C}^n$，有

$$\begin{aligned}\langle\boldsymbol{x},\boldsymbol{y}\rangle&=x_1\bar{y}_1+\cdots+x_n\bar{y}_n=\bar{y}_1x_1+\cdots+\bar{y}_nx_n\\&=\overline{y_1\bar{x}_1+\cdots+y_n\bar{x}_n}=\overline{\langle\boldsymbol{y},\boldsymbol{x}\rangle}\end{aligned}$$

(2) 对于任意的$\boldsymbol{x}$，$\boldsymbol{y}$，$\boldsymbol{z}\in\mathbb{V}$，$a$，$b\in\mathbb{F}$，有

$$\begin{aligned}\langle a\boldsymbol{x}+b\boldsymbol{y},\boldsymbol{z}\rangle&=(ax_1+by_1)\bar{z}_1+\cdots+(ax_n+by_n)\bar{z}_n\\&=(ax_1\bar{z}_1+\cdots+ax_n\bar{z}_n)+(by_1\bar{z}_1+\cdots+by_n\bar{z}_n)\\&=a\langle\boldsymbol{x},\boldsymbol{z}\rangle+b\langle\boldsymbol{y},\boldsymbol{z}\rangle\end{aligned}$$

(3) $\langle\boldsymbol{x},\boldsymbol{x}\rangle=|x_1|^2+\cdots+|x_n|^2\geqslant 0$，当且仅当$|x_1|^2+\cdots+|x_n|^2=0$，即$\boldsymbol{x}=\boldsymbol{0}$时，$\langle\boldsymbol{x},\boldsymbol{x}\rangle=0$。

因此，式(1.3-2)定义的函数$\langle\cdot,\cdot\rangle$是$\mathbb{V}=\mathbb{C}^n$中的内积。

虽然在向量空间$\mathbb{R}^n$和$\mathbb{C}^n$中，定义内积的方法还有很多，但式(1.3-1)和式(1.3-2)中的点积称为$\mathbb{R}^n$和$\mathbb{C}^n$的标准内积。本书中，除非特别说明，$\mathbb{R}^n$和$\mathbb{C}^n$上的内积均采用标准内积。

特别地，对于1.2.2小节中定义在数域$\mathbb{F}=\mathbb{C}$或$\mathbb{R}$上的无限序列向量空间L_2，函数

$$\langle\boldsymbol{x},\boldsymbol{y}\rangle=\sum_{k=-\infty}^{\infty}x_k\bar{y}_k \tag{1.3-3}$$

是定义在$L_2\times L_2$上的内积。因此，L_2是具有标准内积的内积空间。

同样地，对于1.2.3小节中定义在数域$\mathbb{F}=\mathbb{C}$或$\mathbb{R}$上的函数空间$\widetilde{L}_2(J)$，函数

$$\langle f,g\rangle=\int_J f(t)\overline{g(t)}\mathrm{d}t \tag{1.3-4}$$

是定义在$\widetilde{L}_2(J)\times\widetilde{L}_2(J)$上的内积。因此，$\widetilde{L}_2(J)$满足式(1.3-4)所定义的内积空间。

一个完备的内积空间称为**希尔伯特空间(Hilbert space)**。因此，序列向量空间L_2和函

数空间 $\tilde{L}_2(J)$都是希尔伯特空间。不同信号空间的关系如图 1.3-1 所示。

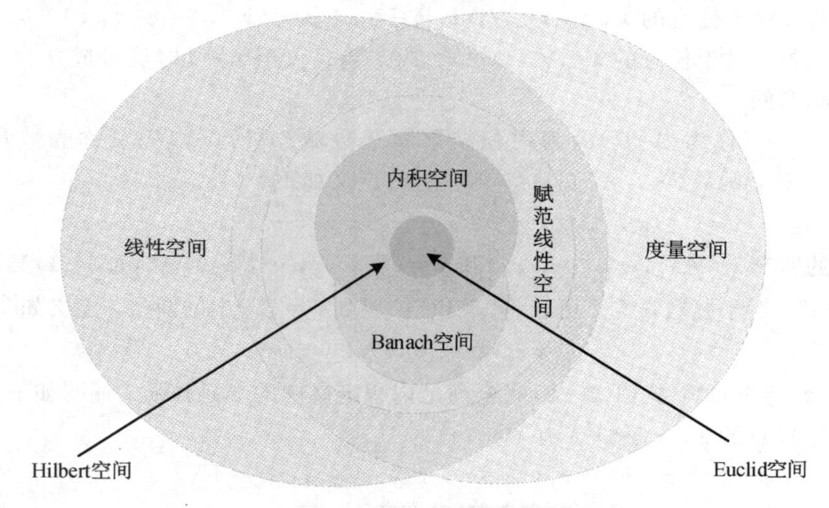

图 1.3-1　不同信号空间的关系示意图

1.3.2　内积空间中的范数

设$\mathbb{V}$是一个内积空间，其内积$\langle \cdot, \cdot \rangle \in \mathbb{F}$如定义 1.3.1 所述，那么

$$\| \boldsymbol{x} \| = \sqrt{\langle \boldsymbol{x}, \boldsymbol{x} \rangle} \tag{1.3-5}$$

称为 $\boldsymbol{x} \in \mathbb{V}$的**范数**。

设$\mathbb{V}$是数域$\mathbb{C}$或者$\mathbb{C}$的任意子域上的内积空间，如果$\langle \boldsymbol{x}, \boldsymbol{y} \rangle = 0$，$\boldsymbol{x}$，$\boldsymbol{y} \in \mathbb{V}$，则称 $\boldsymbol{x}$ 和 $\boldsymbol{y}$ 互相**正交**。对于任意的 $\boldsymbol{x} \in \mathbb{V}$，$\langle \boldsymbol{x}, \boldsymbol{0} \rangle = \boldsymbol{0}$，零向量 $\boldsymbol{0}$ 与内积空间$\mathbb{V}$中的所有向量正交。

对于$\mathbb{V}$的子空间$\mathbb{W} \subset \mathbb{V}$，集合 $\mathbb{W}^{\perp}$ 表示为

$$\mathbb{W}^{\perp} = \{ \boldsymbol{x} \in \mathbb{V} : \langle \boldsymbol{x}, \boldsymbol{w} \rangle = 0,\ \boldsymbol{w} \in \mathbb{W} \} \tag{1.3-6}$$

$\mathbb{W}^{\perp}$ 是一个向量空间，且$\mathbb{W} \cap \mathbb{W}^{+} = \{0\}$。$\mathbb{W}^{+}$ 称为$\mathbb{W}$在$\mathbb{V}$中的**正交补(orthogonal complement)**。

定理 1.3.1　毕达哥拉斯定理(Pythagoras theorem)：设$\mathbb{V}$是某个数域$\mathbb{F} = \mathbb{C}$或$\mathbb{R}$上的内积空间，如果 $\boldsymbol{x}$，$\boldsymbol{y} \in \mathbb{V}$相互正交，那么下式成立：

$$\| \boldsymbol{x} \|^2 + \| \boldsymbol{y} \|^2 = \| \boldsymbol{x} + \boldsymbol{y} \|^2 \tag{1.3-7}$$

当 $\boldsymbol{x}$，$\boldsymbol{y} \in \mathbb{R}^2$ 时，等式(1.3-7)即为勾股定理。

等式(1.3-7)的推导如下：

$$\begin{aligned} \| \boldsymbol{x} + \boldsymbol{y} \|^2 &= \langle \boldsymbol{x} + \boldsymbol{y}, \boldsymbol{x} + \boldsymbol{y} \rangle \\ &= \langle \boldsymbol{x}, \boldsymbol{x} \rangle + \langle \boldsymbol{x}, \boldsymbol{y} \rangle + \langle \boldsymbol{y}, \boldsymbol{x} \rangle + \langle \boldsymbol{y}, \boldsymbol{y} \rangle \end{aligned}$$

由于 $\boldsymbol{x}$，$\boldsymbol{y} \in \mathbb{V}$正交，故

$$\| \boldsymbol{x}+\boldsymbol{y} \|^2=\| \boldsymbol{x} \|^2+\| \boldsymbol{y} \|^2$$

定理 1.3.2　柯西-施瓦茨不等式(Cauchy - Schwarz inequality)： 设$\mathbb{V}$是某个数域$\mathbb{F}=\mathbb{C}$或$\mathbb{R}$上的内积空间，那么对于任意的$\boldsymbol{x}$，$\boldsymbol{y}\in\mathbb{V}$，有

$$|\langle \boldsymbol{x}, \boldsymbol{y}\rangle| \leqslant \| \boldsymbol{x} \| \, \| \boldsymbol{y} \| \tag{1.3-8}$$

其中，$\| \cdot \|$定义为式(1.3－5)。此外，式(1.3－8)中等号成立的唯一条件是

$$\boldsymbol{x}=c\boldsymbol{y} \text{ 或 } \boldsymbol{y}=c\boldsymbol{x}$$

其中，常数$c\in\mathbb{F}$。

证明： 这里仅考虑$\mathbb{F}=\mathbb{R}$的情况(对于$\mathbb{F}=\mathbb{C}$的情况，请读者自行证明)。令$a\in\mathbb{R}$是任意常数，根据式(1.3－5)，有

$$\begin{aligned}
0\leqslant \| \boldsymbol{x}-a\boldsymbol{y} \|^2 &= \langle \boldsymbol{x}-a\boldsymbol{y}, \boldsymbol{x}-a\boldsymbol{y}\rangle \\
&= \langle \boldsymbol{x}-a\boldsymbol{y}, \boldsymbol{x}\rangle+\langle \boldsymbol{x}-a\boldsymbol{y}, -a\boldsymbol{y}\rangle \\
&= \langle \boldsymbol{x}, \boldsymbol{x}\rangle-a\langle \boldsymbol{y}, \boldsymbol{x}\rangle-a\langle \boldsymbol{x}, \boldsymbol{y}\rangle+a^2\langle \boldsymbol{y}, \boldsymbol{y}\rangle \\
&= \langle \boldsymbol{x}, \boldsymbol{x}\rangle-2a\langle \boldsymbol{x}, \boldsymbol{y}\rangle+a^2\langle \boldsymbol{y}, \boldsymbol{y}\rangle
\end{aligned}$$

如果$\boldsymbol{y}=\boldsymbol{0}$，那么该定理成立。如果$\boldsymbol{y}\neq\boldsymbol{0}$，那么假设$a=\dfrac{\langle \boldsymbol{x}, \boldsymbol{y}\rangle}{\| \boldsymbol{y} \|^2}$，则有

$$0\leqslant \| \boldsymbol{x} \|^2-\frac{2\langle \boldsymbol{x}, \boldsymbol{y}\rangle\langle \boldsymbol{x}, \boldsymbol{y}\rangle}{\| \boldsymbol{y} \|^2}+\frac{|\langle \boldsymbol{x}, \boldsymbol{y}\rangle|^2 \| \boldsymbol{y} \|^2}{\| \boldsymbol{y} \|^4}$$

$$0\leqslant \| \boldsymbol{x} \|^2-\frac{|\langle \boldsymbol{x}, \boldsymbol{y}\rangle|^2}{\| \boldsymbol{y} \|^2} \tag{1.3-9}$$

或者

$$0\leqslant \| \boldsymbol{x} \|^2 \| \boldsymbol{y} \|^2-|\langle \boldsymbol{x}, \boldsymbol{y}\rangle|^2$$

根据式(1.3－9)，当且仅当$\| \boldsymbol{x}-a\boldsymbol{y} \|=0$或$\boldsymbol{x}=a\boldsymbol{y}$时，式(1.3－8)中的等号成立。

由柯西-施瓦茨不等式，可以容易地得出下面的三角不等式：

$$\| \boldsymbol{x}+\boldsymbol{y} \| \leqslant \| \boldsymbol{x} \|+\| \boldsymbol{y} \|, \quad \boldsymbol{x}, \boldsymbol{y}\in\mathbb{V} \tag{1.3-10}$$

这里，范数$\| \boldsymbol{x} \|$的定义如式(1.3－5)，且满足定义1.2.3中的条件(1)～(3)。因此，内积空间是赋范空间，范数由内积定义。

1.4　向量空间中的基

1.4.1　线性空间中的基

如果$\boldsymbol{x}_1$，$\boldsymbol{x}_2$，…，$\boldsymbol{x}_n$为数域$\mathbb{F}$上的向量空间$\mathbb{V}$中的n(有限正整数)个向量，$\boldsymbol{x}\in\mathbb{V}$，且存在一组数$c_1$，$c_2$，…，$c_n\in\mathbb{F}$，使

$$x=\sum_{j=1}^{n}c_jx_j=c_1x_1+c_2x_2+\cdots+c_nx_n \tag{1.4-1}$$

则称 $\boldsymbol{x}$ 为向量组 $\boldsymbol{x}_1, \boldsymbol{x}_2, \cdots, \boldsymbol{x}_n$ 的线性组合。

定义 1.4.1　线性生成空间(linear span)：设$\mathbb{S}=\{\boldsymbol{x}_j\}$是数域$\mathbb{F}$上的向量空间$\mathbb{V}$中的一个(有限的或无限的)向量集合，那么，$\mathbb{S}$的线性生成空间是$\mathbb{S}$中向量所有有限线性组合的集合，表示为 span $\mathbb{S}$或 span$\{\boldsymbol{x}_j\}$。

特别地，有限集$\mathbb{S}=\{\boldsymbol{x}_j: 1\leqslant j\leqslant n\}$的生成空间为

$$\text{span}\ \mathbb{S}=\left\{\boldsymbol{x}=\sum_{j=1}^{n}c_j\boldsymbol{x}_j:c_1,\cdots,c_n\in\mathbb{F}\right\}$$

显然，span$\{\boldsymbol{x}_j\}$是$\mathbb{V}$的子空间。因此，集合$\{\boldsymbol{x}_j\}$称为生成向量空间。

例 1.4.1　假设 $\boldsymbol{x}_1=(1, 1, 3, -5)$，$\boldsymbol{x}_2=(2, -1, 2, 4)\in\mathbb{R}^4$，且$\mathbb{W}=\text{span}\{\boldsymbol{x}_1, \boldsymbol{x}_2\}$，则$\mathbb{W}^\perp$可计算如下：

当且仅当$\langle\boldsymbol{c}, \boldsymbol{x}_1\rangle=0$，$\langle\boldsymbol{c}, \boldsymbol{x}_2\rangle=0$时，向量 $\boldsymbol{c}=(c_1, c_2, c_3, c_4)\in\mathbb{R}^4$ 属于$\mathbb{W}^\perp$，即，

$$\begin{cases}c_1+c_2+3c_3-5c_4=0\\2c_1-c_2+2c_3+4c_4=0\end{cases}$$

解上述线性方程，可得

$$c_1=-\frac{5}{3}c_3+\frac{1}{3}c_4,\quad c_2=-\frac{4}{3}c_3+\frac{14}{3}c_4$$

因此

$$\begin{aligned}\boldsymbol{c}&=\left(-\frac{5}{3}c_3+\frac{1}{3}c_4,\ -\frac{4}{3}c_3+\frac{14}{3}c_4,\ c_3,\ c_4\right)\\&=c_3\left(-\frac{5}{3},\ -\frac{4}{3},\ 1,\ 0\right)+c_4\left(\frac{1}{3},\ \frac{14}{3},\ 0,\ 1\right)\\&=\frac{c_3}{3}(-5,\ -4,\ 3,\ 0)+\frac{c_4}{3}(1,\ 14,\ 0,\ 3)\end{aligned}$$

故$\mathbb{W}^\perp=\text{span}\{(-5, -4, 3, 0), (1, 14, 0, 3)\}$。

令$\mathbb{V}$是数域$\mathbb{F}$上的向量空间，对于$\mathbb{V}$中的有限集合$\mathbb{S}=\{\boldsymbol{v}_k: 1\leqslant k\leqslant n\}$，存在 $c_1, c_2, \cdots, c_n\in\mathbb{F}$，满足

$$\sum_{k=1}^{n}c_k\boldsymbol{v}_k=\boldsymbol{0}$$

则称$\{\boldsymbol{v}_k: k=1, 2, \cdots, n\}$是**线性相关(linearly dependent)**的。如果不满足线性相关，则称为**线性无关(linearly independent)**。换言之，当且仅当 $c_1=c_2=\cdots=c_n=0$ 时，上式成立，称$\mathbb{S}$是线性无关的。

如果向量空间$\mathbb{V}$中的有限集合$\mathbb{S}=\{\boldsymbol{v}_k: 1\leqslant k\leqslant n\}$是线性无关的，且对于任意的$\boldsymbol{x}\in\mathbb{V}$，有

$$\boldsymbol{x}=\sum_{k=1}^{n}c_k\boldsymbol{v}_k$$

其中，$c_k\in\mathbb{F}$，那么称$\mathbb{S}$是$\mathbb{V}$的一个**基**。此时，称$\mathbb{V}$为**有限维空间(finite-dimensional space)**，n为$\mathbb{V}$的**维数**。

例如，集合$\{e_k: k=1, 2, \cdots, n\}$，其中

$$e_1=(1, 0, 0, \cdots, 0), e_2=(0, 1, 0, \cdots, 0), \cdots, e_n=(0, 0, 0, \cdots, 1) \tag{1.4-2}$$

是$\mathbb{R}^n$和$\mathbb{C}^n$的一个基。因此，$\mathbb{R}^n$和$\mathbb{C}^n$是有限维向量空间(finite-dimensional vector space)。如果一个向量空间是无穷维的，那么称之为无限维向量空间(infinite-dimensional vector space)。

下面讨论**无穷维赋范空间的基(algebraic basis for infinite-dimensional space)**。令$\boldsymbol{v}_k(k=1, 2, \cdots)$是赋范空间$\mathbb{V}$中的向量，范数为$\|\cdot\|$。如果序列$\boldsymbol{v}_k$的局部求和收敛至某个向量$\boldsymbol{x}\in\mathbb{V}$，那么称无穷级数$\sum_{k=1}^{\infty}c_k\boldsymbol{v}_k$ ($c_k\in\mathbb{F}$)在$\mathbb{V}$中收敛，即

$$\lim_{n\to\infty}\left\|\boldsymbol{x}-\sum_{k=1}^{n}c_k\boldsymbol{v}_k\right\|=0 \tag{1.4-3}$$

此时，$\boldsymbol{x}$称为该级数的极限，写为

$$\boldsymbol{x}=\sum_{k=1}^{\infty}c_k\boldsymbol{v}_k \tag{1.4-4}$$

注意到，式(1.4-4)中的单边无穷求和可以简单地扩展到双边无穷求和的形式，即$\boldsymbol{x}=\sum_{k=-\infty}^{\infty}c_k\boldsymbol{v}_k$。此时，序列集合为$\{\boldsymbol{v}_k:k=0, \pm1, \pm2, \cdots\}$。

令$\mathbb{V}$是数域$\mathbb{F}$上的赋范空间，如果对于任意的$\boldsymbol{x}\in\mathbb{V}$，可以用式(1.4-4)对其进行表示($c_k\in\mathbb{F}$)，那么，称集合$\mathbb{S}=\{\boldsymbol{v}_k:k=1, 2, \cdots\}$是**完备的**。此外，如果该表示是唯一的，那么称该$\mathbb{S}$是$\mathbb{V}$的**基**。此定义对于$\{\boldsymbol{v}_k:k=0, \pm1, \pm2, \cdots\}$同样成立。

在上述关于基的定义中，$\boldsymbol{x}\in\mathbb{V}$的无穷级数表示的唯一性是指$\{c_k:k=1, 2, \cdots\}$是唯一的。这等价于无穷矢量集合的线性无关。前文给出了有限集合线性无关的条件，可以将其拓展至无限维空间的情况。

对于$\mathbb{V}$中的向量集合$\mathbb{S}=\{\boldsymbol{v}_k:k=1, 2, \cdots\}$，当且仅当$\{c_k: k=1, 2, \cdots\}$全部为0时，有$\sum_{k=1}^{\infty}c_k\boldsymbol{v}_k=\boldsymbol{0}$，则称$\mathbb{S}$**线性无关**。否则，称$\mathbb{S}=\{\boldsymbol{v}_k:k=1, 2, \cdots\}$是**线性相关**的。

基于上述赋范空间$\mathbb{V}$中无穷向量集合线性无关的定义，一个等价的基的定义如下：赋范空间$\mathbb{V}$中的向量集合$\mathbb{S}=\{\boldsymbol{v}_k: k=1, 2, \cdots\}$是$\mathbb{V}$的**基**的条件是：$\mathbb{S}$在$\mathbb{V}$中线性无关且完备。可简要表述为：**线性无关＋完备＝基(linear independence＋completeness＝basis)**。

1.4.2 正交基

如前文所述，内积空间是一个赋范空间。当讨论内积空间的基时，采用基于内积的范数。在线性代数课程中，有限维空间的正交基可以扩展到无限维内积空间，即对偶基。

令$\mathbb{V}$是数域$\mathbb{F}$上的内积空间，内积为$\langle\cdot,\cdot\rangle$，范数为$\|\cdot\|=\sqrt{\langle\cdot,\cdot\rangle}$。那么，正交基和对偶基分别定义如下：

(1) 设$\mathbb{S}=\{\boldsymbol{v}_k: k=1, 2, \cdots\}$是$\mathbb{V}$的基，其满足**正交基(orthogonal basis)**的条件是

$$\langle\boldsymbol{v}_k, \boldsymbol{v}_j\rangle=0,\ j\neq k,\ j, k=1, 2, \cdots$$

此外，对于任意的k，$\|\boldsymbol{v}_k\|=1$，即

$$\langle\boldsymbol{v}_k, \boldsymbol{v}_j\rangle=\delta_{k-j},\ j, k=1, 2, \cdots$$

(2) $\mathbb{V}$的两个基$\{\boldsymbol{v}_k: k=1, 2, \cdots\}$和$\{\tilde{\boldsymbol{v}}_k: k=1, 2, \cdots\}$是**对偶基(dual bases)**的条件是

$$\langle\boldsymbol{v}_k, \tilde{\boldsymbol{v}}_j\rangle=\delta_{k-j},\ j, k=1, 2, \cdots$$

其中，δ_j 表示 Kronecker 函数，定义为

$$\delta_j=\begin{cases}1, & j=0\\ 0, & j\neq 0\end{cases} \tag{1.4-5}$$

其中，j 为整数。

不难证明，如果内积空间$\mathbb{V}$中的一个非零向量集合$\mathbb{S}=\{\boldsymbol{v}_k: k=1, 2, \cdots\}$是正交的，那么$\mathbb{S}$在$\mathbb{V}$中也是线性无关的。进而，当且仅当$\mathbb{S}$完备时，$\mathbb{S}$是$\mathbb{V}$的一个正交基。这可简要表述为：**正交+完备$\Leftrightarrow$正交基(orthogonality+completeness $\Leftrightarrow$orthogonal basis)**。

下面给出 L_2 空间的一个正交基。对于某个固定的整数 $k\in\mathbb{Z}$，delta 序列δ_k 定义为

$$\boldsymbol{\delta}_k=\{\delta_{k-j}\}_{j=\cdots,-1,0,1,\cdots}$$

即$\boldsymbol{\delta}_k=\{\cdots, 0, \cdots, 0, 1, 0, \cdots\}$，其中 1 出现在第 k 个元素处，其他元素全部为 0。

例 1.4.2 证明集合$\mathbb{S}=\{\boldsymbol{\delta}_k: k=1, 2, \cdots\}$是 L_2 空间的一个正交基。

证明：令 $\boldsymbol{x}=\{x_k\}$是 L_2 中的一个序列，那么，由δ_k 的定义可得

$$\boldsymbol{x}=\sum_{k=-\infty}^{\infty} x_k\boldsymbol{\delta}_k$$

由式(1.4-3)可判断其收敛性。因为

$$\left\|\boldsymbol{x}-\sum_{|k|\leqslant N} x_k\boldsymbol{\delta}_k\right\|_2^2=\sum_{|k|>N}|x_k|^2\rightarrow 0$$

显然，上面对 $\boldsymbol{x}$ 的级数表示是唯一的，因此，$\mathbb{S}$是 L_2 的一个基。

此外，对于 $j, k=0, \pm1, \pm2, \cdots$，

$$\langle\boldsymbol{\delta}_k, \boldsymbol{\delta}_j\rangle=\sum_{m=-\infty}^{\infty}\delta_{k-m}\delta_{j-m}=\delta_{j-k}$$

因此，$\mathbb{S}$是 L_2 的一个正交基。

下面介绍正交投影的概念。令$\boldsymbol{w}_1$，$\boldsymbol{w}_2$，…，$\boldsymbol{w}_n$ 是数域$\mathbb{F}$上内积空间$\mathbb{V}$的非零正交向量。考虑线性生成空间$\mathbb{W}$：

$$\mathbb{W}=\operatorname{span}\{\boldsymbol{w}_1, \boldsymbol{w}_2, \cdots, \boldsymbol{w}_n\}$$

对于任意的 $\boldsymbol{v}\in\mathbb{V}$，向量 $\boldsymbol{P}(\boldsymbol{v})\in\mathbb{W}$定义为

$$\boldsymbol{P}(\boldsymbol{v})=c_1\boldsymbol{w}_1+c_2\boldsymbol{w}_2+\cdots+c_n\boldsymbol{w}_n \tag{1.4-6}$$

其中

$$c_j=\frac{\langle\boldsymbol{v}, \boldsymbol{w}_j\rangle}{\|\boldsymbol{w}_j\|^2}, j=1, 2, \cdots, n \tag{1.4-7}$$

则称 $\boldsymbol{P}(\boldsymbol{v})$是 $\boldsymbol{v}$ 在$\mathbb{W}$上的**正交投影(orthogonal projection)**。

性质 1.4.1　正交投影的性质：令$\mathbb{W}^{\perp}$是$\mathbb{W}$在$\mathbb{V}$中的正交补，$\boldsymbol{P}(\boldsymbol{v})$是 $\boldsymbol{v}$ 在$\mathbb{W}$上的正交投影，有

(1) 如果 $\boldsymbol{v}\in\mathbb{W}$，那么 $\boldsymbol{P}(\boldsymbol{v})=\boldsymbol{v}$；

(2) 如果 $\boldsymbol{v}\in\mathbb{W}^{\perp}$，那么 $\boldsymbol{P}(\boldsymbol{v})=\boldsymbol{0}$；

(3) $\boldsymbol{v}-\boldsymbol{P}(\boldsymbol{v})\in\mathbb{W}^{\perp}$，即对任意的 $\boldsymbol{w}\in\mathbb{W}$，$\langle\boldsymbol{v}-\boldsymbol{P}(\boldsymbol{v}), \boldsymbol{w}\rangle=0$。

正交投影如图 1.4-1 所示。

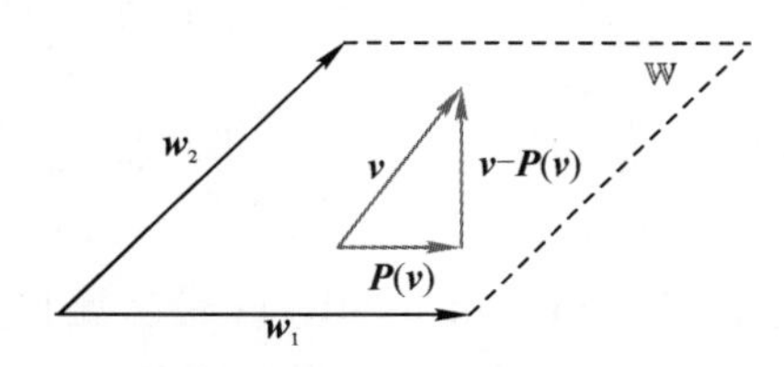

图 1.4-1　正交投影示意图

这里，我们仅给出性质 1.4.1(3)的证明。可以看出，性质 1.4.1(3)等价于$\langle\boldsymbol{v}-\boldsymbol{P}(\boldsymbol{v}), \boldsymbol{w}_k\rangle=0$，$1\leqslant k\leqslant n$。于是，有

$$\begin{aligned}\langle\boldsymbol{v}-\boldsymbol{P}(\boldsymbol{v}), \boldsymbol{w}_k\rangle&=\langle\boldsymbol{v}, \boldsymbol{w}_k\rangle-\langle\boldsymbol{P}(\boldsymbol{v}), \boldsymbol{w}_k\rangle\\&=\langle\boldsymbol{v}, \boldsymbol{w}_k\rangle-\sum_{j=1}^{n}c_j\langle\boldsymbol{w}_j, \boldsymbol{w}_k\rangle\\&=\langle\boldsymbol{v}, \boldsymbol{w}_k\rangle-c_k\langle\boldsymbol{w}_k, \boldsymbol{w}_k\rangle\\&=\langle\boldsymbol{v}, \boldsymbol{w}_k\rangle-\frac{\langle\boldsymbol{v}, \boldsymbol{w}_j\rangle}{\|\boldsymbol{w}_j\|^2}\langle\boldsymbol{w}_k, \boldsymbol{w}_k\rangle=0\end{aligned}$$

下面讨论$\mathbb{W}$中的向量对任意 $\boldsymbol{v}\in\mathbb{V}$的最优近似问题，即对给定的 $\boldsymbol{v}\in\mathbb{V}$，寻找$\boldsymbol{w}_0\in\mathbb{W}$，使得$\boldsymbol{w}_0$是所有$\mathbb{W}$中最接近 $\boldsymbol{v}$ 的向量。

定理 1.4.1　正交投影是最优近似：令$\mathbb{W}$是内积空间$\mathbb{V}$中的任意一个有限维子空间，对

于任意给定的 $v\in\mathbb{V}$，v 在$\mathbb{W}$上的正交投影 $P(v)$是 v 在$\mathbb{W}$中的最优近似(the best approximation)，即

$$\|v-P(v)\|=\min_{w}\|v-w\|,\ w\in\mathbb{W} \tag{1.4-8}$$

证明：对于任意的 $w\in\mathbb{W}$，根据性质 1.4.1(3)，$P(v)-w\in\mathbb{W}$，于是，$v-P(v)$与 $P(v)-w$ 正交。由毕达哥拉斯定理可得

$$\begin{aligned}\|v-w\|^2&=\|[v-P(v)]+[P(v)-w]\|^2\\&=\|v-P(v)\|^2+\|P(v)-w\|^2\end{aligned}$$

于是，对于任意的 $w\in\mathbb{W}$，有

$$\|v-P(v)\|^2\leqslant\|v-w\|^2$$

在式(1.4-8)中，$\min\limits_{w}\|v-w\|$ 称为向量 v 到空间$\mathbb{W}$的**距离**，记为 $\mathrm{dist}(v,\mathbb{W})$。为了推导距离公式，考虑$\mathbb{W}$的正交基$\{w_1, w_2, \cdots, w_n\}$，有

$$\begin{aligned}\|v-P(v)\|^2&=\langle v-\sum_{j=1}^{n}c_jw_j,\ v-\sum_{j=1}^{n}c_jw_j\rangle\\&=\langle v,v\rangle-\sum_{j=1}^{n}\overline{c_j}\langle v,w_j\rangle-\sum_{j=1}^{n}c_j\langle w_j,v\rangle+\sum_{j=1}^{n}\|c_j\|^2\langle w_j,w_j\rangle\\&=\|v\|^2-\sum_{j=1}^{n}\frac{|\langle v,w_j\rangle|^2}{\|w_j\|^2}-\sum_{j=1}^{n}\frac{|\langle v,w_j\rangle|^2}{\|w_j\|^2}+\sum_{j=1}^{n}\frac{|\langle v,w_j\rangle|^2}{\|w_j\|^2}\\&=\|v\|^2-\sum_{j=1}^{n}\frac{|\langle v,w_j\rangle|^2}{\|w_j\|^2}\end{aligned} \tag{1.4-9}$$

其中，c_j 的定义见式(1.4-7)。

定理 1.4.2　贝塞尔不等式(Bessel's inequality)：令$\mathbb{W}$是内积空间$\mathbb{V}$中的任意一个有限维子空间，对于任意给定的 $v\in\mathbb{V}$，v 在$\mathbb{W}$上的正交投影 $P(v)$是 v 在$\mathbb{W}$中的最优近似，即

(1) v 到空间$\mathbb{W}$的距离可表示为

$$\|v-P(v)\|^2=\mathrm{dist}(v,\mathbb{W})=\|v\|^2-\sum_{j=1}^{n}\frac{|\langle v,w_j\rangle|^2}{\|w_j\|^2} \tag{1.4-10}$$

(2) 贝塞尔不等式成立，即

$$\sum_{j=1}^{n}\frac{|\langle v,w_j\rangle|^2}{\|w_j\|^2}\leqslant\|v\|^2 \tag{1.4-11}$$

显然，贝塞尔不等式(1.4-11)是式(1.4-10)的一个简单结论，因为 $\mathrm{dist}(v,\mathbb{W})\geqslant0$。贝塞尔不等式的重要性在于，该不等式对$\mathbb{V}$中的任意 n 维子空间成立。特别地，如果$\mathbb{V}$是无限维内积空间，那么贝塞尔不等式在 n 趋向无穷大时也成立。因此，对于无限维内积空间$\mathbb{V}$中的无穷维非零正交矢量$\{w_1, w_2, \cdots\}$，有下面的贝塞尔不等式：

$$\sum_{j=1}^{\infty}\frac{|\langle v,w_j\rangle|^2}{\|w_j\|^2}\leqslant\|v\|^2 \tag{1.4-12}$$

在式(1.4－12)中，如果用$w_j / \| w_j \|^2$来代替w_j，那么式中的等号成立。换言之，当且仅当$\{w_1, w_2, \cdots\}$是$\mathbb{V}$的归一化正交基时，式(1.4－12)中的等号成立。由此可得下面的定理：

定理 1.4.3 帕塞瓦尔恒等式(Parseval's identity)：正交集合$\mathbb{W}=\{w_1, w_2, \cdots, w_n\}$在内积空间$\mathbb{V}$中是完备的，即$\mathbb{W}$是$\mathbb{V}$的一个正交基，其充要条件是$\mathbb{W}$满足帕塞瓦尔恒等式

$$\sum_{j=1}^{\infty} | \langle v, w_j \rangle |^2 = \| v \|^2, \ v \in \mathbb{V} \tag{1.4-13}$$

证明：由于$\mathbb{W}$是$\mathbb{V}$的一个正交基，任意的$v \in \mathbb{V}$可表示为

$$v = \sum_{j=1}^{\infty} c_j w_j$$

其中，$c_j = \langle v, w_j \rangle$，$j=1, 2, \cdots$。

换言之，有

$$\begin{aligned} 0 &= \| v - \sum_{j=1}^{\infty} \langle v, w_j \rangle w_j \|^2 \\ &= \lim_{n \to \infty} \| v - \sum_{j=1}^{n} \langle v, w_j \rangle w_j \|^2 \\ &= \| v \|^2 - \lim_{n \to \infty} \sum_{j=1}^{\infty} | \langle v, w_j \rangle |^2 \end{aligned}$$

于是，得到式(1.4－13)。

为了反向证明，假设$v \in \mathbb{V}$，那么对于任意的$n>0$，由式(1.4－9)，有

$$\| v - \sum_{j=1}^{n} \langle v, w_j \rangle w_j \|^2 = \| v \|^2 - \sum_{j=1}^{n} | \langle v, w_j \rangle |^2$$

由式(1.4－12)，当$n \to \infty$时，有

$$\| v \|^2 - \sum_{j=1}^{\infty} | \langle v, w_j \rangle |^2 = 0$$

即$v = \sum_{j=1}^{\infty} \langle v, w_j \rangle w_j$，对于所有的$v \in \mathbb{V}$成立，因此，$\mathbb{W}$在$\mathbb{V}$中是完备的(见定义1.4.3)。可见，$\mathbb{W}$是$\mathbb{V}$的一个正交基。

1.5 矩阵空间

1.5.1 矩阵的基本概念

回顾线性代数课程，如果$\boldsymbol{A}=\boldsymbol{A}^{\mathrm{T}}$，那么称方阵$\boldsymbol{A}$是**对称的**；如果$\boldsymbol{A}^{*}=\boldsymbol{A}$，那么称$\boldsymbol{A}$为**厄米特矩阵(hermitian matrix)**。其中，$\boldsymbol{A}^{\mathrm{T}}$表示$\boldsymbol{A}$的转置，$\boldsymbol{A}^{*}$表示$\boldsymbol{A}$的**共轭转置(conjugate**

transpose)，$A^* = (\overline{A})^{\mathrm{T}}$。如果复方阵 A 满足

$$AA^* = I_n \tag{1.5-1}$$

则称 A 为**酉矩阵**(**unitary matrix**)。其中，I_n 表示单位阵，且与 A 尺寸相同。特别地，如果 A 是实数矩阵，那么酉矩阵 A 又称为正交矩阵，即 $AA^{\mathrm{T}} = I_n$。

假设 $A = [a_{jk}]_{1\leqslant j\leqslant m,\ 1\leqslant k\leqslant n}$ 是一个 $m\times n$ 矩阵，$a_{jk}\in\mathbb{R}$ 或 $a_{jk}\in\mathbb{C}$。令 a_k 表示 A 的第 k 列，即

$$A = [a_1 \quad a_2 \quad \cdots \quad a_k \quad \cdots \quad a_n] \tag{1.5-2}$$

A 的列空间定义为 $\mathrm{span}\{a_1, a_2, \cdots, a_n\}$，即由 A 的列向量张成的向量空间。该向量空间的维数称为矩阵 A 的列秩。换言之，A 的列秩等于 A 的最大线性无关列的个数。

类似地，A 的行秩由其行空间的维数定义。行空间是由 A 的行向量

$$a_j = [a_{j1} \quad a_{j2} \quad \cdots \quad a_{jn}],\ j = 1, 2, \cdots, m$$

张成的向量空间。当行秩等于列秩时，称为矩阵 A 的秩，记为 $\mathrm{rank}(A)$。为了计算 $\mathrm{rank}(A)$，可以先将 A 转换为行阶梯形矩阵。矩阵 A 的秩等于其行阶梯形矩阵中非零行的个数。可以证明，对于任意适当大小的非奇异矩阵(满秩方阵)M 和 N，有

$$\mathrm{rank}(NA) = \mathrm{rank}(AM) = \mathrm{rank}(A) \tag{1.5-3}$$

且对于矩阵 B，有

$$\mathrm{rank}(BB^*) = \mathrm{rank}(B^*B) = \mathrm{rank}(B) \tag{1.5-4}$$

如果方阵 A 满足

$$AA^* = A^*A$$

则称 A 为**正规矩阵**(**normal matrix**)。可以证明，如果 A 是厄米特矩阵，那么必然是正规矩阵。下面的谱理论表明正规矩阵是可以对角化的。

定理 1.5.1　谱理论：令 A 是一个 $n\times n$ 的正规矩阵，那么存在酉矩阵 U 和对角矩阵 $\Lambda = \mathrm{diag}\{\lambda_1, \lambda_2, \cdots, \lambda_n\}$，满足

$$A = U\Lambda U^* \tag{1.5-5}$$

式(1.5-5)称为**谱分解**(**spectral decomposition**)，可以改写为

$$U^{-1}AU = \mathrm{diag}\{\lambda_1, \lambda_2, \cdots, \lambda_n\} \tag{1.5-6}$$

因此，任何正规矩阵 A 是可以对角化的。此外，有如下等价式：

$$AU = U\Lambda \tag{1.5-7}$$

即 Λ 的主对角线元素 $\lambda_1, \lambda_2, \cdots, \lambda_n$ 是 A 的**特征值**(**eigenvalue**)，U 的第 j 列是 A 的与特征值 λ_j 对应的**特征向量**(**eigenvector**)，其中 $j = 1, 2, \cdots, n$。由于 $\mathrm{rank}(A) = \mathrm{rank}(\Lambda)$，因此，非零特征值 λ_j 的个数等于 $\mathrm{rank}(A)$。

如果 $n\times n$ 矩阵 A 满足

$$\langle \boldsymbol{A}\boldsymbol{z}, \boldsymbol{z}\rangle = \boldsymbol{z}^* \boldsymbol{A}\boldsymbol{z} \geqslant 0 \tag{1.5-8}$$

对于所有的向量 $\boldsymbol{z}\in\mathbb{C}^n$ 成立，那么称 $\boldsymbol{A}$ 是**半正定矩阵(positive semidefinite matrix)**。可以证明，对于矩阵 $\boldsymbol{B}$，$\boldsymbol{B}\boldsymbol{B}^*$ 和 $\boldsymbol{B}^*\boldsymbol{B}$ 都是半正定的，且半正定矩阵的特征值是非负的。

1.5.2 奇异值分解

下面介绍奇异值分解(singular value decomposition，SVD，见图 1.5-1)和奇异值(singular value，SV)的概念。

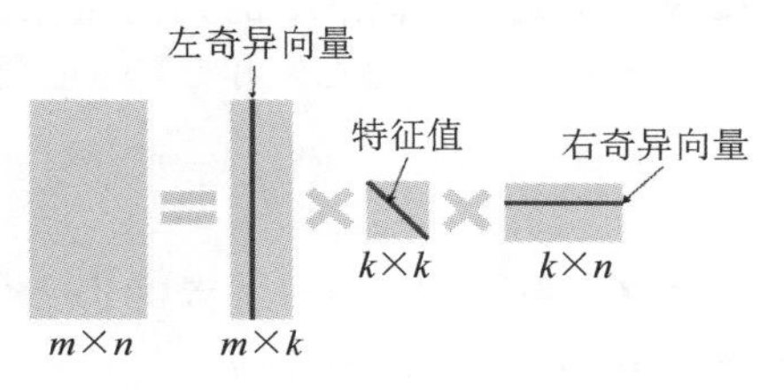

图 1.5-1 SVD 示意图

假设 $\boldsymbol{B}$ 是一个 $m\times n$ 矩阵，令 $\boldsymbol{A}=\boldsymbol{B}\boldsymbol{B}^*$，那么 $\boldsymbol{A}$ 是厄米特矩阵，也是正规矩阵。利用定理 1.5.1，$\boldsymbol{A}$ 具有式(1.5-5)的谱分解，存在对角矩阵 $\boldsymbol{\Lambda}=\mathrm{diag}\{\lambda_1, \lambda_2, \cdots, \lambda_m\}$ 和酉矩阵 $\boldsymbol{U}=[\boldsymbol{u}_1 \quad \boldsymbol{u}_2 \quad \cdots \quad \boldsymbol{u}_m]$。因为 $\boldsymbol{A}$ 是半正定的，所以可以改写 $\lambda_j=\sigma_j^2$，其中

$$\sigma_1\geqslant\sigma_2\geqslant\cdots\geqslant\sigma_r>\sigma_{r+1}=\cdots=\sigma_m=0 \tag{1.5-9}$$

其中，$r=\mathrm{rank}(\boldsymbol{B})\leqslant\min\{m, n\}$。如果 $r=m$，那么$\{\sigma_{r+1}^2, \sigma_{r+2}^2, \cdots, \sigma_m^2\}$是空集合。因此，对角阵 $\boldsymbol{\Lambda}$ 可以改写为

$$\boldsymbol{\Lambda}=\mathrm{diag}\{\sigma_1^2, \sigma_2^2, \cdots, \sigma_r^2, 0, \cdots, 0\} \tag{1.5-10}$$

令 $\boldsymbol{\Sigma}_r=\mathrm{diag}\{\sigma_1, \sigma_2, \cdots, \sigma_r\}$，且考虑 $m\times n$ 矩阵：

$$\boldsymbol{S}=\begin{bmatrix}\boldsymbol{\Sigma}_r & \boldsymbol{O}\\ \boldsymbol{O} & \boldsymbol{O}\end{bmatrix} \tag{1.5-11}$$

其中，$\boldsymbol{O}$ 表示零矩阵(可能具有不同的维数)。例如，当 $r=m<n$ 或 $r=n<m$ 时，有

$$\boldsymbol{S}=\begin{bmatrix}\boldsymbol{\Sigma}_r\\ \boldsymbol{O}\end{bmatrix} \quad 或 \quad \boldsymbol{S}=[\boldsymbol{\Sigma}_r \quad \boldsymbol{O}]$$

注意到，式(1.5-10)中的对角阵 $\boldsymbol{\Lambda}$ 可写为

$$\boldsymbol{\Lambda}=\boldsymbol{S}\boldsymbol{S}^{\mathrm{T}}=\boldsymbol{S}\boldsymbol{S}^*$$

于是，式(1.5-5)的谱分解可以改写为

$$\boldsymbol{A}=\boldsymbol{U}\boldsymbol{S}\boldsymbol{S}^*\boldsymbol{U}^*=(\boldsymbol{U}\boldsymbol{S})(\boldsymbol{U}\boldsymbol{S})^* \tag{1.5-12}$$

注意到，尽管 $\boldsymbol{A}=\boldsymbol{B}\boldsymbol{B}^*(\boldsymbol{B}=\boldsymbol{U}\boldsymbol{S})$，但式(1.5-12)无法用矩阵 $\boldsymbol{B}$ 的因式分解表示，然

而，可以采用另外一种 $\boldsymbol{S}$ 的酉变换(unitary transformation)来表示 $\boldsymbol{B}$。更确切地说，存在两个酉矩阵 $\boldsymbol{U}$ 和 $\boldsymbol{V}$，维数分别为 $m\times m$ 和 $n\times n$，满足 $\boldsymbol{B}=\boldsymbol{USV}^*$。

令 $\boldsymbol{B}$ 是一个 $m\times n$ 矩阵，$\text{rank}(\boldsymbol{B})=r$。那么，存在 $m\times m$ 和 $n\times n$ 酉矩阵 $\boldsymbol{U}$ 和 $\boldsymbol{V}$，满足

$$\boldsymbol{B}=\boldsymbol{USV}^* \tag{1.5-13}$$

其中，$\boldsymbol{S}$ 是式(1.5-11)给出的 $m\times n$ 矩阵，$\boldsymbol{\Sigma}_r=\text{diag}\{\sigma_1, \sigma_2, \cdots, \sigma_r\}$，$\sigma_1\geqslant\sigma_2\geqslant\cdots\geqslant\sigma_r>0$。此外，如果 $\boldsymbol{B}$ 是实矩阵，那么式(1.5-13)中的酉矩阵 $\boldsymbol{U}$ 和 $\boldsymbol{V}$ 可选用正交矩阵。

为了理解 SVD 理论，将 $\boldsymbol{U}$ 和 $\boldsymbol{V}$ 改写为

$$\boldsymbol{U}=[\boldsymbol{u}_1 \quad \boldsymbol{u}_2 \quad \cdots \quad \boldsymbol{u}_m], \boldsymbol{V}=[\boldsymbol{v}_1 \quad \boldsymbol{v}_2 \quad \cdots \quad \boldsymbol{v}_n] \tag{1.5-14}$$

其中，$\{\boldsymbol{u}_1, \boldsymbol{u}_2, \cdots\boldsymbol{u}_m\}$和$\{\boldsymbol{v}_1, \boldsymbol{v}_2, \cdots, \boldsymbol{v}_n\}$分别是$\mathbb{C}^m$ 和$\mathbb{C}^n$ 的正交基。那么，$\boldsymbol{BV}=\boldsymbol{US}$，$\boldsymbol{B}^*\boldsymbol{U}=\boldsymbol{V}\boldsymbol{S}^{\mathrm{T}}$，有

(1) 如果 $n<m$，则有

$$\begin{cases} B\boldsymbol{v}_j=\sigma_j\boldsymbol{u}_j, \ B^*\boldsymbol{u}_j=\sigma_j\boldsymbol{v}_j, \ j=1, 2, \cdots, n \\ B^*\boldsymbol{u}_j=\boldsymbol{0}, \ j=n+1, \cdots, m \end{cases} \tag{1.5-15}$$

(2) 如果 $n\geqslant m$，则有

$$\begin{cases} B\boldsymbol{v}_j=\sigma_j\boldsymbol{u}_j, \ B^*\boldsymbol{u}_j=\sigma_j\boldsymbol{v}_j, \ j=1, 2, \cdots, m \\ B^*\boldsymbol{u}_j=\boldsymbol{0}, \ j=m+1, \cdots, n \end{cases} \tag{1.5-16}$$

在式(1.5-13)中，$\boldsymbol{\Sigma}_r$ 的对角元素$\sigma_1, \sigma_2, \cdots, \sigma_r$ 称为矩阵 $\boldsymbol{B}$ 的(非零)**奇异值**，向量对$(\boldsymbol{v}_j, \boldsymbol{u}_j)$称为与奇异值 σ_j 所对应的奇异向量对。当 $\sigma_1, \sigma_2, \cdots, \sigma_r$ 满足式(1.5-9)的非增排序时，与 σ_1 对应的$(\boldsymbol{v}_1, \boldsymbol{u}_1)$称为 $\boldsymbol{B}$ 的**主分量(principal component)**。此外，与 $\sigma_2, \cdots, \sigma_r$ 对应的$(\boldsymbol{v}_2, \boldsymbol{u}_2), \cdots, (\boldsymbol{v}_r, \boldsymbol{u}_r)$分别称为 $\boldsymbol{B}$ 的第 $2, \cdots, r$ 主分量。

为了提高计算效率，有时利用简化的奇异值分解算法来分解 $\boldsymbol{B}$。

令 $\boldsymbol{B}$ 是一个 $m\times n$ 矩阵，$\text{rank}(\boldsymbol{B})=r$，那么存在 $m\times r$ 和 $n\times r$ 酉矩阵$\boldsymbol{U}_1$ 和$\boldsymbol{V}_1$，使得

$$\boldsymbol{U}_1{}^*\boldsymbol{U}_1=\boldsymbol{I}_r, \ \boldsymbol{V}_1{}^*\boldsymbol{V}_1=\boldsymbol{I}_r \tag{1.5-17}$$

可得简化的 SVD：

$$\boldsymbol{B}=\boldsymbol{U}_1\boldsymbol{\Sigma}_r\boldsymbol{V}_1{}^* \tag{1.5-18}$$

其中，$\boldsymbol{\Sigma}_r=\text{diag}\{\sigma_1, \sigma_2, \cdots, \sigma_r\}$，$\sigma_1\geqslant\sigma_2\geqslant\cdots\geqslant\sigma_r>0$。此外，如果 $\boldsymbol{B}$ 是实数矩阵，那么$\boldsymbol{U}_1$ 和$\boldsymbol{V}_1$ 也可选用实数矩阵。

为了计算长方形矩阵 $\boldsymbol{B}$ 的 SVD，第一步是计算 $\boldsymbol{BB}^*$ 的特征值。$\boldsymbol{B}$ 的非零奇异值等于 $\boldsymbol{BB}^*$ 的非零特征值的正平方根，且以非增方式进行排序。$\boldsymbol{B}$ 的 SVD 的酉矩阵 $\boldsymbol{U}$ 等于 $\boldsymbol{BB}^*$ 的谱分解的酉矩阵。酉矩阵 $\boldsymbol{U}$ 的列是 $\boldsymbol{BB}^*$ 的特征向量，特征向量对应的特征值与利用 Gram-Schmidt 过程进行正交化和规则化并具有单位范数的特征值相同。

矩阵$\boldsymbol{V}_1$ 的计算如下：

$$\boldsymbol{V}_1=\boldsymbol{B}^*\boldsymbol{U}_1(\boldsymbol{\Sigma}_{\mathrm{r}})^{-1}=\boldsymbol{B}^*\boldsymbol{U}_1\,\text{diag}\{\sigma_1{}^{-1}, \cdots, \sigma_r{}^{-1}\} \tag{1.5-19}$$

其中，$\boldsymbol{U}_1$ 是 $m\times r$ 矩阵，由 $\boldsymbol{U}$ 的前 r 列构成。于是，由$\boldsymbol{V}_1$ 和$\boldsymbol{U}_1$ 可以得到 $\boldsymbol{B}$ 的简化的SVD。$\boldsymbol{V}_1$ 的列构成了 $\mathbb{C}^n$ 的一个正交集合，因此，可以将$\boldsymbol{V}_1$ 扩展到酉矩阵 $\boldsymbol{V}=[\boldsymbol{V}_1\quad \boldsymbol{V}_2]$，$\boldsymbol{V}_2$ 具有正交列向量。进而，可以得到 $\boldsymbol{B}$ 的 SVD。

由上述分析可见，如果 $n<m$，那么为了提高计算效率，计算 $n\times n$ 矩阵$\boldsymbol{B}^*\boldsymbol{B}$ 的谱分解，可简单由$\boldsymbol{B}^*$ 代替 $\boldsymbol{B}$，并考虑 $\boldsymbol{A}=(\boldsymbol{B}^*)(\boldsymbol{B}^*)^*$。因此，简化的 SVD 和经典的 SVD 分别为$\boldsymbol{B}^*=\boldsymbol{U}_1\boldsymbol{\Sigma}_r\boldsymbol{V}_1^*$ 和$\boldsymbol{B}^*=\boldsymbol{U}\boldsymbol{\Lambda}\boldsymbol{V}^*$，于是可得

$$\boldsymbol{B}=\boldsymbol{V}_1\boldsymbol{\Sigma}_r\boldsymbol{U}_1^*=\boldsymbol{V}\boldsymbol{\Lambda}\boldsymbol{U}^* \tag{1.5-20}$$

例 1.5.1 令 $\boldsymbol{B}=\begin{bmatrix}0 & 1 & 0\\ 1 & 0 & -1\end{bmatrix}$，则 $\boldsymbol{B}$ 的 SVD 计算如下：

因为$\boldsymbol{B}^*\boldsymbol{B}$ 是 3×3 矩阵，而 $\boldsymbol{B}\boldsymbol{B}^*$ 是 2×2 矩阵，可先计算较低维矩阵的特征值，即

$$\boldsymbol{B}\boldsymbol{B}^*=\boldsymbol{B}\boldsymbol{B}^{\mathrm{T}}=\begin{bmatrix}0 & 1 & 0\\ 1 & 0 & -1\end{bmatrix}\begin{bmatrix}0 & 1\\ 1 & 0\\ 0 & -1\end{bmatrix}=\begin{bmatrix}1 & 0\\ 0 & 2\end{bmatrix}$$

计算 $\begin{bmatrix}1-\lambda & 0\\ 0 & 2-\lambda\end{bmatrix}$ 的行列式，可得特征值 $\sigma_1{}^2=2$ 和 $\sigma_2{}^2=1$（按非增排序）。矩阵 $\boldsymbol{B}$ 的(非零)奇异值为

$$\sigma_1=\sqrt{2},\ \sigma_2=1$$

为了计算$\boldsymbol{u}_1$ 和$\boldsymbol{u}_2$，注意到

$$\boldsymbol{B}^*\boldsymbol{B}-\sigma_j^2\boldsymbol{I}_2=\begin{bmatrix}1-\sigma_j^2 & 0\\ 0 & 2-\sigma_j^2\end{bmatrix},\ j=1,\ 2$$

即 $\begin{bmatrix}-1 & 0\\ 0 & 0\end{bmatrix}$ 和 $\begin{bmatrix}0 & 0\\ 0 & 1\end{bmatrix}$。由 $(\boldsymbol{B}^*\boldsymbol{B}-\sigma_j^2\boldsymbol{I}_2)\boldsymbol{u}_j=0$，可以选择

$$\boldsymbol{u}_1=[0\quad 1]^{\mathrm{T}}\ 和\ \boldsymbol{u}_2=[1\quad 0]^{\mathrm{T}}$$

于是得

$$\boldsymbol{U}=[\boldsymbol{u}_1\quad \boldsymbol{u}_2]\begin{bmatrix}0 & 1\\ 1 & 0\end{bmatrix}$$

由于 $r=m=2$，则$\boldsymbol{U}_1=\boldsymbol{U}$。由式(1.3-15)，得$\boldsymbol{V}_1$ 为

$$\boldsymbol{V}_1=\boldsymbol{B}^*\boldsymbol{U}_1(\boldsymbol{\Sigma}_r)^{-1}=\begin{bmatrix}0 & 1\\ 1 & 0\\ 0 & -1\end{bmatrix}\begin{bmatrix}0 & 1\\ 1 & 0\end{bmatrix}\begin{bmatrix}\frac{1}{\sqrt{2}} & 0\\ 0 & 1\end{bmatrix}=\begin{bmatrix}\frac{1}{\sqrt{2}} & 0\\ 0 & 1\\ -\frac{1}{\sqrt{2}} & 0\end{bmatrix}$$

因此，$\boldsymbol{B}$ 的简化 SVD 为

$$\boldsymbol{B}=\boldsymbol{U}_1\boldsymbol{\Sigma}_2\boldsymbol{V}_1{}^*=\begin{bmatrix}0&1\\1&0\end{bmatrix}\begin{bmatrix}\sqrt{2}&0\\0&1\end{bmatrix}\begin{bmatrix}\frac{1}{\sqrt{2}}&0&-\frac{1}{\sqrt{2}}\\0&1&0\end{bmatrix}$$

将$\boldsymbol{V}_1$ 扩展到 3×3 正交阵，即

$$\boldsymbol{V}=\begin{bmatrix}\frac{1}{\sqrt{2}}&0&\frac{1}{\sqrt{2}}\\0&1&0\\-\frac{1}{\sqrt{2}}&0&\frac{1}{\sqrt{2}}\end{bmatrix}$$

最后，可得 $\boldsymbol{B}$ 的 SVD 为

$$\boldsymbol{B}=\begin{bmatrix}0&1\\1&0\end{bmatrix}\begin{bmatrix}\sqrt{2}&0&0\\0&1&0\end{bmatrix}\begin{bmatrix}\frac{1}{\sqrt{2}}&0&\frac{1}{\sqrt{2}}\\0&1&0\\-\frac{1}{\sqrt{2}}&0&\frac{1}{\sqrt{2}}\end{bmatrix}$$

奇异值分解具有很多优良的性质。例如，矩阵$\boldsymbol{B}^{\mathrm{T}}$，$\overline{\boldsymbol{B}}$，$\boldsymbol{B}^*$ 具有与 $\boldsymbol{B}$ 相同的奇异值；奇异值具有酉变换不变性；对任意大小适当的酉矩阵 $\boldsymbol{W}$ 和 $\boldsymbol{R}$，$\sigma_j(\boldsymbol{WB})=\sigma_j(\boldsymbol{BR})=\sigma_j(\boldsymbol{B})$。奇异值分解和主分量分析(principal components analysis，PCA)的应用非常广泛，下面简要介绍 SVD 在数据降维方面的应用。

令 $\boldsymbol{B}$ 表示 m 个列矢量$\boldsymbol{b}_1$，$\boldsymbol{b}_2$，…，$\boldsymbol{b}_m\in\mathbb{C}^n$ 的数据集合。数据降维的目的是减小 n 的同时，在对数据理解、分析和可视化时，不会丢失数据的重要信息。为方便表示，数据集合记为 $\boldsymbol{B}\in\mathbb{C}^{m,n}$，其行向量为

$$\boldsymbol{b}_j^{\mathrm{T}}=[b_{j,1}\quad b_{j,2}\quad\cdots\quad b_{j,n}]$$

其中，$j=1, 2, \cdots, m$，有

$$\boldsymbol{B}=\begin{bmatrix}\boldsymbol{b}_1^{\mathrm{T}}\\\vdots\\\boldsymbol{b}_m^{\mathrm{T}}\end{bmatrix}=[\boldsymbol{b}_1\quad\cdots\quad\boldsymbol{b}_m]^{\mathrm{T}}$$

下面对 $\boldsymbol{B}$ 进行 SVD，$\boldsymbol{B}=\boldsymbol{USV}^*$，酉矩阵 $\boldsymbol{U}\in\mathbb{C}^{m.n}$，$\boldsymbol{V}\in\mathbb{C}^{m.n}$，$m\times n$ 矩阵 $\boldsymbol{S}$ 为

$$\boldsymbol{S}=\begin{bmatrix}\boldsymbol{\Sigma}_r&\boldsymbol{O}\\\boldsymbol{O}&\boldsymbol{O}\end{bmatrix}$$

其中，$\boldsymbol{\Sigma}_r=\mathrm{diag}\{\sigma_1, \sigma_2, \cdots, \sigma_r\}$，$\sigma_1\geqslant\sigma_2\geqslant\cdots\geqslant\sigma_r>0$，且 $r=\mathrm{rank}(\boldsymbol{B})$。将 $\boldsymbol{U}$ 和 $\boldsymbol{V}$ 写为

$$\boldsymbol{U}=[\boldsymbol{u}_1 \quad \boldsymbol{u}_2 \quad \cdots \quad \boldsymbol{u}_m],\ \boldsymbol{V}=[\boldsymbol{v}_1 \quad \boldsymbol{v}_2 \quad \cdots \quad \boldsymbol{v}_n]$$

其中$\boldsymbol{u}_j$和$\boldsymbol{v}_k$是列向量。降维问题就是将$\boldsymbol{B}$的维数$r=\mathrm{rank}(\boldsymbol{B})$减小到$d$维子空间，任意整数$d$满足$1\leqslant d<r$。PCA方法考虑截断矩阵：

$$\boldsymbol{U}_d=[\boldsymbol{u}_1 \quad \boldsymbol{u}_2 \quad \cdots \quad \boldsymbol{u}_d],\ \boldsymbol{V}_d=[\boldsymbol{v}_1 \quad \boldsymbol{v}_2 \quad \cdots \quad \boldsymbol{v}_d],\ \boldsymbol{\Sigma}_r=\mathrm{diag}\{\sigma_1,\sigma_2,\cdots,\sigma_d\} \tag{1.5-21}$$

因此，降维后的数据可表示为$m\times d$矩阵$\boldsymbol{Y}_d=\boldsymbol{B}\boldsymbol{V}_d=\boldsymbol{U}_d\boldsymbol{\Sigma}_d$。

一般地，令$1\leqslant d<r$，矩阵$\boldsymbol{Y}_d^{\mathrm{T}}=(\boldsymbol{B}\boldsymbol{V}_d)^{\mathrm{T}}=(\boldsymbol{U}_d\boldsymbol{\Sigma}_d)^{\mathrm{T}}$的列向量$\boldsymbol{y}_1$，$\boldsymbol{y}_2$，…，$\boldsymbol{y}_m$，或等价于

$$\begin{bmatrix}\boldsymbol{y}_1^{\mathrm{T}}\\ \vdots \\ \boldsymbol{y}_m^{\mathrm{T}}\end{bmatrix}=\boldsymbol{Y}_d=\boldsymbol{B}\boldsymbol{V}_d=\boldsymbol{U}_d\boldsymbol{\Sigma}_d \tag{1.5-22}$$

称为给定数据集合$\boldsymbol{B}=[\boldsymbol{b}_1 \quad \cdots \quad \boldsymbol{b}_m]^{\mathrm{T}}\subset\mathbb{C}^n$的降维数据，且

$$\boldsymbol{b}_j^{\mathrm{re}}=\overline{\boldsymbol{V}_d}\boldsymbol{y}_j,\ j=1,2,\cdots,m$$

是$\boldsymbol{b}_j$降维后的数据，$j=1,2,\cdots,m$。

注意到，对于每个$j=1,2,\cdots,m$，矢量

$$\boldsymbol{b}_j^{\mathrm{re}}=\overline{\boldsymbol{V}_d}\boldsymbol{y}_j=y_{j,1}\bar{\boldsymbol{v}}_1+\cdots+y_{j,d}\bar{\boldsymbol{v}}_d$$

属于$\mathbb{C}^n$的d维子空间，$\bar{\boldsymbol{v}}_1$，$\bar{\boldsymbol{v}}_2$，…，$\bar{\boldsymbol{v}}_d$是正交基。集合$\{\boldsymbol{b}_j^{\mathrm{re}}\}$，$j=1,2,\cdots,m$是给定数据集$\boldsymbol{B}=\{\boldsymbol{b}_1,\boldsymbol{b}_2,\cdots,\boldsymbol{b}_m\}$的一个近似，且该近似是最优的，即

$$\sum_{j=1}^{m}\|\boldsymbol{b}_j^{\mathrm{re}}-\boldsymbol{b}_j\|^2\leqslant\sum_{j=1}^{m}\left\|\sum_{k=1}^{d}c_{j,k}\boldsymbol{w}_k-\boldsymbol{b}_j\right\|^2 \tag{1.5-23}$$

式(1.5-23)对于任意的$c_{j,k}\in\mathbb{C}$和$\mathbb{C}^n$中的正交集合$\boldsymbol{w}_1$，$\boldsymbol{w}_2$，…，$\boldsymbol{w}_d$都成立。

式(1.5-23)表明，$\boldsymbol{B}$的前d个主分量$\boldsymbol{v}_1$，$\boldsymbol{v}_2$，…，$\boldsymbol{v}_d$提供了最优的坐标系统，是将数据$\boldsymbol{B}$降维到d的最优解。特别地，为了将$\boldsymbol{B}$降维到一维子空间，用$\boldsymbol{B}$的第1主分量$\boldsymbol{v}_1$来计算和表示，可以得到最优的降维数据。进而，将$\boldsymbol{B}$降维到二维子空间，需要用$\boldsymbol{B}$的第1和第2主分量$\boldsymbol{v}_1$和$\boldsymbol{v}_2$来计算和表示，依次类推。

实际中，应用PCA对数据集合$\boldsymbol{b}_1$，$\boldsymbol{b}_2$，…，$\boldsymbol{b}_m\in\mathbb{C}^n$降维时，首先，对数据进行中心化处理，可得

$$\tilde{\boldsymbol{b}}_j=\boldsymbol{b}_j-\boldsymbol{b}^{\mathrm{av}}$$

其中

$$\boldsymbol{b}^{\mathrm{av}}=\frac{1}{m}\sum_{j=1}^{m}\boldsymbol{b}_j$$

考虑中心化后的数据集合

$$\widetilde{\boldsymbol{B}}=[\widetilde{\boldsymbol{b}}_1 \quad \cdots \quad \widetilde{\boldsymbol{b}}_m]^{\mathrm{T}}$$

应用上述方法对 $\widetilde{\boldsymbol{B}}$ 进行降维处理，得到$\widetilde{\boldsymbol{y}}_1$，$\widetilde{\boldsymbol{y}}_2$，…，$\widetilde{\boldsymbol{y}}_m$，则

$$\begin{bmatrix} \widetilde{\boldsymbol{y}}_1^{\mathrm{T}} \\ \vdots \\ \widetilde{\boldsymbol{y}}_m^{\mathrm{T}} \end{bmatrix}=\widetilde{\boldsymbol{Y}}_d=\widetilde{\boldsymbol{B}}\widetilde{\boldsymbol{V}}_d=\widetilde{\boldsymbol{U}}_d\widetilde{\boldsymbol{\Sigma}}_d$$

其中，$\widetilde{\boldsymbol{V}}_d$，$\widetilde{\boldsymbol{U}}_d$，$\widetilde{\boldsymbol{\Sigma}}_d$ 是将 $\boldsymbol{B}$ 替换为 $\widetilde{\boldsymbol{B}}$ 后得到的矩阵。最后可得$\boldsymbol{b}_j$ 降维后的数据为

$$\boldsymbol{b}_j^{\mathrm{re}}=\boldsymbol{b}^{\mathrm{av}}+\overline{\widetilde{\boldsymbol{V}}_d}\widetilde{\boldsymbol{y}}_j,\ j=1,\ 2,\ \cdots,\ m$$

例 1.5.2 令 $\boldsymbol{B}=\{\boldsymbol{b}_1,\ \boldsymbol{b}_2,\ \boldsymbol{b}_3\}\subset\mathbb{R}^2$，其中

$$\boldsymbol{b}_1=\begin{bmatrix} 2.5 \\ 4.5 \end{bmatrix},\ \boldsymbol{b}_2=\begin{bmatrix} 9 \\ 4 \end{bmatrix},\ \boldsymbol{b}_3=\begin{bmatrix} -1 \\ -1 \end{bmatrix}$$

计算 $\boldsymbol{B}$ 的降维数据$\{\boldsymbol{b}_1^{\mathrm{re}},\ \boldsymbol{b}_2^{\mathrm{re}},\ \boldsymbol{b}_3^{\mathrm{re}}\}$，其属于$\mathbb{R}^2$ 的一维子空间。

首先，计算 $\boldsymbol{B}$ 的平均$\boldsymbol{b}^{\mathrm{av}}$ 为

$$\boldsymbol{b}^{\mathrm{av}}=\begin{bmatrix} 3.5 \\ 2.5 \end{bmatrix}$$

因此，有

$$\widetilde{\boldsymbol{b}}_1=\boldsymbol{b}_1-\boldsymbol{b}^{\mathrm{av}}=\begin{bmatrix} -1 \\ 2 \end{bmatrix},\ \widetilde{\boldsymbol{b}}_2=\boldsymbol{b}_2-\boldsymbol{b}^{\mathrm{av}}=\begin{bmatrix} 5.5 \\ 1.5 \end{bmatrix},\ \widetilde{\boldsymbol{b}}_3=\boldsymbol{b}_3-\boldsymbol{b}^{\mathrm{av}}=\begin{bmatrix} -4.5 \\ -3.5 \end{bmatrix}$$

中心化数据集合为

$$\widetilde{\boldsymbol{B}}=[\widetilde{\boldsymbol{b}}_1 \quad \widetilde{\boldsymbol{b}}_2 \quad \widetilde{\boldsymbol{b}}_3]^{\mathrm{T}}=\begin{bmatrix} -1 & 2 \\ 5.5 & 1.5 \\ -4.5 & -3.5 \end{bmatrix}$$

由于 $\widetilde{\boldsymbol{B}}$ 的行数大于列数，我们考虑$\widetilde{\boldsymbol{B}}^*\widetilde{\boldsymbol{B}}$ 的谱分解(反之考虑 $\widetilde{\boldsymbol{B}}\widetilde{\boldsymbol{B}}^*$)，以计算简化 SVD 中的 $\boldsymbol{V}_1$，再应用$\boldsymbol{Y}_1=\widetilde{\boldsymbol{B}}\boldsymbol{V}_1$ 对原始数据进行降维。具体如下：

$$\widetilde{\boldsymbol{B}}^*\widetilde{\boldsymbol{B}}=\begin{bmatrix} 51.5 & 22 \\ 22 & 18.5 \end{bmatrix}$$

其特征值为$\dfrac{125}{2}$和$\dfrac{15}{2}$，与之对应的特征向量分别为

$$\boldsymbol{v}_1=\begin{bmatrix} \dfrac{2}{\sqrt{5}} \\ \dfrac{1}{\sqrt{5}} \end{bmatrix},\ \boldsymbol{v}_2=\begin{bmatrix} \dfrac{-1}{\sqrt{5}} \\ \dfrac{2}{\sqrt{5}} \end{bmatrix}$$

进而可得

$$\boldsymbol{Y}_1=\widetilde{\boldsymbol{B}}\boldsymbol{V}_1=\widetilde{\boldsymbol{B}}\boldsymbol{v}_1=\begin{bmatrix}0\\ \dfrac{5\sqrt{5}}{2}\\ -\dfrac{5\sqrt{5}}{2}\end{bmatrix}$$

即 $\widetilde{\boldsymbol{B}}$ 降维后的数据集合为

$$\{\widetilde{\boldsymbol{y}}_1,\ \widetilde{\boldsymbol{y}}_2,\ \widetilde{\boldsymbol{y}}_3\}=\left\{0,\ \frac{5\sqrt{5}}{2},\ -\frac{5\sqrt{5}}{2}\right\}$$

因此，$\boldsymbol{B}$ 的降维数据集$\{\boldsymbol{b}_1^{\mathrm{re}},\ \boldsymbol{b}_2^{\mathrm{re}},\ \boldsymbol{b}_3^{\mathrm{re}}\}$可由$\widetilde{\boldsymbol{y}}_1\ \boldsymbol{v}_1$、$\widetilde{\boldsymbol{y}}_2\ \boldsymbol{v}_1$ 和$\widetilde{\boldsymbol{y}}_3\ \boldsymbol{v}_1$ 并叠加均值$\boldsymbol{b}^{\mathrm{av}}$ 得到，即

$$\boldsymbol{b}_1^{\mathrm{re}}=\begin{bmatrix}3.5\\2.5\end{bmatrix},\ \boldsymbol{b}_2^{\mathrm{re}}=\begin{bmatrix}8.5\\5\end{bmatrix},\ \boldsymbol{b}_3^{\mathrm{re}}=\begin{bmatrix}-1.5\\0\end{bmatrix}$$

注意到，三个点$\{\boldsymbol{b}_1^{\mathrm{re}},\ \boldsymbol{b}_2^{\mathrm{re}},\ \boldsymbol{b}_3^{\mathrm{re}}\}$位于穿过$\boldsymbol{b}^{\mathrm{av}}=(3.5,\ 2.5)$的同一条直线上，斜率为 0.5。因此，它们确实是一维空间。

1.6　张量空间

张量(tensor)起源于力学，最初用来表示弹性介质中各点的应力状态。后来，张量理论发展成为力学和物理学的一个有力的数学工具。张量概念是矢量概念的推广，矢量可以看作一阶张量。

1.6.1　张量的基本概念

1.5 节介绍了矩阵空间，结合矩阵论的知识，我们可以用矩阵来描述线性变换。将这一性质进行推广，考虑如何对多重线性空间上的线性映射进行表示。假设$\mathbb{V}_1$，$\mathbb{V}_2$，…，$\mathbb{V}_p$是线性空间，它们的维数分别是 n_1，n_2，…，n_p，如果映射 f：$\mathbb{V}_1\times\mathbb{V}_2\times\cdots\times\mathbb{V}_p\rightarrow\mathbb{R}$ 满足：

$$f(\cdots,\ u+v,\ \cdots)=f(\cdots,\ u,\ \cdots)+f(\cdots,\ v,\ \cdots)\tag{1.6-1}$$

$$f(\cdots,\ \lambda u,\ \cdots)=\lambda f(\cdots,\ u,\ \cdots)\tag{1.6-2}$$

其中，λ 为常数，那么，称 f 是$\mathbb{V}_1\times\mathbb{V}_2\times\cdots\times\mathbb{V}_p$上的一个 p 重线性函数。

将$\mathbb{V}_1\times\mathbb{V}_2\times\cdots\times\mathbb{V}_p$上的全体 p 重线性函数的集合记为$L(\mathbb{V}_1,\ \mathbb{V}_2,\ \cdots,\ \mathbb{V}_p;\mathbb{R})$。不难发现，空间$L(\mathbb{V}_1,\ \mathbb{V}_2,\ \cdots,\ \mathbb{V}_p;\mathbb{R})$是线性空间，其维数为$\prod\limits_{i=1}^{p}n_i$。举例来说，欧氏空间的内

积运算就是一个二重线性运算。

对于线性空间$\mathbb{V}$，构造一个 $p+q$ 重线性函数 f，表示为

$$f:(\mathbb{V}^*)^p \times \mathbb{V}^q \to \mathbb{R} \tag{1.6-3}$$

那么，称 f 是一个(p, q)型**张量**，称 p 为 f 的**反变阶数**，q 为 f 的**协变阶数**。

对于 n 维空间$\mathbb{V}$上的(p, q)型张量，可以表示为

$$f=\sum_{i_1=1}^{n}\cdots\sum_{i_p=1}^{n}\sum_{j_1=1}^{n}\cdots\sum_{j_q=1}^{n}k_{i_1,\cdots,i_p;j_1,\cdots,j_q}f_{i_1,\cdots,i_p;j_1,\cdots,j_q} \tag{1.6-4}$$

其中，$k_{i_1,\cdots,i_p;j_1,\cdots,j_q}$ 是 f 的分量，共有 n^{p+q} 个，且 $p+q$ 重基函数 $f_{i_1,\cdots,i_p;j_1,\cdots,j_q}$ 将 q 重基向量$(e_{j_1}, \cdots, e_{j_q})$映射成$(e_{i_1}, \cdots, e_{i_p})$，将其他 q 重基向量映射成零。

用张量的观点来看欧氏空间的内积，取单位正交基$\boldsymbol{e}_1=(1, 0, \cdots, 0)$，…，$\boldsymbol{e}_n=(0, \cdots, 0, 1)$，另取两个向量 $\boldsymbol{x}=(x_1, \cdots, x_n)$和 $\boldsymbol{y}=(y_1, \cdots, y_n)$，对其进行内积运算，即

$$\boldsymbol{x}\cdot\boldsymbol{y}=\sum_{j_1=1}^{n}\sum_{j_2=1}^{n}x_{j_1}y_{j_2}e_{j_1}\cdot e_{j_2} \tag{1.6-5}$$

可以看出，内积运算实际上是欧氏空间上的一个二阶协变张量，即

$$f=\sum_{j_1=1}^{n}\sum_{j_2=1}^{n}k_{j_1,j_2}f_{j_1,j_2} \tag{1.6-6}$$

因此，线性运算可以用矩阵表示，而多重线性运算可以用其对应的高阶张量来表示，张量也可以看作高维矩阵。

一般用黑斜体来表示张量，例如$\boldsymbol{\chi}$。三阶张量$\boldsymbol{\chi}$ 的第(i, j, k)个元素表示为 x_{ijk}，$\boldsymbol{A}^{(n)}$ 表示一系列矩阵中的第 n 个矩阵。张量的阶(order)也就是张量的维度，也称为张量的模(mode)。

下面介绍有关张量的一些概念。由于张量可以看作多维数组，那么当对多维数组中的各个维度进行选择时就形成**子数组**。例如，矩阵 $\mathbf{A}$ 的第 j 列表示为$\boldsymbol{a}_{:j}$，第 i 行表示为$\boldsymbol{a}_{i:}$。为了更加简洁，一般将矩阵的列$\boldsymbol{a}_{:j}$ 表示为$\boldsymbol{a}_j$。

定义 1.6.1　纤维(fiber)：fiber 是矩阵行和列在高阶张量中的一种表示。更准确地说，通过固定一个张量的大部分维度，而只保留其中的一个维度所形成的子数组，称为 fiber。

例如，一个矩阵的 1 模 fiber 指矩阵的列，2 模 fiber 指矩阵的行。对于三阶张量来说，则有行、列和通道三种 fiber，分别表示为$\boldsymbol{x}_{:jk}$，$\boldsymbol{x}_{i:k}$ 和$\boldsymbol{x}_{ij:}$，如图 1.6-1 所示。

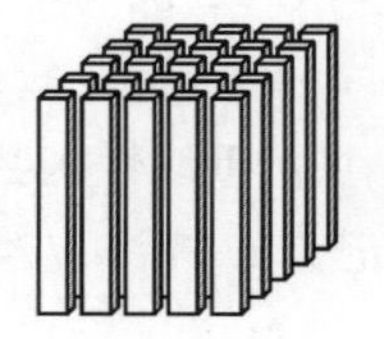 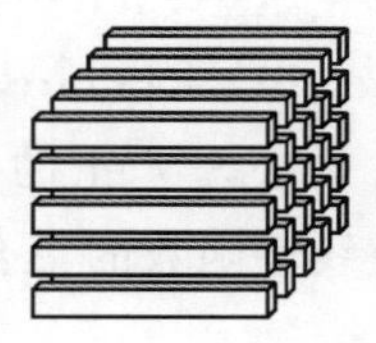 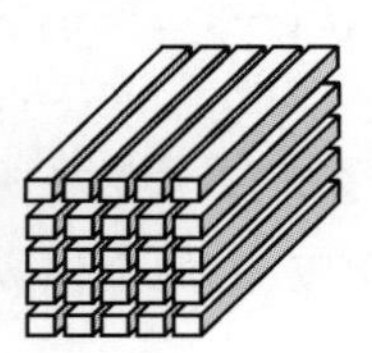

图 1.6-1　fiber 示意图

定义 1.6.2　切片(slice)：通过固定一个张量的大部分维度，而只保留其中的两个维度所形成的子数据，称为 slice。

例如，三阶张量 $\boldsymbol{\chi}$ 的水平、垂直和通道 slice 分别表示为$\boldsymbol{X}_{i::}$，$\boldsymbol{X}_{:j:}$和$\boldsymbol{X}_{::k}$，如图 1.6-2 所示。

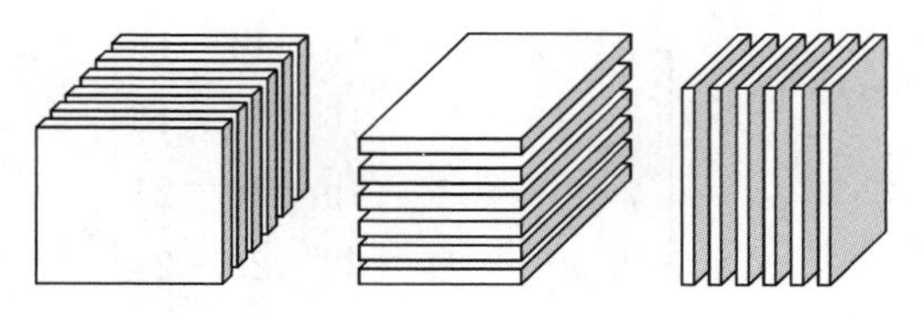

图 1.6-2　slice 示意图

如果一个 N 阶张量 $\boldsymbol{\chi}\in\mathbb{R}^{I_1\times I_2\cdots\times I_N}$，可以写成 N 个向量的外积，即

$$\boldsymbol{\chi}=\boldsymbol{a}^{(1)}\circ\boldsymbol{a}^{(2)}\circ\cdots\circ\boldsymbol{a}^{(N)} \tag{1.6-7}$$

那么，称该张量为**单秩张量(rank - one tensor)**。换言之，张量的每一个元素都由对应向量的分量相乘得到，即

$$x_{i_1i_2\cdots i_N}=a_{i_1}^{(1)}a_{i_2}^{(2)}\cdots a_{i_N}^{(N)} \tag{1.6-8}$$

可以理解为，每个向量表示张量的一个维度，向量的分量则是张量维度取值乘积中的一项。

如果一个张量所有的维度大小都相同，则称之为**立方张量(cubical tensor)**，例如 $\boldsymbol{\chi}\in\mathbb{R}^{I\times I\times\cdots\times I}$。如果一个立方张量中一组下标任意组合所对应的元素均相等，则称该张量**超对称(super symmetric)**。例如，**三阶超对称张量** $\boldsymbol{\chi}\in\mathbb{R}^{I\times I\times I}$，满足

$$x_{ijk}=x_{ikj}=x_{jik}=x_{jki}=x_{kij}=x_{kji},\ i,\ j,\ k=1,\ \cdots,\ I$$

类似对角矩阵，对于张量 $\boldsymbol{\chi}\in\mathbb{R}^{I_1\times I_2\cdots\times I_N}$，如果所有下标满足 $i_1=i_2=\cdots=i_N$ 的元素值不为 0，其他元素均为 0，则称该张量为**对角张量(diagonal tensor)**。特别地，当对角张量中不为 0 的元素值均为 1 时，则称为**单位张量(identity tensor)**，用符号 $\boldsymbol{J}$ 表示。

张量矩阵化也称为张量展开(unfolding)或者拉平(flattening)，是一种将 N 阶张量中的元素重新排列为矩阵的过程。例如，一个 2×3×4 的三阶张量可以重排列为一个 6×4 或 3×8 的矩阵。本书仅讨论张量矩阵化的一种特例，即 n 模矩阵化。在介绍 fiber 时，我们知道 n 模 fiber 就是张量按第 n 维为自由维度得到的向量，而 n 模矩阵化就是将 n 模 fiber 向量作为重排矩阵的列。将一个张量 $\boldsymbol{\chi}\in\mathbb{R}^{I_1\times I_2\cdots\times I_N}$ 进行 n 模矩阵化后得到的矩阵表示为$\boldsymbol{X}_{(n)}$。

举例来说，对于一个张量 $\boldsymbol{\chi}\in\mathbb{R}^{3\times4\times2}$，它的两个 slice 如下：

$$\boldsymbol{X}_1=\begin{bmatrix}1&4&7&10\\2&5&8&11\\3&6&9&12\end{bmatrix},\quad \boldsymbol{X}_2=\begin{bmatrix}13&16&19&22\\14&17&20&23\\15&18&21&24\end{bmatrix}$$

那么，它的三种 n 模展开分别如下：

$$\boldsymbol{X}_{(1)}=\begin{bmatrix}1&4&7&10&13&16&19&22\\2&5&8&11&14&17&20&23\\3&6&9&12&15&18&21&24\end{bmatrix}$$

$$\boldsymbol{X}_{(2)}=\begin{bmatrix}1&2&3&13&14&15\\4&5&6&16&17&18\\7&8&9&19&20&21\\10&11&12&22&23&24\end{bmatrix}$$

$$\boldsymbol{X}_{(3)}=\begin{bmatrix}1&2&3&4&5&\cdots&9&10&11&12\\13&14&15&16&17&\cdots&21&22&23&24\end{bmatrix}$$

张量可以有很多种方式的乘积，这里只介绍 n **模积(the n-mode product)**，即张量在维度 n 处乘以矩阵或者向量。给定一个 N 阶张量 $\boldsymbol{\chi}\in\mathbb{R}^{I_1\times I_2\cdots\times I_N}$ 和矩阵 $\boldsymbol{U}\in\mathbb{R}^{J\times I_n}$，则二者的 n 模积可以表示为 $\boldsymbol{\chi}\times_n\boldsymbol{U}$，其结果是一个维度为 $I_1\times\cdots\times I_{n-1}\times J\times I_{n+1}\times\cdots\times I_N$ 的张量，即将维度 I_n 用 J 替代。

从元素的角度来看，n **模积**可表示为

$$(\boldsymbol{\chi}\times_n\boldsymbol{U})_{i_1\cdots i_{n-1}ji_{n+1}\cdots i_N}=\sum_{i_n=1}^{I_n}x_{i_1i_2\cdots i_N}u_{ji_n}\tag{1.6-9}$$

从 slice 的角度来看，由于 n 模 slice 是一个矩阵，因此，n 模积可以看作张量 $\boldsymbol{\chi}$ 的所有 n 模 slice 乘以矩阵 $\boldsymbol{U}$。设 $\boldsymbol{Y}=\boldsymbol{\chi}\times_n\boldsymbol{U}$，则张量 $\boldsymbol{Y}$ 的 n 模 slice 等于 $\boldsymbol{\chi}$ 的 n 模 slice 乘以矩阵 $\boldsymbol{U}$，即

$$\boldsymbol{Y}_{(n)}=\boldsymbol{U}\boldsymbol{X}_{(n)}\tag{1.6-10}$$

另外，n 模积的结果与乘积的顺序无关，即

$$\boldsymbol{\chi}\times_m\boldsymbol{A}\times_n\boldsymbol{B}=\boldsymbol{\chi}\times_n\boldsymbol{B}\times_m\boldsymbol{A}$$

例如，用上面提到的张量 $\boldsymbol{\chi}\in\mathbb{R}^{3\times4\times2}$ 乘以矩阵 $\boldsymbol{U}=\begin{bmatrix}1&3&5\\2&4&6\end{bmatrix}$，可得 $\boldsymbol{Y}=\boldsymbol{\chi}\times_1\boldsymbol{U}\in\mathbb{R}^{2\times4\times2}$ 的两个 Slice 如下：

$$\boldsymbol{Y}_1=\begin{bmatrix}22&49&76&103\\28&64&100&136\end{bmatrix},\quad \boldsymbol{Y}_2=\begin{bmatrix}130&157&184&211\\172&208&244&280\end{bmatrix}$$

给定一个 N 阶张量 $\boldsymbol{\chi}\in\mathbb{R}^{I_1\times I_2\cdots\times I_N}$ 和向量 $\boldsymbol{v}\in\mathbb{R}^{I_n}$，则二者的 n 模积可以表示为 $\boldsymbol{\chi}\bar{\bullet}_n\boldsymbol{v}$，其结果是一个维度为 $I_1\times\cdots\times I_{n-1}\times I_{n+1}\times\cdots\times I_N$ 的 $N-1$ 阶张量，即消除原张量的第 n 维。

从 fiber 的角度来看，由于 n 模 fiber 是一个向量，因此，n 模积可以看作张量 $\boldsymbol{\chi}$ 的所有 n 模 fiber 乘以向量 $\boldsymbol{v}$。由于向量间乘法使用的是内积，因此，最终结果的维度是 $N-1$。从元素的角度来看，可以表示为

$$(\boldsymbol{\chi} \bar{\bullet}_n \boldsymbol{v})_{i_1\cdots i_{n-1}i_{n+1}\cdots i_N}=\sum_{i_n=1}^{I_n} x_{i_1 i_2\cdots i_N} v_{i_n} \tag{1.6-11}$$

需要注意的是，与 n 模矩阵乘法不同，n 模向量乘法的顺序会影响最终结果。

定义 1.6.3 Kronecker 积：Kronecker 积是将一个矩阵的所有元素与另一个矩阵相乘，拼接得到一个更大的矩阵。矩阵 $\boldsymbol{A}\in\mathbb{R}^{I\times J}$ 和 $\boldsymbol{B}\in\mathbb{R}^{K\times L}$ 的 Kronecker 积表示为 $\boldsymbol{A}\otimes\boldsymbol{B}$，其结果是一个大小为 $(JL)\times(IK)$ 的矩阵，即

$$\begin{aligned}\boldsymbol{A}\otimes\boldsymbol{B}&=\begin{bmatrix} a_{11}\boldsymbol{B} & a_{12}\boldsymbol{B} & \cdots & a_{1J}\boldsymbol{B} \\ a_{21}\boldsymbol{B} & a_{22}\boldsymbol{B} & \cdots & a_{2J}\boldsymbol{B} \\ \vdots & \vdots & & \vdots \\ a_{I1}\boldsymbol{B} & a_{I2}\boldsymbol{B} & \cdots & a_{IJ}\boldsymbol{B}\end{bmatrix} \\ &=[\boldsymbol{a}_1\otimes\boldsymbol{b}_1 \quad \boldsymbol{a}_1\otimes\boldsymbol{b}_2 \quad \boldsymbol{a}_1\otimes\boldsymbol{b}_3 \quad \cdots \quad \boldsymbol{a}_J\otimes\boldsymbol{b}_{L-1} \quad \boldsymbol{a}_J\otimes\boldsymbol{b}_L]\end{aligned} \tag{1.6-12}$$

其中 $\boldsymbol{a}_i\otimes\boldsymbol{b}_j=\begin{bmatrix} a_{i1} \\ \vdots \\ a_{iI}\end{bmatrix}\begin{matrix}\boldsymbol{b}_j \\ \\ \boldsymbol{b}_j\end{matrix}$。

定义 1.6.4 Khatri - Rao 积：与 Kronecher 积类似，矩阵 $\boldsymbol{A}\in\mathbb{R}^{I\times K}$ 和 $\boldsymbol{B}\in\mathbb{R}^{J\times K}$ 的 Khatri - Rao 积表示为 $\boldsymbol{A}\odot\boldsymbol{B}$，其结果是一个大小为 $(IJ)\times K$ 的矩阵，表示为

$$\boldsymbol{A}\odot\boldsymbol{B}=[\boldsymbol{a}_1\otimes\boldsymbol{b}_1 \quad \boldsymbol{a}_2\otimes\boldsymbol{b}_2 \quad \cdots \quad \boldsymbol{a}_K\otimes\boldsymbol{b}_K] \tag{1.6-13}$$

可以看出，两个向量的 Kronecher 积和 Khatri - Rao 积是等价的，即 $\boldsymbol{a}\otimes\boldsymbol{b}=\boldsymbol{a}\odot\boldsymbol{b}$。

定义 1.6.5 Hadamard 积：Hadamard 积就是两个形状相同的矩阵对应元素相乘得到的矩阵。给定两个矩阵 $\boldsymbol{A}$，$\boldsymbol{B}\in\mathbb{R}^{I\times J}$，则 Hadamard 积表示为 $\boldsymbol{A}*\boldsymbol{B}$，其结果仍然是一个大小为 $I\times J$ 的矩阵，表示为

$$\boldsymbol{A}*\boldsymbol{B}=\begin{bmatrix} a_{11}b_{11} & a_{12}b_{12} & \cdots & a_{1J}b_{1J} \\ a_{21}b_{21} & a_{22}b_{22} & \cdots & a_{2J}b_{2J} \\ \vdots & \vdots & & \vdots \\ a_{I1}b_{I1} & a_{I2}b_{I2} & \cdots & a_{IJ}b_{IJ}\end{bmatrix} \tag{1.6-14}$$

根据以上定义的三种乘法，可以得到如下变换等式：

$$(\boldsymbol{A}\otimes\boldsymbol{B})(\boldsymbol{C}\otimes\boldsymbol{D})=\boldsymbol{AC}\otimes\boldsymbol{BD}$$

$$(\boldsymbol{A}\otimes\boldsymbol{B})^{-1}=\boldsymbol{A}^{-1}\otimes\boldsymbol{B}^{-1}$$

$$\boldsymbol{A}\odot\boldsymbol{B}\odot\boldsymbol{C}=(\boldsymbol{A}\odot\boldsymbol{B})\odot\boldsymbol{C}=\boldsymbol{A}\odot(\boldsymbol{B}\odot\boldsymbol{C})$$

$$(\boldsymbol{A}\odot\boldsymbol{B})^{\mathrm{T}}(\boldsymbol{A}\odot\boldsymbol{B})=\boldsymbol{A}^{\mathrm{T}}\boldsymbol{A}*\boldsymbol{B}^{\mathrm{T}}\boldsymbol{B}$$

$$(\boldsymbol{A}\odot\boldsymbol{B})^{-1}=[(\boldsymbol{A}^{\mathrm{T}}\boldsymbol{A})*(\boldsymbol{B}^{\mathrm{T}}\boldsymbol{B})]^{-1}(\boldsymbol{A}\odot\boldsymbol{B})^{\mathrm{T}}$$

1.6.2 张量的秩与 CP 分解

CP 分解(canonical polyadic decomposition, CPD)就是将一个张量分解成多个单秩张量的和。例如，给定一个三阶张量 $\boldsymbol{\chi}\in\mathbb{R}^{I\times J\times K}$，则 CPD 可以表示为

$$\boldsymbol{\chi}\approx\sum_{r=1}^{R}\boldsymbol{a}_r\circ\boldsymbol{b}_r\circ\boldsymbol{c}_r \tag{1.6-15}$$

其中，R 是正整数，且$\boldsymbol{a}_r\in\mathbb{R}^{I}$，$\boldsymbol{b}_r\in\mathbb{R}^{J}$，$\boldsymbol{c}_r\in\mathbb{R}^{K}$。三阶张量的 CPD 如图 1.6-3 所示。

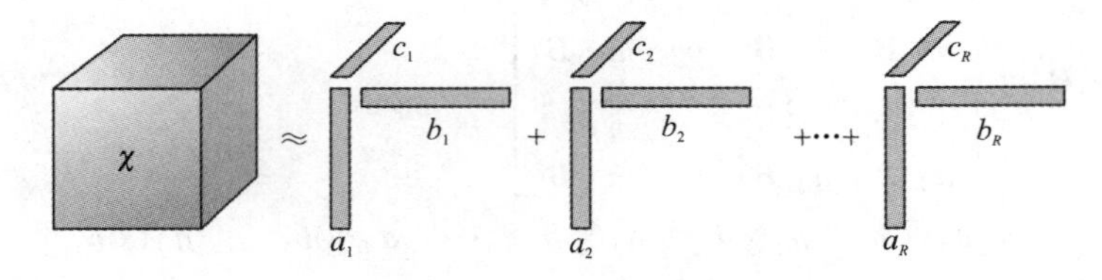

图 1.6-3 CPD 示意图

下面介绍张量矩阵化后的 CPD，可表示为

$$\begin{cases}\boldsymbol{X}_{(1)}\approx\boldsymbol{A}(\boldsymbol{C}\odot\boldsymbol{B})^{\mathrm{T}}\\ \boldsymbol{X}_{(2)}\approx\boldsymbol{B}(\boldsymbol{C}\odot\boldsymbol{A})^{\mathrm{T}}\\ \boldsymbol{X}_{(3)}\approx\boldsymbol{C}(\boldsymbol{B}\odot\boldsymbol{A})^{\mathrm{T}}\end{cases} \tag{1.6-16}$$

其中，$\odot$表示 Khatri - Rao 积，$\boldsymbol{X}_{(i)}$表示张量 $\boldsymbol{\chi}$ 的模 i 矩阵化后的矩阵。于是，CPD 可以表示为

$$\boldsymbol{\chi}\approx[\![\boldsymbol{A},\boldsymbol{B},\boldsymbol{C}]\!]\equiv\sum_{r=1}^{R}\boldsymbol{a}_r\circ\boldsymbol{b}_r\circ\boldsymbol{c}_r \tag{1.6-17}$$

上面主要考虑了 3 阶张量，对于 N 阶张量 $\boldsymbol{X}\in\mathbb{R}^{I_1\times I_2\times\cdots\times I_N}$，其 CPD 为

$$\boldsymbol{\chi}\approx\sum_{r=1}^{R}\lambda_r\boldsymbol{a}_r^{(1)}\circ\boldsymbol{a}_r^{(2)}\circ\cdots\circ\boldsymbol{a}_r^{(N)}=[\![\lambda;\boldsymbol{A}^{(1)},\boldsymbol{A}^{(2)},\cdots,\boldsymbol{A}^{(N)}]\!] \tag{1.6-18}$$

其中，$\lambda\in\mathbb{R}^{R}$ 且$\boldsymbol{A}^{(n)}\in\mathbb{R}^{I_n\times R}$，$n=1, 2, \cdots, N$。类似地，$N$ 阶张量$\boldsymbol{\chi}$ 进行模 n 矩阵化后的 CPD 表示为

$$\boldsymbol{X}_{(n)}\approx\boldsymbol{A}^{(n)}\boldsymbol{\Lambda}[\boldsymbol{A}^{(N)}\odot\cdots\odot\boldsymbol{A}^{n+1}\odot\boldsymbol{A}^{n-1}\odot\cdots\odot\boldsymbol{A}^{(1)}]^{\mathrm{T}} \tag{1.6-19}$$

其中，对角矩阵 $\boldsymbol{\Lambda}=\mathrm{diag}(\lambda)$。

下面介绍张量的**秩**。用于生成张量 $\boldsymbol{\chi}$ 所需要的单秩张量的最小数量，即为张量 $\boldsymbol{\chi}$ 的秩，

用 rank($\boldsymbol{\chi}$)表示。换个角度，张量的秩就是CPD时单秩张量数量的最小值。张量的秩与矩阵秩的定义非常相似，但是二者的性质不同。目前，还没有一种直接的方法来确定给定张量的秩。实际应用中，张量的秩一般通过CPD来确定。

相互矛盾的是，在CPD之前，一般要先确定张量的秩。常用的求解思路是尝试不同的 R 值来拟合待分解张量，直至找到一个最佳的分解。例如，可以对 R 从1，2，…逐步取值尝试，从而得到一个最优的CPD。

以三阶张量为例，假设CPD中的 R 取值已经确定，这里介绍一种求解CPD的交替最小二乘法。令 $\boldsymbol{\chi}\in\mathbb{R}^{I\times J\times K}$，该算法的目标是计算一个包含 R 个单秩张量的CPD，使其尽量近似 $\boldsymbol{\chi}$，即

$$\min_{\hat{\boldsymbol{\chi}}}\|\boldsymbol{\chi}-\hat{\boldsymbol{\chi}}\|,\ \hat{\boldsymbol{\chi}}=\sum_{r=1}^{R}\lambda_r\boldsymbol{a}_r\circ\boldsymbol{b}_r\circ\boldsymbol{c}_r=[\![\lambda;\boldsymbol{A},\boldsymbol{B},\boldsymbol{C}]\!] \tag{1.6-20}$$

交替最小二乘法的思路是：首先，固定 $\boldsymbol{B}$ 和 $\boldsymbol{C}$，求解 $\boldsymbol{A}$；然后，固定 $\boldsymbol{A}$ 和 $\boldsymbol{C}$，求解 $\boldsymbol{B}$；最后，固定 $\boldsymbol{A}$ 和 $\boldsymbol{B}$，求解 $\boldsymbol{C}$。重复上面的过程，直至满足收敛条件。固定两个张量来求解另外一个张量，就变成了线性最小二乘的问题。例如，固定 $\boldsymbol{B}$ 和 $\boldsymbol{C}$，根据张量矩阵化，那么问题就转化为

$$\min_{\hat{\boldsymbol{A}}}\|\boldsymbol{X}_{(1)}-\hat{\boldsymbol{A}}(\boldsymbol{C}\odot\boldsymbol{B})^{\mathrm{T}}\|_F,\ \hat{\boldsymbol{A}}=\boldsymbol{A}\cdot\mathrm{diag}(\lambda) \tag{1.6-21}$$

其最优解为

$$\hat{\boldsymbol{A}}=\boldsymbol{X}_{(1)}(\boldsymbol{C}\odot\boldsymbol{B})(\boldsymbol{C}^{\mathrm{T}}\boldsymbol{C}*\boldsymbol{B}^{\mathrm{T}}\boldsymbol{B})^{-1} \tag{1.6-22}$$

同理，可以得到 $\boldsymbol{B}$ 和 $\boldsymbol{C}$ 的最小二乘解为

$$\hat{\boldsymbol{B}}=\boldsymbol{X}_{(2)}(\boldsymbol{A}\odot\boldsymbol{C})(\boldsymbol{A}^{\mathrm{T}}\boldsymbol{A}*\boldsymbol{C}^{\mathrm{T}}\boldsymbol{C})^{-1} \tag{1.6-23}$$

$$\hat{\boldsymbol{C}}=\boldsymbol{X}_{(3)}(\boldsymbol{B}\odot\boldsymbol{A})(\boldsymbol{B}^{\mathrm{T}}\boldsymbol{B}*\boldsymbol{A}^{\mathrm{T}}\boldsymbol{A})^{-1} \tag{1.6-24}$$

根据上述分析，CPD的具体实现过程如下：首先，给定初始化矩阵 $\boldsymbol{B}_0$ 和 $\boldsymbol{C}_0$；然后，进行以下迭代：

$$\hat{\boldsymbol{A}}_{k+1}\leftarrow\boldsymbol{X}_{(1)}(\boldsymbol{C}_k\odot\boldsymbol{B}_k)(\boldsymbol{C}_k{}^{\mathrm{T}}\boldsymbol{C}_k*\boldsymbol{B}_k{}^{\mathrm{T}}\boldsymbol{B}_k)^{-1}$$

$$\hat{\boldsymbol{B}}_{k+1}=\boldsymbol{X}_{(2)}(\boldsymbol{A}_{k+1}\odot\boldsymbol{C}_k)(\boldsymbol{A}_{k+1}{}^{\mathrm{T}}\boldsymbol{A}_{k+1}*\boldsymbol{C}_k{}^{\mathrm{T}}\boldsymbol{C}_k)^{-1}$$

$$\hat{\boldsymbol{C}}_{k+1}=\boldsymbol{X}_{(3)}(\boldsymbol{B}_{k+1}\odot\boldsymbol{A}_{k+1})(\boldsymbol{B}_{k+1}{}^{\mathrm{T}}\boldsymbol{B}_{k+1}*\boldsymbol{A}_{k+1}{}^{\mathrm{T}}\boldsymbol{A}_{k+1})^{-1}$$

直到满足如下收敛条件：

$$\|\boldsymbol{X}_{(1)}-\hat{\boldsymbol{A}}_{k+1}(\boldsymbol{C}_{k+1}\odot\boldsymbol{B}_{k+1})^{\mathrm{T}}\|_F<\varepsilon$$

其中，$\varepsilon>0$ 为预先设定的误差常数。

1.6.3 Tucker分解

Tucker分解可以看作主分量分析的高阶版本，其将张量分解为一个核张量与每一维度

上对应矩阵的乘积。以三阶张量$\boldsymbol{\chi}\in\mathbb{R}^{I\times J\times K}$为例，其Tucker分解表示为

$$\boldsymbol{\chi}\approx\boldsymbol{G}\times_1\boldsymbol{A}\times_2\boldsymbol{B}\times_3\boldsymbol{C}=\sum_{p=1}^{P}\sum_{q=1}^{Q}\sum_{r=1}^{R}g_{pqr}\boldsymbol{a}_p\circ\boldsymbol{b}_q\circ\boldsymbol{c}_r=[\![\boldsymbol{G};\boldsymbol{A},\boldsymbol{B},\boldsymbol{C}]\!] \tag{1.6-25}$$

其中，$\boldsymbol{A}\in\mathbb{R}^{I\times P}$，$\boldsymbol{B}\in\mathbb{R}^{J\times Q}$和$\boldsymbol{C}\in\mathbb{R}^{K\times R}$是不同维度上的因子矩阵。这些矩阵通常被认为是不同维度上的主成分。$\boldsymbol{G}\in\mathbb{R}^{P\times Q\times R}$称为核张量，其中的每个元素代表了不同成分之间的交互程度。

从元素的角度看，Tucker分解可以写为

$$x_{ijk}\approx\sum_{p=1}^{P}\sum_{q=1}^{Q}\sum_{r=1}^{R}g_{pqr}a_{ip}b_{jq}c_{kr},\ i=1,\cdots,I,\ j=1,\cdots,J,\ k=1,\cdots,K \tag{1.6-26}$$

其中，P，Q和R是因子矩阵$\boldsymbol{A}$，$\boldsymbol{B}$，$\boldsymbol{C}$的成分数(如因子矩阵的列数)。如果$\boldsymbol{P}$，$\boldsymbol{Q}$和$\boldsymbol{R}$分别小于I，J和K，那么张量$\boldsymbol{G}$可以认为是张量$\boldsymbol{\chi}$的压缩版本。在某些情况下，压缩版本的张量可以节省大量的存储空间。图1.6-4所示为Tucker分解的示意图。

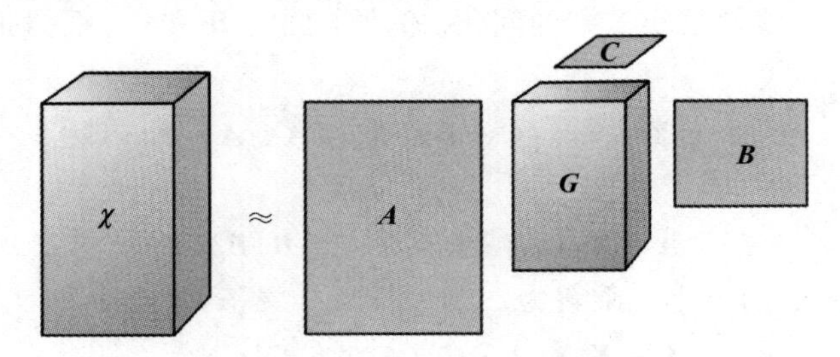

图1.6-4　Tucker分解示意图

对于矩阵化后的张量，其Tucker分解可以写为

$$\begin{cases}\boldsymbol{X}_{(1)}\approx\boldsymbol{A}\boldsymbol{G}_{(1)}(\boldsymbol{C}\otimes\boldsymbol{B})^{\mathrm{T}}\\ \boldsymbol{X}_{(2)}\approx\boldsymbol{B}\boldsymbol{G}_{(2)}(\boldsymbol{C}\otimes\boldsymbol{A})^{\mathrm{T}}\\ \boldsymbol{X}_{(3)}\approx\boldsymbol{C}\boldsymbol{G}_{(3)}(\boldsymbol{B}\otimes\boldsymbol{A})^{\mathrm{T}}\end{cases} \tag{1.6-27}$$

若$\boldsymbol{\chi}$是一个大小为$I_1\times I_2\times\cdots\times I_N$的$N$阶张量，那么其$n$**秩**的含义是$\boldsymbol{\chi}$在模$n$矩阵化后的矩阵$\boldsymbol{X}_{(n)}$的列秩，表示为$\mathrm{rank}_n(\boldsymbol{\chi})$。如果在Tucker分解中，令

$$R_n=\mathrm{rank}_n(\boldsymbol{\chi}),\ n=1,2,\cdots,N$$

那么，称张量$\boldsymbol{\chi}$是一个rank－$(R_1,R_2,\cdots,R_N)$的张量。此时，$\boldsymbol{\chi}$是一个rank－$(R_1,R_2,\cdots,R_N)$的数据张量，可以很容易地找到$\boldsymbol{\chi}$的精确Tucker分解。

下面介绍Tucker分解的实现方法。以三阶张量为例，优化问题的求解可以表示为

$$\min_{\boldsymbol{A},\boldsymbol{B},\boldsymbol{C},\boldsymbol{G}_{(1)}}\|\boldsymbol{X}_{(1)}-\boldsymbol{A}\boldsymbol{G}_{(1)}(\boldsymbol{C}\otimes\boldsymbol{B})^{\mathrm{T}}\|_F \tag{1.6-28}$$

根据交替最小二乘法的原理，假定矩阵 $\boldsymbol{B}$ 和 $\boldsymbol{C}$ 以及张量固定，则上述问题转化为仅含矩阵 $\boldsymbol{A}$ 的优化问题：

$$\min_{\boldsymbol{A}} \| \boldsymbol{X}_{(1)} - \boldsymbol{A}\boldsymbol{G}_{(1)}(\boldsymbol{C}\otimes\boldsymbol{B})^{\mathrm{T}} \|_F \tag{1.6-29}$$

即求解矩阵方程 $\boldsymbol{X}_{(1)} = \boldsymbol{A}\boldsymbol{G}_{(1)}(\boldsymbol{C}\otimes\boldsymbol{B})^{\mathrm{T}}$ 的最小二乘解。在方程两边同时右乘矩阵 $(\boldsymbol{C}\otimes\boldsymbol{B})$，可得

$$\boldsymbol{X}_{(1)}(\boldsymbol{C}\otimes\boldsymbol{B}) = \boldsymbol{A}\boldsymbol{G}_{(1)}(\boldsymbol{C}\otimes\boldsymbol{B})^{\mathrm{T}}(\boldsymbol{C}\otimes\boldsymbol{B})$$

对上式两端进行奇异值分解 $\boldsymbol{X}_{(1)}(\boldsymbol{C}\otimes\boldsymbol{B}) = \boldsymbol{U}_1\boldsymbol{S}_1\boldsymbol{V}_1^{\mathrm{T}}$，可取前 P 个左向量作为矩阵 $\boldsymbol{A}$ 的估计结果。类似地，可分别估计 $\boldsymbol{B}$ 和 $\boldsymbol{C}$ 的值，然后固定已求出的因子矩阵，再计算 $\boldsymbol{A}$，并依次计算 $\boldsymbol{B}$ 和 $\boldsymbol{C}$，直到因子矩阵 $\boldsymbol{A}$，$\boldsymbol{B}$ 和 $\boldsymbol{C}$ 完全收敛。当因子矩阵收敛之后，且满足正交条件 $\boldsymbol{A}^{\mathrm{T}}\boldsymbol{A} = \boldsymbol{I}_p$，$\boldsymbol{B}^{\mathrm{T}}\boldsymbol{B} = \boldsymbol{I}_Q$，$\boldsymbol{C}^{\mathrm{T}}\boldsymbol{C} = \boldsymbol{I}_R$ 时，由于 $(\boldsymbol{C}\otimes\boldsymbol{B})^{\mathrm{T}}(\boldsymbol{C}\otimes\boldsymbol{B}) = (\boldsymbol{C}^{\mathrm{T}}\boldsymbol{C})\otimes(\boldsymbol{B}^{\mathrm{T}}\boldsymbol{B}) = \boldsymbol{I}_{QR}$，于是可以求出张量 $\boldsymbol{G}$：

$$\begin{cases} \boldsymbol{G}_{(1)} = \boldsymbol{A}^{\mathrm{T}}\boldsymbol{X}_{(1)}(\boldsymbol{C}\otimes\boldsymbol{B}) \\ \boldsymbol{G}_{(2)} = \boldsymbol{B}^{\mathrm{T}}\boldsymbol{X}_{(2)}(\boldsymbol{C}\otimes\boldsymbol{A}) \\ \boldsymbol{G}_{(3)} = \boldsymbol{C}^{\mathrm{T}}\boldsymbol{X}_{(3)}(\boldsymbol{B}\otimes\boldsymbol{A}) \end{cases} \tag{1.6-30}$$

本章小结

本章从实际信号的角度出发，结合无线电、图像、视频等一维、二维和三维信号，以及物理量在不同坐标系中构成的高维信号，详细介绍了向量空间、函数空间、矩阵空间、张量空间等内容，形成一个在数学意义上相对“闭合”的信号空间。其中，介绍了度量、范数、内积，以及正交基、对偶基、正交投影等信号空间中的重要描述和基本运算；给出了柯西-施瓦茨不等式、贝塞尔不等式、毕达哥拉斯定理、帕塞瓦尔恒等式等及其证明；论述了谱分解、奇异值分解、主分量分析等及其在数据降维中的应用；描述了张量的属性、基本运算及其分解算法。同时，本章统一了全书中的基本数学符号和定义，给出了待处理的非平稳信号较为严格的数学描述，为后续章节的时频分析及其应用打下了重要的基础。

第2章 短时傅里叶变换

2.1 引 言

傅里叶分析在信号处理领域中占有非常重要的地位，它是联系信号时域和频域的桥梁和工具。信号在时域看似杂乱无章、毫无规律，但是在频域却具有一定的规律性。例如，音乐中的和弦可以看作不同频率单音的叠加。在无线电技术中，我们经常说的“频道”“信道”“频段”等都是对信号或其传输系统在频谱上的划分。

时域表示与频域表示是对各类信号最为常见的表示方式。时域表示给出信号幅度随时间变化的动态关系；而频域表示是一种统计表示，给出信号在不同频率处的能量(功率)和相位的分布情况。早在1807年，法国数学家傅里叶(Joseph Fourier)首次提出任意函数可以展开成三角函数的无穷级数。随着计算机的发展，离散傅里叶变换(discrete Fourier transform，DFT)成为数字信号处理最重要的基石之一。而由Cooley和Tukey提出的快速傅里叶变换(fast Fourier transform，FFT)使得傅里叶分析重新焕发活力，极大地推动了傅里叶分析的工程应用。

然而，傅里叶分析不能描述信号频率成分出现的准确时间。傅里叶变换对信号分量的刻画是时间“全局性”的，不能反映各自局部时间上的特征。虽然从傅里叶变换的频谱图上能够清楚地展示一个信号所包含的所有频率成分，但难以看出不同信号频率成分的产生时刻和持续时间等信息。实际上，常见的语音信号、音乐信号、地震信号以及图像信号等，它们的频域特性是随时间变化的。此时，需要了解某些局部时间上所对应的频率特性，也需要了解某些频率成分出现的时间信息。显然，傅里叶变换无法满足这种时频局域化分析的要求。

为了克服传统傅里叶变换这一不足，一种简单且直接的处理方法是对信号进行时间分段处理，综合分析这些分段信号的傅里叶变换，实现对信号的时频局域化分析。这种分段傅里叶变换方法称为短时傅里叶变换(short time Fourier transform，STFT)。短时傅里叶变换是时频分析中使用较早、应用广泛的方法之一，其思想最早由D. Gabor于1946年提出。图2.1-1所示为一个跳频信号的时域波形、真实瞬时频率、傅里叶变换频谱图和短时傅里叶变换示意图。由傅里叶变换频谱图可以看出，该跳频信号包含 3 个频率分量，但是其无法反映信号频率跳变规律。而通过局部加窗，短时傅里叶变换可以较好地表示瞬时频率的变化规律，从而挖掘信号的内部特征。

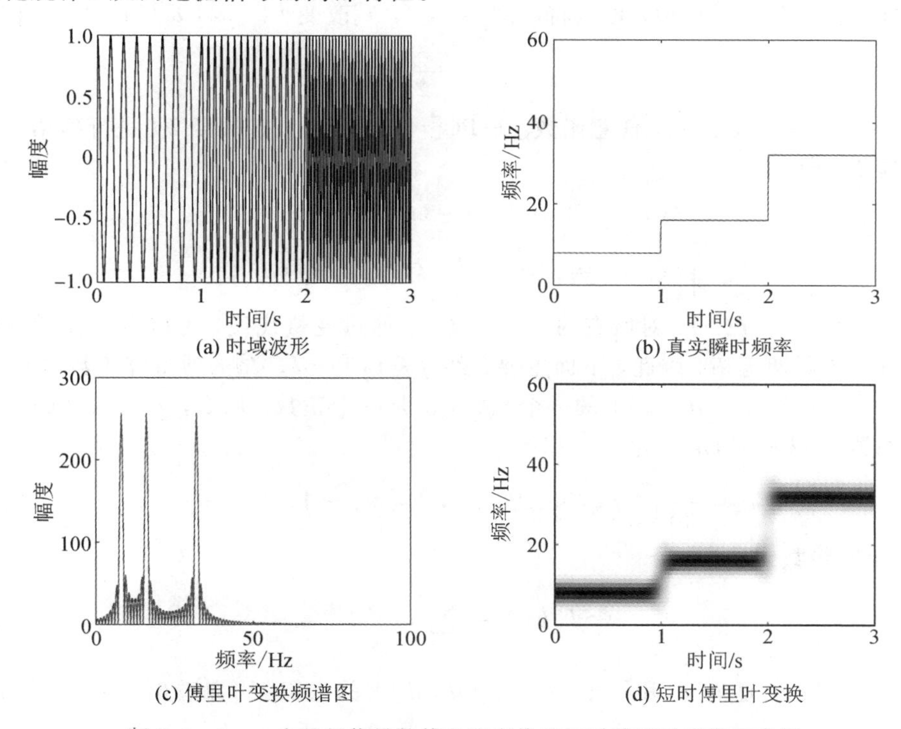

图 2.1-1　一个跳频信号的傅里叶变换和短时傅里叶变换示意图

为了使读者更好地了解短时傅里叶变换和 Gabor 变换，首先 2.2 节介绍傅里叶变换的基础知识，包括傅里叶级数和傅里叶变换；然后，2.3 节介绍短时傅里叶变换和谱图的定义和性质；接着，2.4 节介绍短时傅里叶变换的统计特征，包括整体平均和局部平均；之后，2.5 节介绍时频基的概念以及短时傅里叶变换窗函数需要满足的条件；最后，2.6 节介绍 Gabor 展开。

2.2　傅里叶变换

2.2.1　傅里叶系数与傅里叶级数

在第 1 章中，用 $C(J)$ 表示在区间 J 上连续的函数集合，$\mathrm{PC}(J)$ 表示在 J 上分段连续的函数集合。对于 $J=[a, b]$，其中 $-\infty<a<b<+\infty$，将 $\mathrm{PC}([a, b])$ 简写为 $\mathrm{PC}[a, b]$。

PC[a, b]是一个内积空间，函数 f 和 g 在 $L_2[a, b]$上的内积可表示如下：

$$\langle f, g\rangle = \int_a^b f(x)\overline{g(x)}\mathrm{d}x \tag{2.2-1}$$

通过如下简单的变量代换，可以将区间 $J=[a, b]$改变为$[-d, d]$($d>0$)，且

$$x \leftrightarrow x-\frac{b-a}{2}$$

注意到，$d=(b-a)/2$。因此，任意函数 $f\in \mathrm{PC}[-d, d]$可以按周期 $2d$ 进行延拓。令 $\tilde{f}$ 为 f 的周期延拓，即

$$\begin{cases}\tilde{f}(x)=f(x), & x\in(-d, d)\\ \tilde{f}(-d)=\tilde{f}(d)=\dfrac{1}{2}[f(-d)+f(d)]\end{cases}$$

且满足 $\tilde{f}(x+2kd)=f(x)$，对所有的 $k\in\mathbb{Z}$ 成立。通过变量代换，可以得到任意函数 $f\in \mathrm{PC}[a, b]$的 $2d$ 周期延拓。因此，下面主要介绍 $f\in \mathrm{PC}[-d, d]$的傅里叶级数展开。

令 $f(x)$是定义在$[-d, d]$上的一个函数，d 是一个正数，那么，$f(x)\in \mathrm{PC}[-d, d]$的**傅里叶系数** c_k($k\in\mathbb{Z}$)定义为

$$c_k=\frac{1}{2d}\int_{-d}^{d}f(x)\mathrm{e}^{-\mathrm{i}k\pi x/d}\mathrm{d}x, \ k=0, \pm 1, \pm 2, \cdots \tag{2.2-2}$$

$f(x)$的傅里叶级数表示为

$$(Sf)(x)=\sum_{k=-\infty}^{\infty}c_k\mathrm{e}^{\mathrm{i}k\pi x/d} \tag{2.2-3}$$

对于每个 k，系数 c_k 是 $f(x)$和$\dfrac{\mathrm{e}^{\mathrm{i}k\pi x/d}}{2d}$在 $L_2[-d, d]$上的内积。可以看出，$\{\mathrm{e}^{-\mathrm{i}k\pi x/d}, k\in\mathbb{Z}\}$是内积空间 PC$[-d, d]$的一个正交基。

注意到，计算 $f\in \mathrm{PC}[a, b]$的傅里叶系数时，令 $d=(b-a)/2$，先按照图 2.2-1 所示进行周期延拓，再由式(2.2-2)和式(2.2-3)给出 $J=[a, b]$上的傅里叶级数表示。

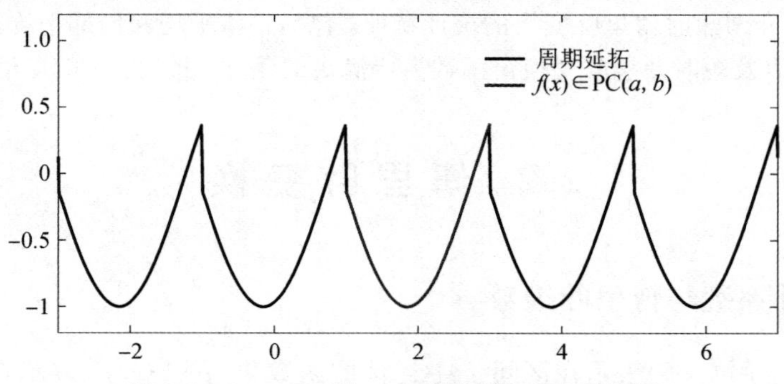

图 2.2-1　$f\in \mathrm{PC}[-a, b]$的周期延拓示意图

对于 $f\in PC[-d, d]$，傅里叶级数在 $L_2[-d, d]$上收敛于 f（也称依 L_2 范数收敛于 f），可用公式表示为

$$\| f-S_n f \|_2 \to 0, \quad n\to\infty \tag{2.2-4}$$

其中，$S_n f$，$n=0, 1, \cdots$是傅里叶级数的部分和，定义为

$$(S_n f)(x)=\sum_{k=-n}^{n} c_k e^{ik\pi x/d} \tag{2.2-5}$$

因为 $PC[-d, d]$在 $L_2[-d, d]$中是稠密的，即任意函数 $f\in L_2[-d, d]$可以在 $L_2[-d, d]$中用 $PC[-d, d]$的函数任意逼近。可以得出，$\{e^{-ik\pi x/d}, k\in \mathbb{Z}\}$是 $L_2[-\pi, \pi]$的一个正交基。换言之，任意 $f\in L_2[-\pi, \pi]$可以表示为

$$f(x)=\sum_{k=-\infty}^{\infty} c_k e^{ikx}$$

该无穷级数在 $L_2[-\pi, \pi]$中收敛。进一步，有如下定理。

定理 2.2.1　傅里叶级数(Fourier series)：令实数 $d>0$，函数集合$\left\{\frac{e^{-ik\pi x/d}}{\sqrt{2d}}, k\in \mathbb{Z}\right\}$是 $L_2[-d, d]$的一个正交基。相应地，任意函数 $f\in L_2[-d, d]$可以用其傅里叶级数进行表示，即

$$f(x)=(Sf)(x)=\sum_{k=-\infty}^{\infty} c_k e^{ik\pi x/d} \tag{2.2-6}$$

其中，c_k 如式(2.2-2)所示。此外，对于所有 $f\in L_2[-d, d]$，其傅里叶系数 $c_k(k\in \mathbb{Z})$满足 Parseval 定理，即

$$\frac{1}{2d}\int_{-d}^{d} | f(x) |^2 dx=\sum_{k=-\infty}^{\infty} | c_k |^2 \tag{2.2-7}$$

式(2.2-2)将模拟信号 f 从“时域”$[-d, d]$变换到“频域”$\{c_k\}$。傅里叶系数 c_k 揭示了 $f(x)$的第 k 个频率分量，可以用频率集合$\{c_k\}$来重建信号 $f(x)$。

例 2.2.1　计算 $f(x)$的傅里叶系数和傅里叶级数

$$f(x)=\begin{cases}1, & 0\leqslant x\leqslant\pi \\ -1, & -\pi\leqslant x<0\end{cases}$$

根据式(2.1-2)，令 $d=\pi$，有

$$c_k=\frac{1}{2\pi}\int_{-\pi}^{\pi} f(x)e^{-ikx} dx=\frac{1}{2\pi}\left[\int_{-\pi}^{0}(-1)e^{-ikx} dx+\int_{0}^{\pi}e^{-ikx} dx\right]$$
$$=\frac{1}{2\pi}\int_{0}^{\pi}(-e^{ikx}+e^{-ikx})dx=\frac{-i}{\pi}\int_{0}^{\pi}\sin kx dx$$

因此，$c_0=0$。当 $k\neq 0$ 时，有

$$c_k=\left(\frac{i}{\pi}\frac{\cos kx}{k}\right)\Big|_0^{\pi}=\frac{i}{\pi k}\left[(-1)^k-1\right]$$

$f(x)$的傅里叶系数为

$$c_{2l}=0,\quad c_{2l+1}=\frac{-2\mathrm{i}}{\pi(2l+1)},\quad l=0,\ \pm1,\ \pm2,\ \cdots$$

$f(x)$的傅里叶级数为

$$\begin{aligned}(Sf)(x)&=\sum_{k=-\infty}^{\infty}c_k\mathrm{e}^{\mathrm{i}kx}=\frac{2}{\mathrm{i}\pi}\sum_{l=-\infty}^{\infty}\frac{\mathrm{e}^{\mathrm{i}(2l+1)x}}{2l+1}=\frac{2}{\mathrm{i}\pi}\left[\sum_{l=0}^{\infty}\frac{\mathrm{e}^{\mathrm{i}(2l+1)x}}{2l+1}+\sum_{l=-\infty}^{-1}\frac{\mathrm{e}^{\mathrm{i}(2l+1)x}}{2l+1}\right]\\&=\frac{2}{\mathrm{i}\pi}[(\mathrm{e}^{\mathrm{i}x}-\mathrm{e}^{-\mathrm{i}x})+(\mathrm{e}^{\mathrm{i}3x}-\mathrm{e}^{-\mathrm{i}3x})+(\mathrm{e}^{\mathrm{i}5x}-\mathrm{e}^{-\mathrm{i}5x})+\cdots]\\&=\frac{4}{\pi}\sum_{k=0}^{\infty}\frac{\sin(2k+1)x}{2k+1}\end{aligned}$$

2.2.2 傅里叶变换与逆变换

定义 2.2.1 傅里叶变换(Fourier transform, FT)：设 $f\in L_1(\mathbb{R})$，其**傅里叶变换**记为 $\boldsymbol{F}(f)$或 $\hat{f}$，定义为

$$\boldsymbol{F}(f)(\omega)=\hat{f}(\omega)=\int_{-\infty}^{\infty}f(t)\mathrm{e}^{-\mathrm{i}\omega t}\mathrm{d}t,\quad \omega\in\mathbb{R}\tag{2.2-8}$$

注意到，$\mathrm{e}^{-\mathrm{i}\omega t}=\cos\omega t-\mathrm{i}\sin\omega t$，信号 $f(t)$的傅里叶变换以余弦和正弦振荡函数的方式揭示了其频率成分：

$$\hat{f}(\omega)=\int_{-\infty}^{\infty}f(t)\cos(\omega t)\mathrm{d}t-\mathrm{i}\int_{-\infty}^{\infty}f(t)\sin(\omega t)\mathrm{d}t\tag{2.2-9}$$

其中，ω 称为角频率，单位为 rad/s。信号 $f(t)$的傅里叶变换通常也定义为

$$\hat{f}(\xi)=\int_{-\infty}^{\infty}f(t)\mathrm{e}^{-\mathrm{i}2\pi\xi t}\mathrm{d}t\tag{2.2-10}$$

其中，ξ 代表频率，单位为 Hz。

需要注意的是，式(2.2-8)定义的傅里叶变换更为简单，易于理论推导，而式(2.2-10)定义的傅里叶变换在工程应用中更为常见。本章主要采用定义式(2.2-8)，其性质和计算结果同样适用于定义式(2.2-10)，只是需要在尺度上进行修正。

例 2.2.2 计算 $f(x)=\mathrm{e}^{-a|x|}$ 的傅里叶变换，其中 $a>0$。

显然，$f\in L_1(\mathbb{R})$，$f(x)$为偶函数，可得

$$\begin{aligned}\hat{f}(\omega)&=\int_{-\infty}^{\infty}\mathrm{e}^{-a|x|}\ \mathrm{e}^{-\mathrm{i}\omega x}\mathrm{d}x=2\int_{0}^{\infty}\mathrm{e}^{-ax}\cos\omega x\mathrm{d}x\\&=2\lim_{A\to\infty}\left[\frac{\mathrm{e}^{-ax}}{\omega^2+a^2}(\omega\sin\omega x-a\cos\omega x)\right]\Bigg|_{\omega=0}^{A}=\frac{2}{\omega^2+a^2}\end{aligned}$$

定义 2.2.2 傅里叶逆变换(inverse Fourier transform, IFT)：假设 $\hat{f}(\omega)$是 $f\in L_1(\mathbb{R})$的傅里叶变换，$\hat{f}\in L_1(\mathbb{R})$，如果对几乎所有的 x，有

$$f(x)=\boldsymbol{F}^{-1}(f)(x)=\frac{1}{2\pi}\int_{-\infty}^{\infty}\hat{f}(x)\mathrm{e}^{\mathrm{i}\omega x}\,\mathrm{d}\omega \tag{2.2-11}$$

那么，上式称为傅里叶逆变换。

注意到，定义 2.2.3 中的傅里叶逆变换，仅当 $\hat{f}\in L_1(\mathbb{R})$时成立。

例 2.2.3　对于函数 $f_0(x)$：

$$f_0(x)=\begin{cases}\mathrm{e}^{-x}, & x\geqslant 0\\ 0, & x<0\end{cases}$$

$f_0(x)$的傅里叶变换为 $\hat{f}_0(\omega)$。

对所有的 p，$1\leqslant p\leqslant\infty$，有

$$\int_{-\infty}^{\infty}|f_0(x)|^p\,\mathrm{d}x=\int_0^{\infty}\mathrm{e}^{-px}\,\mathrm{d}x=\frac{1}{p}<\infty$$

可见，$f_0\in L_p(\mathbb{R})$，且 $\|f_0\|_\infty=1$。

另一方面，计算 $\hat{f}_0(\omega)$，可得

$$\hat{f}_0(\omega)=\int_0^{\infty}\mathrm{e}^{-x}\mathrm{e}^{-\mathrm{i}x\omega}\,\mathrm{d}x=\int_0^{\infty}\mathrm{e}^{-x(1+\mathrm{i}\omega)}\,\mathrm{d}x=\frac{1}{1+\mathrm{i}\omega}$$

可以看出，$\hat{f}_0(\omega)$不属于 $L_1(\mathbb{R})$，这是因为：

$$\begin{aligned}\int_{-\infty}^{\infty}|\hat{f}_0(\omega)|\,\mathrm{d}\omega&=\int_{-\infty}^{\infty}(1+\omega^2)^{-\frac{1}{2}}\,\mathrm{d}\omega=2\int_0^{\infty}(1+\omega^2)^{-\frac{1}{2}}\,\mathrm{d}\omega\\&>2\int_1^{\infty}(1+\omega^2)^{-\frac{1}{2}}\,\mathrm{d}\omega>\sqrt{2}\int_1^{\infty}(\omega^2)^{-\frac{1}{2}}\,\mathrm{d}\omega\\&=\sqrt{2}\lim_{A\to\infty}\ln\omega\,\Big|_{\omega=1}^{A}=\infty\end{aligned}$$

需要注意的是，通过引入广义函数(如 δ 函数)，即使 $f\notin L_1(\mathbb{R})$，也可以定义其广义傅里叶变换，这里不再赘述。

2.3　短时傅里叶变换和谱图

2.3.1　短时傅里叶变换

定义 2.3.1　短时傅里叶变换(short time Fourier transform)：对于信号 $f\in L_2(\mathbb{R})$，窗函数 $u\in(L_1\cap L_2)(\mathbb{R})$，短时傅里叶变换定义为

$$V_f^u(t,\omega)=\int_{-\infty}^{\infty}f(x)u(x-t)\mathrm{e}^{-\mathrm{i}\omega x}\,\mathrm{d}x \tag{2.3-1}$$

短时傅里叶变换的基本思想是在传统傅里叶变换的框架中，把非平稳信号看成一系列短时平稳信号的叠加，而短时性则通过在时域上加窗来实现，并通过窗函数的平移来覆盖整个时域。图 2.3-1 所示是线性调频信号的时域波形及其短时傅里叶变换。

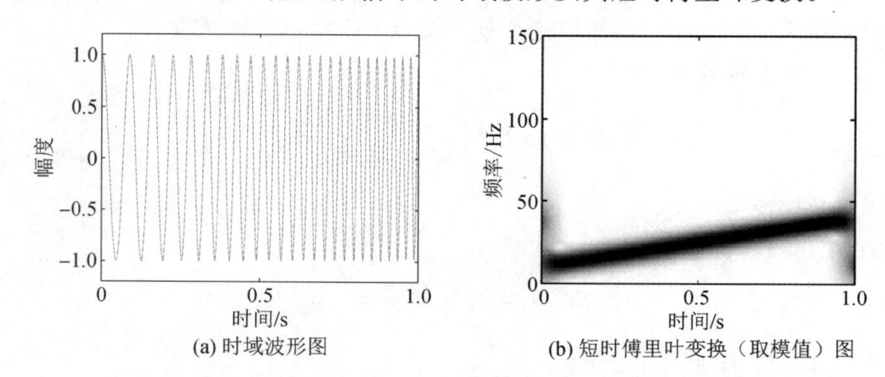

(a) 时域波形图　　(b) 短时傅里叶变换（取模值）图

图 2.3-1　线性调频信号的时域波形及短时傅里叶变换示意图

定义 2.3.1 是一种常见的短时傅里叶变换公式。实际上，也可以在频谱上定义短时傅里叶变换，称为“短频”傅里叶变换。通过“短频”傅里叶变换，可以研究某一特定频率的时间特性。假设频域窗函数 $\upsilon\in(L_1\cap L_2)(\mathbb{R})$，“短频”傅里叶变换定义为如下积分变换：

$$D_{\hat{f}}^{\upsilon}(t,\omega)=\frac{1}{2\pi}\int_{-\infty}^{\infty}\hat{f}(\xi)\upsilon(\xi-\omega)\mathrm{e}^{\mathrm{i}t\xi}\mathrm{d}\xi \tag{2.3-2}$$

其中，$\hat{f}$ 为 f 的傅里叶变换。

对比式(2.3-1)和式(2.3-2)，当满足 $\upsilon(\omega)=\hat{u}(-\omega)$ 时($\hat{u}$ 为 u 的傅里叶变换)，可以得到

$$V_f^u(t,\omega)=\mathrm{e}^{-\mathrm{i}\omega t}D_{\hat{f}}^{\upsilon}(t,\omega) \tag{2.3-3}$$

式(2.3-3)表明，短时傅里叶变换可以在频域实现。实际上，根据 Parseval 定理，可以得到

$$\begin{aligned}V_f^u(t,\omega)&=\langle f(x),u(x-t)\mathrm{e}^{-\mathrm{i}\omega x}\rangle=\frac{1}{2\pi}\langle\hat{f}(\xi),\hat{u}(\omega-\xi)\mathrm{e}^{\mathrm{i}x(\xi-\omega)}\rangle\\&=\mathrm{e}^{-\mathrm{i}t\omega}\frac{1}{2\pi}\int_{-\infty}^{\infty}\hat{f}(\xi)u^r(\xi-\omega)\mathrm{e}^{\mathrm{i}t\xi}\mathrm{d}\xi=\mathrm{e}^{-\mathrm{i}t\omega}D_{\hat{f}}^{u^r}(t,\omega)\end{aligned}$$

其中，$u^r(\xi)=\hat{u}(-\xi)$，$\xi\in\mathbb{R}$。

为了量化短时傅里叶变换的局部时频特性，下面引入“窗宽”的概念。假设 $u\in(L_1\cap L_2)(\mathbb{R})$ 是 $\mathbb{R}$ 上的非零函数，且 $tu(t)\in L_2(\mathbb{R})$，那么，窗函数 $u(t)$ 的中心 t^* 定义如下：

$$t^*=\frac{1}{\|u\|_2^2}\int_{-\infty}^{\infty}x\,|u(x)|^2\mathrm{d}x \tag{2.3-4}$$

在此基础上，窗函数 $u(t)$ 的宽度，即窗宽 Δ_u 定义如下：

$$\Delta_u = \left\{ \frac{1}{\| u \|_2^2} \int_{-\infty}^{\infty} (x - t^*)^2 \mid u(x) \mid^2 \mathrm{d}x \right\}^{\frac{1}{2}} \tag{2.3-5}$$

注意到，当 $u \in L_2(\mathbb{R})$，且 $tu(t) \in L_2(\mathbb{R})$时，有 $t|u(t)|^2 \in L_1(\mathbb{R})$。从时频分析的角度上讲，找到同时满足 $tu(t) \in L_2(\mathbb{R})$和 $\omega\hat{u}(\omega) \in L_2(\mathbb{R})$的窗函数 $u(t)$十分重要。此时，窗函数的时宽和频宽都是有限的，易于提取信号的局部时-频特征。

例 2.3.1　求窗函数 $u(t) = \begin{cases} 1,\ t \in (-0.5,\ 0.5) \\ 0,\ 其他 \end{cases}$的中心和窗宽。

显然，$u(t)$是矩形窗，满足

$$\| u \|_2^2 = \int_{-\frac{1}{2}}^{\frac{1}{2}} 1^2 \mathrm{d}t = 1$$

因此，$u(t)$的中心为

$$t^* = \int_{-\infty}^{\infty} x \mid u(x) \mid^2 \mathrm{d}x = \int_{-0.5}^{0.5} x \mathrm{d}x = 0$$

窗宽为

$$\Delta_u = \int_{-\infty}^{\infty} x^2 u(x)^2 \mathrm{d}x = \int_{-\frac{1}{2}}^{\frac{1}{2}} x^2 \mathrm{d}x = \frac{1}{12}$$

另一方面，考虑 $u(t)$对应的频域窗 $\hat{u}(\omega)$：

$$\hat{u}(\omega) = \int_{-\frac{1}{2}}^{\frac{1}{2}} \mathrm{e}^{-\mathrm{i}\omega x} \mathrm{d}x = \frac{\mathrm{e}^{-\mathrm{i}\omega/2} - \mathrm{e}^{\mathrm{i}\omega/2}}{-\mathrm{i}\omega} = \frac{\sin(\omega/2)}{\omega/2}$$

$\hat{u}(\omega)$的中心和窗宽分别为

$$\omega^* = \int_{-\infty}^{\infty} \omega \mid \hat{u}(\omega) \mid^2 \mathrm{d}\omega = \int_{-\infty}^{\infty} \omega \frac{\sin^2(\omega/2)}{\omega^2/4} \mathrm{d}\omega = \int_{-\infty}^{\infty} \frac{4\sin^2(\omega/2)}{\omega} \mathrm{d}\omega = 0$$

$$\Delta_{\hat{u}} = \int_{-\infty}^{\infty} \mid \omega\hat{u}(\omega) \mid^2 \mathrm{d}\omega = 4\int_{-\infty}^{\infty} \sin^2(\omega/2) \mathrm{d}\omega = \infty$$

图 2.3-2 所示为例 2.3.1 中的时域波形及其傅里叶变换。

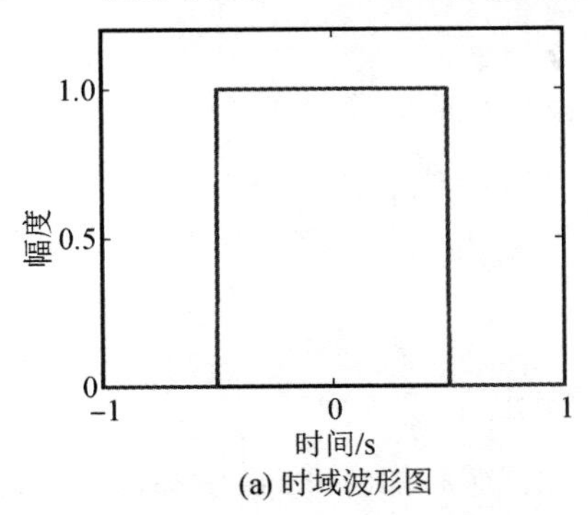

(a) 时域波形图

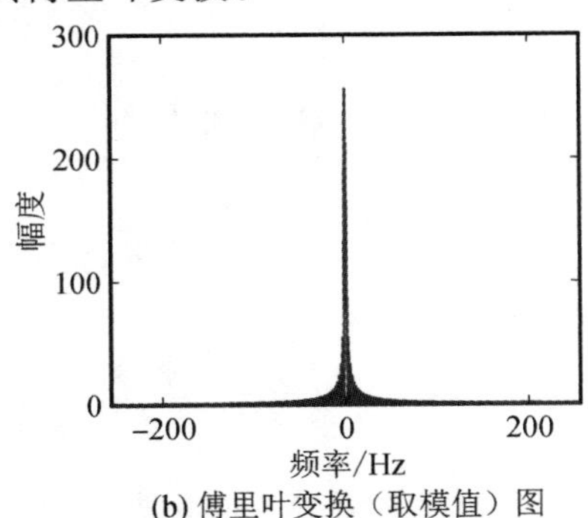

(b) 傅里叶变换（取模值）图

图 2.3-2　时域波形及其傅里叶变换示意图

由上面的计算结果可以看出，矩形窗的时间中心和频率中心均为零，时宽为 1/12，频宽无限大。因此，矩形窗不具备优良的时域和频域局部特性。

下面考虑高斯型窗函数，即高斯窗

$$g_\sigma(x)=\frac{1}{\sqrt{2\pi}\sigma}e^{-\frac{x^2}{2\sigma^2}} \tag{2.3-6}$$

其中，$\sigma>0$ 是高斯窗的参数，即高斯分布的标准差。

高斯函数 g_σ 是一个偶函数，其中心为 $x^*=0$。由概率密度相关知识，有

$$\int_{-\infty}^{\infty}\frac{1}{\sqrt{2\pi}\sigma}e^{-\frac{x^2}{2\sigma^2}}dx=1 \tag{2.3-7}$$

对上式关于 σ 求导，并整理可得

$$-\int_{-\infty}^{\infty}x^2e^{-\frac{x^2}{2\sigma^2}}dx=-\frac{1}{2}\sqrt{\pi}\left(\frac{1}{2\sigma^2}\right)^{-\frac{3}{2}}$$

因此，g_σ 的窗宽为

$$\begin{aligned}\Delta_{g_\sigma}&=\left[\frac{1}{\|u\|_2^2}\int_{-\infty}^{\infty}x^2\,|g_\sigma(x)|^2dx\right]^{\frac{1}{2}}\\&=\left(\frac{\sigma}{4\sqrt{\pi}}\Big/\frac{1}{2\sqrt{\pi}\sigma}\right)^{\frac{1}{2}}=\frac{\sigma}{\sqrt{2}}\end{aligned} \tag{2.3-8}$$

另一方面，高斯函数的傅里叶变换为

$$\hat{g}_\sigma(\omega)=e^{-\sigma^2\omega^2/2} \tag{2.3-9}$$

对照上述矩形窗的推导过程，可以得到频率中心和频域窗宽分别为

$$\omega^*=0 \tag{2.3-10}$$

$$\Delta_{\hat{g}_\sigma}=\frac{1}{\sqrt{2}\sigma} \tag{2.3-11}$$

综上所述，高斯函数的二维局部时-频窗可表示为

$$\left[-\frac{\Delta_{g_\sigma}}{2},\frac{\Delta_{g_\sigma}}{2}\right]\times\left[-\frac{\Delta_{\hat{g}_\sigma}}{2},\frac{\Delta_{\hat{g}_\sigma}}{2}\right] \tag{2.3-12}$$

该二维时-频窗的面积为

$$\Delta_{g_\sigma}\times\Delta_{\hat{g}_\sigma}=\frac{1}{2} \tag{2.3-13}$$

图 2.3-3 所示为 3 种不同情况下高斯函数的二维局部时-频窗覆盖区域，可以看出，该二维时-频窗的面积是相等的。

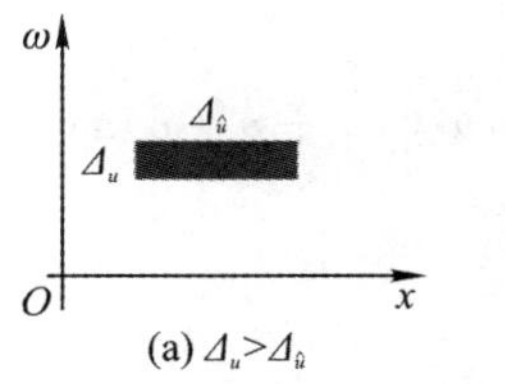

(a) $\Delta_u > \Delta_{\hat{u}}$

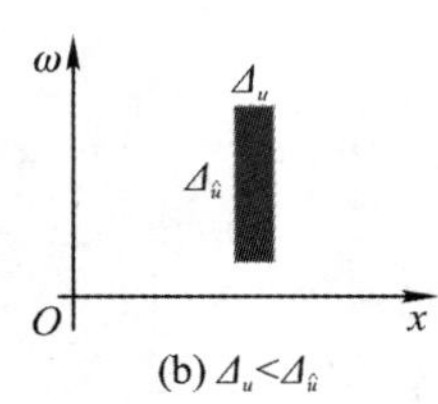

(b) $\Delta_u < \Delta_{\hat{u}}$

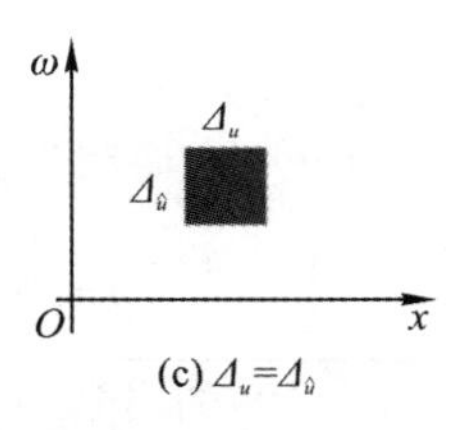

(c) $\Delta_u = \Delta_{\hat{u}}$

图 2.3-3　高斯函数的二维局部时频窗覆盖区域示意图

下面给出不确定性原理，可以证明，所有二维局部时-频窗的最小面积是$\frac{1}{2}$，即高斯窗具有最优的时-频二维分辨率。

定理 2.3.1　不确定原理(Heisenberg's uncertainty principle)： 设 $u\in(L_1\cap L_2)(\mathbb{R})$的傅里叶变换为 $\hat{u}(\omega)$，则有

$$\Delta_u\Delta_{\hat{u}}\geqslant\frac{1}{2} \tag{2.3-14}$$

其中，Δ_u 和 $\Delta_{\hat{u}}$ 的取值可能为无限大。式中的等号当且仅当满足如下条件时成立：

$$u(x)=cg_\sigma(x-b) \tag{2.3-15}$$

其中，$g_\sigma(x)$为高斯函数，$\sigma>0$，$b\in\mathbb{R}$ 且 $c\neq0$。

为了证明定理 2.3.1，在不失一般性的条件下，假设 $u(x)$和 $\hat{u}(\omega)$的中心分别为 $x^*=0$ 和 $\omega^*=0$，可以得到

$$(\Delta_u\Delta_{\hat{u}})^2=\frac{1}{\|u\|_2^2\|\hat{u}\|_2^2}\left(\int_{-\infty}^{\infty}x^2|u(x)|^2\mathrm{d}x\right)\left(\int_{-\infty}^{\infty}\omega^2|\hat{u}(\omega)|^2\mathrm{d}\omega\right) \tag{2.3-16}$$

应用函数导数的傅里叶变换性质，以及 Parseval 公式，可以推导出

$$\int_{-\infty}^{\infty}\omega^2|\hat{u}(\omega)|^2\mathrm{d}\omega=\|\hat{u'}\|_2^2=2\pi\|u'\|_2^2 \tag{2.3-17}$$

其中，u'为 u 的导数。

利用 Parseval 公式对式(2.3-16)的分母进行化简，即$\|\hat{u}\|_2^2=2\pi\|u\|_2^2$，然后，通过 Cauchy-Schwarz 不等式，可得

$$\begin{aligned}(\Delta_u\Delta_{\hat{u}})^2&=\|u\|_2^{-4}\int_{-\infty}^{\infty}|xu(x)|^2\mathrm{d}x\int_{-\infty}^{\infty}|u'(x)|^2\mathrm{d}x\\&\geqslant\|u\|_2^{-4}\left(\int_{-\infty}^{\infty}|xu(x)\overline{u'(x)}|\mathrm{d}x\right)^2\\&\geqslant\|u\|_2^{-4}\left|\int_{-\infty}^{\infty}\mathrm{Re}\{xu(x)\overline{u'(x)}\}\mathrm{d}x\right|^2\end{aligned} \tag{2.3-18}$$

注意到

$$x\frac{\mathrm{d}}{\mathrm{d}x}|u(x)|^2=x\frac{\mathrm{d}}{\mathrm{d}x}u(x)\overline{u(x)}=x\left[u(x)\overline{u'(x)}+u'(x)\overline{u(x)}\right]$$
$$=2\mathrm{Re}\left[xu(x)\overline{u'(x)}\right] \tag{2.3-19}$$

因此，式(2.3－19)的右边可以改写为

$$\|u\|_2^{-4}\left[\frac{1}{2}\int_{-\infty}^{\infty}\left(x\frac{\mathrm{d}}{\mathrm{d}x}|u(x)|^2\right)\mathrm{d}x\right]^2$$
$$=\frac{1}{4}\|u\|_2^{-4}\left\{[x|u(x)|^2]\Big|_{-\infty}^{\infty}-\int_{-\infty}^{\infty}|u(x)|^2\mathrm{d}x\right\}^2$$
$$=\frac{1}{4}\|u\|_2^{-4}\|u\|_2^4=\frac{1}{4} \tag{2.3-20}$$

由此，可以得出 $\Delta_u\Delta_{\hat{u}}\geqslant\frac{1}{2}$。需要注意的是，在式(2.3－17)和式(2.3－20)中，假设 $u\in PC(\mathbb{R})$。此外，由于 $u\in L_2(\mathbb{R})$，函数 $|u(x)|^2$ 一定要比 $\frac{1}{x}$ 在 $|x|\to\infty$ 时下降得快。此外，式(2.3－17)和式(2.3－20)对任意的 $u\in L_1\cap L_2(\mathbb{R})$ 都成立。

下面讨论式(2.3－14)和式(2.3－19)中等号成立的条件。根据 Cauchy-Schwarz 不等式，等号成立的条件为

$$|xu(x)|=r|u'(x)| \tag{2.3-21}$$

其中，常数 $r>0$，并且

$$\pm\mathrm{Re}[xu(x)\overline{u'(x)}]=|xu(x)u'(x)| \tag{2.3-22}$$

由式(2.3－21)，可以得到

$$xu(x)=ru'(x)\mathrm{e}^{\mathrm{i}\theta(x)} \tag{2.3-23}$$

其中，$\theta(x)$ 是实值函数。由式(2.3－22)和式(2.3－23)，可以得出

$$\pm\mathrm{Re}[r|u'(x)|^2\mathrm{e}^{\mathrm{i}\theta(x)}]=r|u'(x)|^2 \tag{2.3-24}$$

因此，可以得到 $\pm\mathrm{Re}[\mathrm{e}^{\mathrm{i}\theta(x)}]=1$，表明 $\pm\mathrm{e}^{\mathrm{i}\theta(x)}$ 等于常数 1。因此，式(2.3－23)可以改写为

$$\frac{u'(x)}{u(x)}=\frac{1}{r}x \text{ 或 } \frac{u'(x)}{u(x)}=\frac{-1}{r}x$$

求解该方程，可得

$$u(x)=c_0\mathrm{e}^{x^2/(2r)} \text{ 或 } u(x)=c_0\mathrm{e}^{-x^2/(2r)}$$

考虑到 $r>0$ 且 $u\in L_1\cap L_2(\mathbb{R})$，所以 $u(x)$ 不可能是 $c_0\mathrm{e}^{x^2/(2r)}$，而只能是高斯函数，即

$$u(x)=c_0\mathrm{e}^{-\alpha^2x^2} \tag{2.3-25}$$

其中，$\alpha^2=\dfrac{1}{2r}>0$。

在上述证明过程中，假设时间窗函数的中心为 $x^*=0$。更为一般地，$u(x)$可以表示为

$$u(x)=cg_\sigma(x-b)$$

其中 $\sigma=\dfrac{1}{2\alpha}$，且 $c\neq 0$，$x^*=b\in\mathbb{R}$。

定义 2.3.2　短时傅里叶变换的逆变换：设 $u\in(L_1\cap L_2)(\mathbb{R})$的傅里叶变换为 $\hat{u}\in(L_1\cap L_2)(\mathbb{R})$，且 $u(0)\neq 0$，则对于任意的 $f\in(L_1\cap L_2)(\mathbb{R})$，短时傅里叶变换的逆变换定义为

$$f(x)=\frac{1}{u(0)}\frac{1}{2\pi}\int_{-\infty}^{\infty}V_f^u(x,\omega)e^{ix\omega}d\omega \tag{2.3-26}$$

其中，f 的傅里叶变换满足 $\hat{f}\in L_1(\mathbb{R})$。

依据式(2.3-1)～式(2.3-3)，短时傅里叶变换的逆变换推导如下：

$$\begin{aligned}
\frac{1}{2\pi}\int_{-\infty}^{\infty}V_f^u(x,\omega)e^{ix\omega}d\omega &=\frac{1}{2\pi}\int_{-\infty}^{\infty}D_{\hat{f}}^{\upsilon}(x,\omega)d\omega\\
&=\frac{1}{2\pi}\int_{-\infty}^{\infty}\hat{f}(\xi)e^{ix\xi}\left\{\frac{1}{2\pi}\int_{-\infty}^{\infty}\hat{u}[-(\xi-\omega)]d\omega\right\}d\xi\\
&=\frac{1}{2\pi}\int_{-\infty}^{\infty}\hat{f}(\xi)e^{ix\xi}\left[\frac{1}{2\pi}\int_{-\infty}^{\infty}\hat{u}(y)dy\right]d\xi\\
&=\frac{1}{2\pi}\int_{-\infty}^{\infty}\hat{f}(\xi)e^{ix\xi}\left[\frac{1}{2\pi}\int_{-\infty}^{\infty}\hat{u}(y)e^{i0y}dy\right]d\xi\\
&=\frac{1}{2\pi}\int_{-\infty}^{\infty}\hat{f}(\xi)e^{ix\xi}u(0)d\xi\\
&=u(0)\left[\frac{1}{2\pi}\int_{-\infty}^{\infty}\hat{f}(\xi)e^{ix\xi}d\xi\right]=u(0)f(x)
\end{aligned}$$

2.3.2　谱图

定义 2.3.3 谱图(spectrogram)：短时傅里叶变换的谱图定义为在时刻 t 的能量谱密度，即

$$S_f^u(t,\omega)=\frac{1}{2\pi}|V_f^u(t,\omega)|^2 \tag{2.3-27}$$

可以看出，谱图是一种时-频联合分布函数。其**特征函数**定义为

$$M_f^u(\theta,\tau)=\frac{1}{2\pi}\int_{-\infty}^{\infty}\int_{-\infty}^{\infty}|V_f^u(t,\omega)|^2e^{i\theta t+i\omega\tau}d\omega dt=A_f(\theta,\tau)A_u(-\theta,\tau) \tag{2.3-28}$$

其中，$A_f(\theta,\tau)$和 $A_u(-\theta,\tau)$分别称为信号 $f(t)$和窗函数 $u(t)$的模糊函数，定义为

$$A_f(\theta,\tau)=\int_{-\infty}^{\infty}f\left(t-\frac{\tau}{2}\right)f\left(t+\frac{\tau}{2}\right)e^{i\theta t}dt \tag{2.3-29}$$

$$A_u(\theta,\tau)=\int_{-\infty}^{\infty}\overline{u\left(t-\frac{\tau}{2}\right)}u\left(t+\frac{\tau}{2}\right)e^{i\theta t}dt \tag{2.3-30}$$

由式(2.3-28)可以看出，谱图的特征函数为信号和窗函数的模糊函数之积。在工程应用中，模糊函数一般用来评价雷达波形设计的优劣，即反映雷达对目标速度和距离测量的分辨性能，本书将在第4章详细介绍。

谱图具有以下性质：

1. 能量分布特性

谱图的总能量为

$$E_f^u=\int_{-\infty}^{\infty}\int_{-\infty}^{\infty}|V_f^u(t,\omega)|^2d\omega dt \tag{2.3-31}$$

根据式(2.3-28)，可得

$$E_f^u=M_f^u(0,0)=A_f(0,0)A_u(0,0)=\int_{-\infty}^{\infty}|f(t)|^2dt\int_{-\infty}^{\infty}|u(t)|^2dt \tag{2.3-32}$$

可见，当窗函数能量为1，即$\int_{-\infty}^{+\infty}|u(t)|^2dt=1$时，谱图总能量等于信号总能量，即满足时-频分布的总能量要求。

2. 边缘特性

谱图的时间边缘$P(t)$和频率边缘$P(\omega)$分别表示为

$$\begin{aligned}P(t)&=\frac{1}{2\pi}\int_{-\infty}^{\infty}|V_f^u(t,\omega)|^2d\omega\\&=\frac{1}{2\pi}\int_{-\infty}^{\infty}\int_{-\infty}^{\infty}\int_{-\infty}^{\infty}f(x)u(x-t)\overline{f(x_1)u(x_1-t)e^{-i\omega(x-x_1)}}dx\,dx_1\,d\omega\\&=\frac{1}{2\pi}\int_{-\infty}^{\infty}\int_{-\infty}^{\infty}f(x)u(x-t)\overline{f(x_1)u(x_1-t)}2\pi\delta(x-x_1)dx\,dx_1\\&=\int_{-\infty}^{\infty}|f(x)|^2|u(x-t)|^2dx\end{aligned} \tag{2.3-33}$$

$$P(\omega)=\frac{1}{2\pi}\int_{-\infty}^{\infty}|V_f^u(t,\omega)|^2dt=\frac{1}{2\pi}\int_{-\infty}^{+\infty}|\hat{f}(\xi)|^2|\hat{u}(\xi-\omega)|^2d\xi \tag{2.3-34}$$

可以看出，谱图的时间边缘由信号和窗函数的幅度决定，而与它们的相位无关。同样，频率边缘取决于信号和窗函数的频谱幅度，也与它们的相位无关。

显然，一般情况下谱图没有真边缘，即$P(x)\neq|f(x)|^2$，$P(\omega)\neq\frac{1}{2\pi}|\hat{s}(\omega)|^2$，这主要是因为受窗函数影响。当窗函数为$\delta$函数时，谱图才有真边缘，但此时的短时傅里叶变换已经没有意义。

3. 有限支撑性

对于仅在某一小段时间内不为零的有限支撑信号 $f(t)$，由于窗函数的作用，即 $f(t)\cdot u(t-x)$，谱图在时间和频率上不一定具有有限支撑性。

4. 平移性

短时傅里叶变换不具有时移不变性，但满足频移不变性。因此，谱图不具有时移不变性，但具有频移不变性，具体表示为

$$f(t)\to V_f^u(t,\omega)\Rightarrow f(t-t_0)\to \mathrm{e}^{-\mathrm{i}\omega t_0}V_f^u(t-t_0,\omega) \tag{2.3-35}$$

$$f(t)\to V_f^u(t,\omega)\Rightarrow \mathrm{e}^{\mathrm{i}\omega_0 t}f(t)\to V_f^u(t,\omega-\omega_0) \tag{2.3-36}$$

2.4　短时傅里叶变换的统计特征

2.4.1　整体平均

定义 2.4.1　短时傅里叶变换的平均时间：假设信号和窗函数都满足能量归一化条件，短时傅里叶变换的**平均时间**定义为

$$\langle t\rangle_{\mathrm{STFT}}=\int_{-\infty}^{\infty}\int_{-\infty}^{\infty}xS_f^u(x,\omega)\mathrm{d}\omega\mathrm{d}x=\int_{-\infty}^{\infty}xP(x)\mathrm{d}x \tag{2.4-1}$$

其中，$S_f^u(t,\omega)$为短时傅里叶变换对应的信号谱图，$P(x)$为时间边缘分布，分别如式(2.3-27)和式(2.3-33)所示。

短时傅里叶变换的平均时间也称为谱图的平均时间。进一步推导，可得

$$\begin{aligned}\langle t\rangle_{\mathrm{STFT}}&=\int_{-\infty}^{\infty}xP(x)\mathrm{d}x=\int_{-\infty}^{\infty}\int_{-\infty}^{\infty}x\,|f(t)|^2\,|u(t-x)|^2\mathrm{d}t\mathrm{d}x\\&=\int_{-\infty}^{\infty}|f(t)|^2\left[\int_{-\infty}^{\infty}x\,|u(t-x)|^2\mathrm{d}x\right]\mathrm{d}t\\&=\int_{-\infty}^{\infty}|f(t)|^2\left[\int_{-\infty}^{\infty}(t-x)|u(x)|^2\mathrm{d}x\right]\mathrm{d}t\\&=\int_{-\infty}^{\infty}|f(t)|^2(t-\langle t\rangle_u)\mathrm{d}t\\&=\langle t\rangle_f-\langle t\rangle_u\end{aligned} \tag{2.4-2}$$

其中，$\langle t\rangle_f$ 和$\langle t\rangle_u$ 分别为信号 $f(t)$和窗函数 $u(t)$的平均时间，定义为

$$\langle t\rangle_f=\int_{-\infty}^{\infty}t\,|f(t)|^2\mathrm{d}t,\quad \langle t\rangle_u=\int_{-\infty}^{\infty}t\,|u(t)|^2\mathrm{d}t \tag{2.4-3}$$

同理，可以求得短时傅里叶变换的**平均频率**为

$$\langle\omega\rangle_{\mathrm{STFT}}=\int_{-\infty}^{\infty}\int_{-\infty}^{\infty}\omega S_f^u(x,\omega)\mathrm{d}\omega\mathrm{d}x=\langle\omega\rangle_f+\langle\omega\rangle_u \tag{2.4-4}$$

其中，$\langle\omega\rangle_f$ 和 $\langle\omega\rangle_u$ 分别为信号 $f(t)$ 和窗函数 $u(t)$ 的平均频率，定义为

$$\langle\omega\rangle_f=\frac{1}{2\pi}\int_{-\infty}^{\infty}\omega\mid\hat{f}(\omega)\mid^2\mathrm{d}\omega,\quad\langle\omega\rangle_u=\frac{1}{2\pi}\int_{-\infty}^{\infty}\omega\mid\hat{u}(\omega)\mid^2\mathrm{d}\omega \tag{2.4-5}$$

式(2.4－2)和式(2.4－4)表明，短时傅里叶变换的平均时间和平均频率与窗函数的平均时间和平均频率有关。因此，短时傅里叶变换和谱图一般不能正确给出信号的波形中心和频率中心。但是，当时域窗函数为偶函数时，其频谱也是偶函数，那么其平均时间和平均频率都为零，即 $\langle t\rangle_u=0$，$\langle\omega\rangle_u=0$。此时，短时傅里叶变换的平均时间和平均频率就是信号的波形中心和频率中心。

下面考虑谱图的**二阶平均时间和二阶平均频率**，分别定义为

$$\langle t^2\rangle_{\mathrm{STFT}}=\int_{-\infty}^{\infty}x^2S_f^u(x,\omega)\mathrm{d}x\mathrm{d}\omega \tag{2.4-6}$$

$$\langle\omega^2\rangle_{\mathrm{STFT}}=\int_{-\infty}^{\infty}\omega^2S_f^u(x,\omega)\mathrm{d}x\mathrm{d}\omega \tag{2.4-7}$$

可以证明，上述二阶平均时间和二阶平均频率可以分别表示为

$$\langle t^2\rangle_{\mathrm{STFT}}=\langle t^2\rangle_f+\langle t^2\rangle_u-2\langle t\rangle_f\langle t\rangle_u \tag{2.4-8}$$

$$\langle\omega^2\rangle_{\mathrm{STFT}}=\langle\omega^2\rangle_f+\langle\omega^2\rangle_u+2\langle\omega\rangle_f\langle\omega\rangle_u \tag{2.4-9}$$

其中

$$\langle t^2\rangle_f=\int_{-\infty}^{+\infty}t^2\mid f(t)\mid^2\mathrm{d}t,\ \langle t^2\rangle_u=\int_{-\infty}^{+\infty}t^2\mid u(t)\mid^2\mathrm{d}t \tag{2.4-10}$$

$$\langle\omega^2\rangle_f=\frac{1}{2\pi}\int_{-\infty}^{\infty}\omega^2\mid\hat{f}(\omega)\mid^2\mathrm{d}\omega,\ \langle\omega^2\rangle_u=\frac{1}{2\pi}\int_{-\infty}^{\infty}\omega^2\mid\hat{u}(\omega)\mid^2\mathrm{d}\omega \tag{2.4-11}$$

定义 2.4.2　谱图的时宽与带宽：基于上述一阶、二阶平均时间和平均频率，定义谱图的时宽和带宽分别为

$$T_{\mathrm{STFT}}=\langle t^2\rangle_{\mathrm{STFT}}-(\langle t\rangle_{\mathrm{STFT}})^2 \tag{2.4-12}$$

$$B_{\mathrm{STFT}}=\langle\omega^2\rangle_{\mathrm{STFT}}-(\langle\omega\rangle_{\mathrm{STFT}})^2 \tag{2.4-13}$$

类似上述推导，容易得到以下关系：

$$T_{\mathrm{STFT}}=T_f+T_u \tag{2.4-14}$$

$$B_{\mathrm{STFT}}=B_f+B_u \tag{2.4-15}$$

其中

$$T_f=\langle t^2\rangle_f-(\langle t\rangle_f)^2,\ T_u=\langle t^2\rangle_u-(\langle t\rangle_u)^2 \tag{2.4-16}$$

$$B_f=\langle\omega^2\rangle_f-(\langle\omega\rangle_f)^2,\ B_u=\langle\omega^2\rangle_u-(\langle\omega\rangle_u)^2 \tag{2.4-17}$$

式(2.4－14)和式(2.4－15)表明，受窗函数的影响，对谱图求整体平均无法得到信号的真实时宽和带宽。

2.4.2 局部平均

针对非平稳信号，上述整体平均无法描述信号的局部变化特性。因此，需要考虑局部平均。利用谱图的局部平均可以估算瞬时频率、瞬时带宽等参数，实现对非平稳信号的参数估计和特征提取。

基于谱图，信号 $f(t)$ 的**局部频率**(瞬时频率)可定义为

$$\langle\omega\rangle_t = \frac{1}{2\pi P(t)}\int_{-\infty}^{\infty}\omega\,|\,S_f^u(t,\omega)\,|^2\mathrm{d}\omega \tag{2.4-18}$$

其中，$P(t)=\int_{-\infty}^{\infty}|\,f(x)\,|^2\,|\,u(x-t)\,|^2\mathrm{d}x$ 。

对局部加窗信号 $f(x)u(x-t)$ 进行能量归一化，即

$$\alpha_t(x)=\frac{f(x)u(x-t)}{\sqrt{P(t)}} \tag{2.4-19}$$

同时，假设信号和窗函数分别为

$$f(t)=A(t)\mathrm{e}^{\mathrm{i}\varphi(t)},\quad u(t)=A_u(t)\mathrm{e}^{\mathrm{i}\varphi_u(t)} \tag{2.4-20}$$

其中，$A(t)$ 和 $A_u(t)$ 分别为信号和窗函数的幅度，$\varphi(t)$ 和 $\varphi_u(t)$ 分别为信号和窗函数的相位，均为实数。

于是，可得

$$\begin{aligned}\langle\omega\rangle_t &= \frac{1}{2\pi}\int_{-\infty}^{\infty}\overline{\alpha_t(x)}\,\frac{1}{\mathrm{i}}\,\frac{\mathrm{d}}{\mathrm{d}x}\alpha_t(x)\mathrm{d}x\\ &= \frac{1}{2\pi P(t)}\int_{-\infty}^{+\infty}A^2(x)A_u^2(x-t)[\varphi'(x)+\varphi_u'(x-t)]\mathrm{d}x\end{aligned} \tag{2.4-21}$$

由式(2.4-21)可以看出，只有当窗函数 $u(t)$ 足够窄时，才能得到较为准确的局部频率估计。然而，由不确定性原理可知，此时窗函数的频宽将变大，导致局部频率估计的标准差也将增大。这一点也反映在信号的**局部频率平方上**，具体表示为

$$\begin{aligned}\langle\omega^2\rangle_t &= \frac{1}{2\pi P(t)}\int_{-\infty}^{\infty}\omega^2\,|\,S_f^u(t,\omega)\,|^2\mathrm{d}\omega\\ &= \frac{1}{2\pi}\int_{-\infty}^{\infty}\overline{\alpha_t(t)}\left(\frac{1}{\mathrm{i}}\,\frac{\mathrm{d}}{\mathrm{d}x}\right)^2\alpha_t(x)\mathrm{d}x\\ &= \frac{1}{2\pi P(t)}\int_{-\infty}^{+\infty}\left[\frac{\mathrm{d}}{\mathrm{d}x}A(x)A_u(x-t)\right]^2\mathrm{d}x+\\ &\quad \frac{1}{2\pi P(t)}\int_{-\infty}^{\infty}A^2(x)A_u^2(x-t)\cdot[\varphi'(x)+\varphi_u'(x-t)]^2\mathrm{d}x\end{aligned} \tag{2.4-22}$$

在上述局部频率的基础上，定义**局部带宽**(瞬时带宽)为

$$B(t)=\frac{1}{2\pi}\int_{-\infty}^{+\infty}(\omega-\langle\omega\rangle_t)^2\,|\,S_f^u(t,\omega)\,|^2\,\mathrm{d}\omega \tag{2.4-23}$$

经推导，可得

$$\begin{aligned}B(t)=&\frac{1}{2\pi P(t)}\int_{-\infty}^{\infty}\{\partial_t[A(x)A_u(x-t)]\}^2\mathrm{d}x+\\&\frac{1}{2\pi P(t)}\int_{-\infty}^{\infty}[\varphi'(x)+\varphi'_u(x-t)-\langle\omega\rangle_t]^2A^2(x)A_u^2(x-t)\mathrm{d}x\\=&\frac{1}{2\pi P(t)}\int_{-\infty}^{\infty}\{\partial_x[A(x)A_u(x-t)]\}^2\mathrm{d}x+\\&\frac{1}{4\pi P^2(t)}\int_{-\infty}^{\infty}\int_{-\infty}^{\infty}A^2(t_1)A^2(t_2)A_u^2(t_1-t)A_u^2(t_2-t)A^2(t)[\varphi'(t_1)-\\&\varphi'_u(t_2)+\varphi'_u(t_1-t)-\varphi'_u(t_2-t)]^2\mathrm{d}t_1\mathrm{d}t_2\end{aligned}$$

可以看出，利用谱图计算出的信号的局部带宽与实际瞬时带宽存在一定的偏差。图 2.4-1 所示为线性调频信号的局部频谱、局部带宽和谱图。

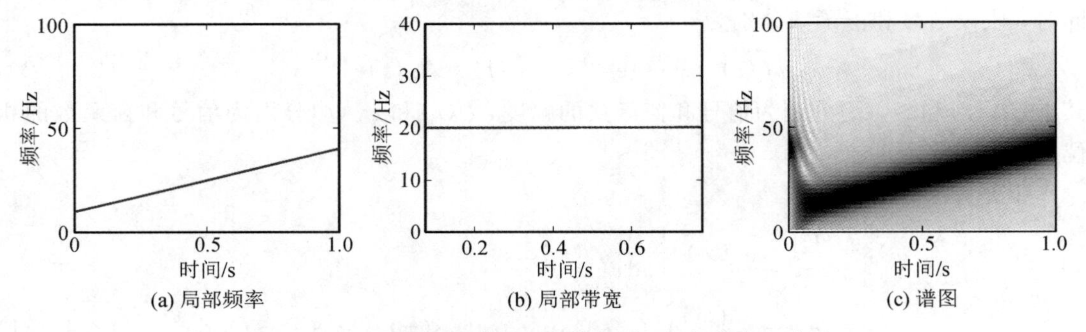

图 2.4-1　线性调频信号的局部频谱、局部带宽和谱图

同理，考虑信号与窗函数的频谱分别为

$$\hat{f}(\omega)=A(\omega)\mathrm{e}^{\mathrm{i}\psi(\omega)},\quad \hat{u}(\omega)=A_u(\omega)\mathrm{e}^{\mathrm{i}\psi_u(\omega)} \tag{2.4-24}$$

由频域和时域的对称性可得

$$\langle t\rangle_\omega=-\frac{1}{P(\omega)}\int_{-\infty}^{\infty}A^2(\xi)A_u^2(\omega-\xi)[\psi'(\xi)+\psi'_u(\omega-\xi)]\mathrm{d}\xi \tag{2.4-25}$$

$$\begin{aligned}\langle t^2\rangle_\omega=&\frac{1}{P(\omega)}\int_{-\infty}^{\infty}\left[\frac{\mathrm{d}}{\mathrm{d}\xi}A(\xi)A_h(\omega-\xi)\right]^2\mathrm{d}\xi+\\&\frac{1}{P(\omega)}\int_{-\infty}^{+\infty}A^2(\xi)A_u^2(\omega-\xi)[\psi'(\xi)-\psi'_u(\omega-\xi)]^2\mathrm{d}\xi\end{aligned} \tag{2.4-26}$$

其中，$P(\omega)=\int_{-\infty}^{\infty}A^2(\xi)A_u^2(\omega-\xi)\mathrm{d}\xi$。这里，我们称$\langle t\rangle_\omega$和$\langle t^2\rangle_\omega$分别为**局部时间**和**局部时间平方**，它们表示频率域的局部时间特性。

例 2.4.1　利用短时傅里叶变换，求信号 $f(t)=\mathrm{e}^{\mathrm{i}\omega_0 t}$ 在归一化能量高斯窗 $g(t)=(a/\pi)^{\frac{1}{4}}\mathrm{e}^{-\frac{at^2}{2}}$ 下的谱图及其统计特征。

由短时傅里叶变换的定义式，有

$$V_f^g(t,\omega)=\int_{-\infty}^{\infty}f(x)g(x-t)\mathrm{e}^{-\mathrm{i}\omega x}\mathrm{d}x=\left(\frac{a}{\pi}\right)^{\frac{1}{4}}\int_{-\infty}^{\infty}\mathrm{e}^{\mathrm{i}\omega_0 x}\mathrm{e}^{-\frac{a(x-t)^2}{2}}\mathrm{e}^{-\mathrm{i}\omega x}\mathrm{d}x$$

$$=\left(\frac{4\pi}{a}\right)^{\frac{1}{4}}\mathrm{e}^{-\mathrm{i}(\omega-\omega_0)t}\mathrm{e}^{-\frac{(\omega-\omega_0)^2}{2a}}$$

于是，信号的谱图为

$$S_f^g(t,\omega)=\frac{1}{2\pi}\left|V_f^u(t,\omega)\right|^2=\left(\frac{1}{a\pi}\right)^{\frac{1}{2}}\mathrm{e}^{-\frac{(\omega-\omega_0)^2}{a}}$$

时间边缘为

$$P(t)=\int_{-\infty}^{\infty}S_f^g(t,\omega)\mathrm{d}\omega=1$$

可得，局部频率为

$$\langle\omega\rangle_t=\omega_0$$

因此，对于单频复信号，其局部频率为常数，即为正弦信号的频率。也就是说，在归一化能量高斯窗条件下，利用谱图能够正确估计正弦信号的瞬时频率，估计的方差取决于窗口的宽度。单频信号的时域波形和谱图如图 2.4－2 所示。

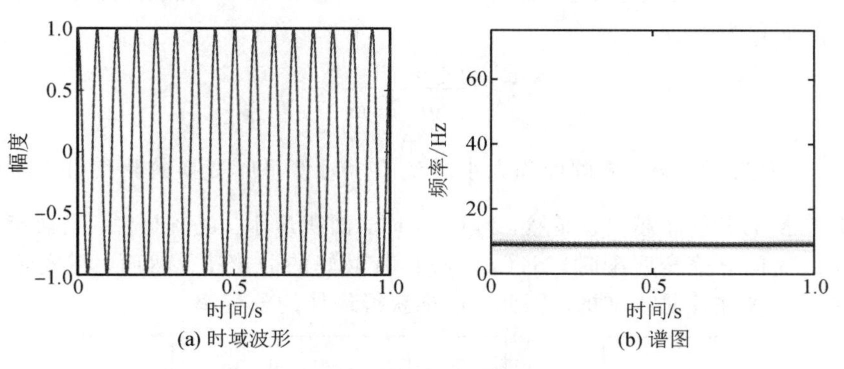

(a) 时域波形　　(b) 谱图

图 2.4－2　单频信号的时域波形和谱图

例 2.4.2　利用短时傅里叶变换求信号 $f(t)=\left(\frac{\beta}{\pi}\right)^{\frac{1}{4}}\mathrm{e}^{-\frac{\beta t^2}{2}}$ 在高斯窗 $g(t)=\left(\frac{a}{\pi}\right)^{\frac{1}{4}}\mathrm{e}^{-\frac{at^2}{2}}$ 下的谱图。

由短时傅里叶变换的定义式，有

$$V_f^g(t,\omega)=\int_{-\infty}^{\infty}f(x)g(x-t)\mathrm{e}^{-\mathrm{i}\omega x}\mathrm{d}x=\left(\frac{a\beta}{\pi^2}\right)^{\frac{1}{4}}\int_{-\infty}^{\infty}\mathrm{e}^{-\frac{\beta}{2}x^2}\mathrm{e}^{-\frac{\frac{a}{2}(x-t)^2}{2}}\mathrm{e}^{-\mathrm{i}\omega x}\mathrm{d}x$$

$$=\left(\frac{a\beta}{\pi^2}\right)^{\frac{1}{4}}\int_{-\infty}^{\infty}\exp\left(-\frac{a+\beta}{2}x^2+axt-\frac{a}{2}t^2\right)\mathrm{e}^{-\mathrm{i}\omega x}\mathrm{d}x$$

$$=\exp\left[-\frac{a\beta}{2(a+\beta)}t^2\right]\int_{-\infty}^{\infty}\left(\frac{a\beta}{\pi^2}\right)^{\frac{1}{4}}\exp\left\{-\left(\frac{a+\beta}{2}\right)\left[x^2-\frac{2at}{a+\beta}x+\left(\frac{at}{a+\beta}\right)^2\right]\right\}\mathrm{e}^{-\mathrm{i}\omega x}\mathrm{d}x$$

$$=\exp\left[-\frac{a\beta}{2(a+\beta)}t^2\right]\int_{-\infty}^{\infty}\left(\frac{a\beta}{\pi^2}\right)^{\frac{1}{4}}\exp\left\{-\left(\frac{a+\beta}{2}\right)\left(x-\frac{at}{a+\beta}\right)^2\right\}\mathrm{e}^{-\mathrm{i}\omega x}\mathrm{d}x$$

经推导，可得

$$V_f^g(t,\omega)=\sqrt{\frac{2\sqrt{a\beta}}{(a+\beta)}}\exp\left[-\frac{a\beta}{2(a+\beta)}t^2-\frac{1}{2(a+\beta)}\omega^2+\mathrm{i}\frac{a}{a+\beta}\omega t\right]$$

于是，信号的谱图为

$$S_f^g(t,\omega)=\frac{1}{2\pi}|V_f^g(t,\omega)|^2=\frac{\sqrt{a\beta}}{(a+\beta)\pi}\exp\left[-\frac{a\beta}{(a+\beta)}t^2-\frac{1}{(a+\beta)}\omega^2\right]$$

例 2.4.2 中信号在不同参数下的谱图如图 2.4－3 所示。从图中可以看出，谱图 $S_f^g(t,\omega)$的频谱中心在(0，0)，即为信号 $f(t)$的中心。另外，$S_f^g(t,\omega)$中的指数项表示其轮廓图为椭圆。该椭圆的面积为

$$\Upsilon=\frac{a+\beta}{\sqrt{a\beta}}=\frac{1+r}{\sqrt{r}}\pi \tag{2.4-27}$$

其中，$r=\dfrac{\beta}{a}$称为匹配参数。椭圆面积大小反映了短时傅里叶变换的聚集性，面积越小，则短时傅里叶变换的分辨率越高。显然，当 $r=1$ 时，面积最小。也就是说，当窗函数的方差 a 与信号的持续时间 β 完全匹配时，$S_f^g(x,\omega)$具有最好的分辨率。然而，在实际中，待分析信号的持续时间 β 往往是未知的，因此，很难获得最佳的分辨率。

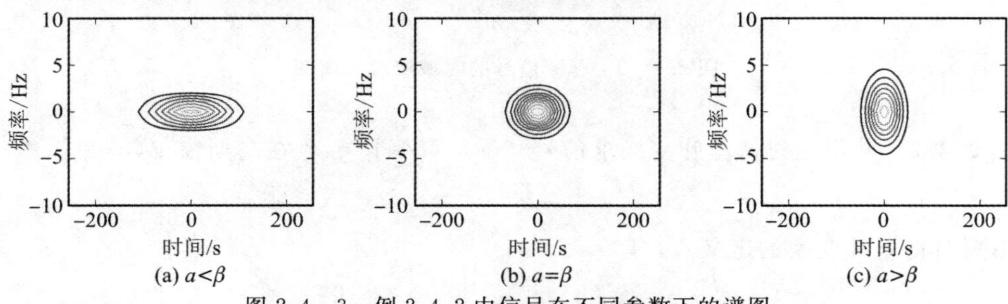

图 2.4－3　例 2.4.2 中信号在不同参数下的谱图

例 2.4.3　利用短时傅里叶变换求实正弦波 $f(t)=2\cos(\omega_0 t)=e^{i\omega_0 t}+e^{-i\omega_0 t}$ 在高斯窗 $g(t)=(a/\pi)^{\frac{1}{4}}e^{-\frac{at^2}{2}}$ 下的谱图。

由短时傅里叶变换的定义式，有

$$V_f^g(t,\omega)=\left(\frac{4\pi}{a}\right)^{\frac{1}{4}}e^{-i(\omega-\omega_0)t}e^{\frac{-(\omega-\omega_0)^2}{2a}}\left(1+e^{\frac{-i2\omega_0 t-2\omega\omega_0}{a}}\right)$$

因此，实正弦波信号的谱图为

$$\begin{aligned}S_f^g(t,\omega)&=\frac{1}{2\pi}|V_f^g(t,\omega)|^2=\left(\frac{1}{a\pi}\right)^{\frac{1}{2}}e^{-\frac{(\omega-\omega_0)^2}{a}}\left(1+2e^{\frac{-2\omega\omega_0}{a}}\cos 2\omega_0 t+e^{\frac{-4\omega\omega_0}{a}}\right)\\&=S_{f_1}^g(t,\omega)+S_{f_2}^g(t,\omega)+2\left(\frac{1}{a\pi}\right)^{\frac{1}{2}}e^{\frac{-\omega^2+\omega_0^2}{2}}\cos 2\omega_0 t\end{aligned}$$

其中，等号右边的前两项分别为信号 $e^{i\omega_0 t}$ 和 $e^{-i\omega_0 t}$ 的谱图。

可以看出，上述谱图出现了交叉项干扰。实际上，多分量信号的时-频联合分布都会出现交叉项，这是由能量谱的非线性特性决定的。一般情况下，两个信号之和 $f(t)=f_1(t)+f_2(t)$ 的能量谱满足以下关系：

$$\begin{aligned}|f_1(\omega)|^2&=|\hat{f}_1(\omega)|^2+|\hat{f}_2(\omega)|^2+2\mathrm{Re}[\overline{\hat{f}_1(\omega)}\hat{f}_2(\omega)]\\&\neq|\hat{f}_1(\omega)|^2+|\hat{f}_2(\omega)|^2\end{aligned}\tag{2.4-28}$$

如果 $f(t)=\sum_{j=1}^{n}f_j(t)$，则有

$$\begin{aligned}|V(t,\omega)|^2=&\sum_{j=1}^{n}|V_j(t,\omega)|^2+2\sum_{k=1}^{n-1}\sum_{l=k+1}^{n}|V_k(t,\omega)\|V_l(t,\omega)|\cdot\\&\cos[\varphi_k(t,\omega)-\varphi_l(t,\omega)]\end{aligned}\tag{2.4-29}$$

其中，$V_k(t,\omega)$ 和 $V_l(t,\omega)$ 分别为第 k 个分量和第 l 个分量的短时傅里叶变换，$\varphi_k(t,\omega)$ 和 $\varphi_l(t,\omega)$ 为对应的相位。其他能量型时-频联合分布也有类似的结论。

例 2.4.4　考虑高斯窗 $g(t)=(a/\pi)^{\frac{1}{4}}e^{-\frac{at^2}{2}}$，利用短时傅里叶变换求具有高斯包络的线性调频信号 $f(t)=(\alpha/\pi)^{\frac{1}{4}}e^{-\frac{\alpha t^2 t}{2}}e^{\frac{i\beta t^2}{2}+i\omega_0 t}$ 的谱图。

由短时傅里叶变换的定义式，可得信号的谱图为

$$S_f^g(t,\omega)=\sqrt{\frac{1}{2\pi\Delta_{\omega/t}^2}}P(t)e^{-(\omega-\langle\omega\rangle_t)^2/(2\pi\Delta_{\omega/t}^2)}=\sqrt{\frac{1}{2\pi\Delta_{t/\omega}^2}}P(\omega)e^{-(t-\langle t\rangle_\omega)^2/(2\pi\Delta_{t/\omega}^2)}$$

其中

$$P(t)=\sqrt{\frac{a\alpha}{\pi(a+\alpha)}}\ e^{-\frac{a\alpha}{a+\alpha}t^2}$$

$$P(\omega)=\sqrt{\frac{a\alpha/\pi}{\alpha a^2+a(\alpha^2+\beta^2)}}\ \mathrm{e}^{-\frac{a\alpha}{\alpha a^2+a(\alpha^2+\beta^2)}\omega^2}$$

$$\langle\omega\rangle_t=\frac{a\beta}{\alpha+a}t+\omega_0,\quad \langle t\rangle_\omega=\frac{a\beta}{\alpha a^2+a(\alpha^2+\beta^2)}\omega$$

可以看出，对于特定时刻，线性调频信号的谱图能量集中在估计的瞬时频率附近；而对于特定频率，谱图能量集中在估计的群延迟附近。当 $a\to\infty$，即窗函数很窄时，估计的瞬时频率趋近真实的瞬时频率 $\beta t+\omega_0$。然而，此时群延迟估计趋于零，成为一个很差的估计。相反，当 $a\to 0$，即窗函数很宽时，估计的群延迟趋近真实的群延迟 $\beta/(\alpha^2+\beta^2)$，但这时估计的瞬时频率趋近 ω_0，估计误差增大。因此，对于谱图而言，同一窗函数很难在时间和频率上同时给出最优的局部化结果。

2.5 时 频 基

本节通过短时傅里叶变换的离散采样来研究时频基。假设窗函数 $u\in(L_1\cap L_2)(\mathbb{R})$，$\bar{u}$ 为 u 的共轭函数，对时间和频率进行采样，即$(t,\omega)=(m,2\pi k)$，于是信号 f 的短时傅里叶变换可表示为

$$\begin{aligned}V_f^{\bar{u}}(m,2\pi k)&=\int_{-\infty}^{\infty}f(x)\overline{u(x-m)}\mathrm{e}^{-\mathrm{i}2\pi kx}\,\mathrm{d}x\\&=\int_{-\infty}^{\infty}f(x)\overline{h_{m,k}(x)}\mathrm{d}x=\langle f,h_{m,k}\rangle\end{aligned}\tag{2.5-1}$$

其中，$h_{m,k}(x)$为

$$h_{m,k}(x)=u(x-m)\mathrm{e}^{\mathrm{i}2\pi kx}\tag{2.5-2}$$

考虑到 $\mathrm{e}^{-\mathrm{i}2\pi kx}=\mathrm{e}^{-\mathrm{i}2\pi k(x-m)}$，函数 $h_{m,k}(x)$可以表示为

$$h_{m,k}(x)=\hbar_k(x-m)\tag{2.5-3}$$

其中，$\hbar_k(x)=u(x)\mathrm{e}^{\mathrm{i}2\pi kx}$。

显然，$h_{0,k}(x)=\hbar_k(x)$。$\hbar_k(x)$表示采样时间 $m=0$、频率为 k 的窗函数，而 $h_{m,k}(x)$可以表示任意采样时间 m 的函数。

下面以矩形窗函数为例，假设 $u(x)=\chi_{[-1/2,\,1/2]}(x)$，即当 $x\in[-1/2,1/2]$时，$u(x)=1$，否则，$u(x)=0$。那么，对任意的 $m\in\mathbb{Z}$，有

$$\langle h_{m,k},h_{m,l}\rangle=\int_{m-\frac{1}{2}}^{m+\frac{1}{2}}\mathrm{e}^{\mathrm{i}2\pi(k-l)x}\,\mathrm{d}x=\delta_{k-l}$$

对所有的 $k,l\in\mathbb{Z}$，且 $m\neq n$，有

$$\langle h_{m,k},h_{n,l}\rangle=0$$

由于 $h_{m,k}$ 和 $h_{n,l}$ 的支撑集不重合，所以有

$$\langle h_{m,k}, h_{n,l}\rangle = \delta_{m-n}\delta_{k-l}$$

即函数族 $\{h_{m,k}(x), m, k\in\mathbb{Z}\}$ 正交。

因此，对于上述矩形窗函数，函数族 $\{h_{m,k}(x), m, k\in\mathbb{Z}\}$ 构成 $L_2(\mathbb{R})$ 空间的一组**正交基**。具体证明如下：

对任意的 $f\in L_2(\mathbb{R})$，设 $f_m(x)=f(x+m)$，其中 $-\frac{1}{2}\leqslant x\leqslant\frac{1}{2}$，有

$$f_m(x)=u(x)f(x+m)=\chi_{[-1/2,\,1/2]}(x)f(x+m),\quad -\frac{1}{2}\leqslant x\leqslant\frac{1}{2}$$

将 $f_m(x)$ 进行周期延拓，即 $f_m(x+1)=f_m(x)$，则对于每个固定的 $m\in\mathbb{Z}$，$f_m(x)$ 的傅里叶级数为

$$(Sf_m)(x)=\sum_{k=-\infty}^{\infty}a_k(f_m)\mathrm{e}^{\mathrm{i}2\pi kx}$$

其中

$$\begin{aligned}a_k(f_m)&=\int_{-\frac{1}{2}}^{\frac{1}{2}}f_m(t)\mathrm{e}^{-\mathrm{i}2\pi kt}\,\mathrm{d}t=\int_{-\frac{1}{2}}^{\frac{1}{2}}f(t+m)\mathrm{e}^{-\mathrm{i}2\pi kt}\,\mathrm{d}t\\&=\int_{m-\frac{1}{2}}^{m+\frac{1}{2}}f(y)\mathrm{e}^{-\mathrm{i}2\pi k(y-m)}\,\mathrm{d}y\\&=\int_{-\infty}^{\infty}f(t)u(t-m)\mathrm{e}^{-\mathrm{i}2\pi kt}\,\mathrm{d}t=\langle f, h_{m,k}\rangle\end{aligned}$$

可见，$(Sf_m)(x)$ 收敛于 $L_2\left[-\frac{1}{2}, \frac{1}{2}\right]$ 空间中的 $f_m(x)$。因此，对于任意的 $m\in\mathbb{Z}$，有

$$\begin{aligned}f(x)u(x-m)&=f_m(x-m)u(x-m)=[(Sf_m)(x-m)]u(x-m)\\&=\sum_{k=-\infty}^{\infty}a_k(f_m)\mathrm{e}^{\mathrm{i}2\pi k(x-m)}u(x-m)=\sum_{k=-\infty}^{\infty}\langle f, h_{m,k}\rangle h_{m,k}(x)\end{aligned}$$

考虑所有的 $m\in\mathbb{Z}$，上式可以改写为

$$\begin{aligned}f(x)&=\sum_{m=-\infty}^{\infty}f(x)\chi_{[m-1/2,\,m+1/2]}(x)=\sum_{m=-\infty}^{\infty}f(x)\chi_{[-1/2,\,1/2]}(x-m)\\&=\sum_{m=-\infty}^{\infty}f(x)u(x-m)=\sum_{m=-\infty}^{\infty}\sum_{k=-\infty}^{\infty}\langle f, h_{m,k}\rangle h_{m,k}(x)\end{aligned}$$

可以看出，对于任意的 $f\in L_2(\mathbb{R})$，可以由 $h_{m,k}(x)$ 的线性组合得到，即函数族 $\{h_{m,k}(x), m, k\in\mathbb{Z}\}$ 构成 $L_2(\mathbb{R})$ 空间的一组**正交基**。

定义 2.5.1　框架(frame)：若存在常数 A 和 B，且 $0<A\leqslant B<\infty$，对于 $L_2(\mathbb{R})$ 空间中的一族函数 $\{h_\alpha(x)\}$，$\alpha\in J$，J 是某一无限整数集，对于任意的 $f\in L_2(\mathbb{R})$，有

$$A\|f\|_2^2 \leqslant \sum_{\alpha\in J} |\langle f, h_\alpha\rangle|^2 \leqslant B\|f\|_2^2 \tag{2.5-4}$$

那么，称$\{h_\alpha(x)\}$为**框架**，A 和 B 为框架界。若 $A=B$，则称该框架为**紧框架**。

如果$\{h_\alpha\}$，$\alpha\in J$ 是紧框架，那么函数族 $\tilde{h}_\alpha(x)=\frac{1}{\sqrt{A}}h_\alpha(x)$，$\alpha\in J$ 满足 Parseval 公式，即

$$\|f\|_2^2 = \sum_{\alpha\in J} |\langle f, \tilde{h}_\alpha\rangle|^2, \quad f\in L_2(\mathbb{R}) \tag{2.5-5}$$

为了更好地理解式(2.5-5)，考虑函数 $f(x)=h_{\alpha_0}(x)$，那么

$$\|\tilde{h}_{\alpha_0}\|_2^2 = \sum_{\alpha\in J} |\langle \tilde{h}_{\alpha_0}, \tilde{h}_\alpha\rangle|^2 = \|\tilde{h}_{\alpha_0}\|_2^4 + \sum_{\alpha\neq\alpha_0} |\langle \tilde{h}_{\alpha_0}, \tilde{h}_\alpha\rangle|^2$$

上式可以改写为

$$\|\tilde{h}_{\alpha_0}\|_2^2(1-\|\tilde{h}_{\alpha_0}\|_2^2) = \sum_{\alpha\neq\alpha_0} |\langle \tilde{h}_{\alpha_0}, \tilde{h}_\alpha\rangle|^2$$

由于等式右端非负，于是有

$$\|\tilde{h}_{\alpha_0}\|_2^2 \leqslant 1$$

此外，若 $\|\tilde{h}_{\alpha_0}\|_2=1$，则有$\langle\tilde{h}_{\alpha_0}, h_\alpha\rangle=0$ 对于所有的 $\alpha\neq\alpha_0$ 成立。因此，如果对于所有 $\alpha\in J$ 有 $\|\tilde{h}_\alpha\|_2=1$，则$\{h_\alpha\}$，$\alpha\in J$ 是一组**正交函数族**。

此外，$L_2(\mathbb{R})$空间中的框架$\{h_\alpha\}$在 $L_2(\mathbb{R})$中是完备的，即$\{h_\alpha\}$张成空间的闭包和 $L_2(\mathbb{R})$是等价的。

定理 2.5.1 Balian - Low 定理： 设$\{h_{m,k}(x)\}$，$(m, k)\in\mathbb{Z}^2$ 是由式(2.5-1)定义的函数族，窗函数 $u(x)\in(L_1\cap L_2)(\mathbb{R})$，则函数族$\{h_{m,k}(x)\}$是 $L_2(\mathbb{R})$的框架的条件是至少 $\int_{-\infty}^{\infty}|xu(x)|^2\mathrm{d}x$ 或 $\int_{-\infty}^{\infty}|\omega\hat{u}(\omega)|^2\mathrm{d}\omega$ 等于∞。

回顾 2.2 节傅里叶变换，有

$$\int_{-\infty}^{\infty}|\omega\hat{f}(\omega)|^2\mathrm{d}\omega = \int_{-\infty}^{\infty}|\mathcal{F}f'(\omega)|^2\mathrm{d}\omega = 2\pi\int_{-\infty}^{\infty}|f'(x)|^2\mathrm{d}x$$

因此，对于由有限窗宽的窗函数 $u(x)$构成的函数族$\{h_{m,k}(x)\}$，根据 Balian - Low 定理有

$$\int_{-\infty}^{\infty}|u'(x)|^2\mathrm{d}x = \infty$$

定理 2.5.2： 对于$u(x)\in(L_1\cap L_2)(\mathbb{R})$和由其定义的函数族$\{h_{ma,kb}(x)\}$，$(m, k)\in\mathbb{Z}^2$，其中 $a>0$，$b>0$，有以下结论：

(1) 如果 $ab>1$，在 $L_2(\mathbb{R})$中完备的函数族$\{h_{ma,kb}(x)\}$不存在。

(2) 如果 $ab=1$，那么，存在窗函数 $u(x)\in(L_1\cap L_2)(\mathbb{R})$，使得$\{h_{ma,kb}(x)\}$是一个框架。但此时，时频窗的面积无穷大，即 $\Delta_u\Delta_{\hat{u}}=\infty$。

(3) 若 $0<ab<1$，那么，存在窗函数 $u(x)\in(L_1\cap L_2)(\mathbb{R})$，使得$\{h_{ma,kb}(x)\}$是一个

紧框架，同时有 $\Delta_u \Delta_{\hat{u}} < \infty$。

窗函数 $u(x) \in (L_1 \cap L_2)(\mathbb{R})$ 的选择是短时傅里叶变换的一个关键问题，下面给出**允许窗函数(admissible window function)**的定义。允许窗函数 $u(x)$ 须满足以下条件：

(1) 存在正数 $0 < \varepsilon < \frac{1}{2}$，使得 $u(x)=1$，$x \in [\varepsilon, 1-\varepsilon]$，且 $u(x)=0$，$x \notin [-\varepsilon, 1+\varepsilon]$。

(2) $0 \leqslant u(x) \leqslant 1$。

(3) $u(x)$ 关于 $x=\frac{1}{2}$ 对称，即 $u\left(\frac{1}{2}-x\right)=u\left(\frac{1}{2}+x\right)$。

(4) $u(x)$ 和 $u'(x)$ 在区间 $[-\varepsilon, 1+\varepsilon]$ 上分段连续。

(5) 当 $x \in [-\varepsilon, \varepsilon]$ 时，$u^2(x)+u^2(-x)=1$。

由条件(1)，(2)和(4)，可得

$$\int_{-\infty}^{\infty} x^2 u^2(x) \mathrm{d}x < \infty \text{ 且 } \int_{-\infty}^{\infty} |u'(x)|^2 \mathrm{d}x < \infty$$

根据傅里叶变换的性质和 Parseval 公式，可以得到

$$\int_{-\infty}^{\infty} \omega^2 |\hat{u}(\omega)|^2 \mathrm{d}\omega = \int_{-\infty}^{\infty} |\mathcal{F}u'|^2 \mathrm{d}\omega = \frac{1}{2\pi}\int_{-\infty}^{\infty} |u'(x)|^2 \mathrm{d}x < \infty$$

因此，$u(x)$ 具有良好的时频局域化效果，即 $\Delta_u \Delta_{\hat{u}} < \infty$。

此外，由条件(1)，(3)和(5)，可以得到

$$\sum_{m=-\infty}^{\infty} u^2(x-m)=1, \ \forall x \in \mathbb{R} \tag{2.5-6}$$

允许窗函数如图 2.5-1 所示。

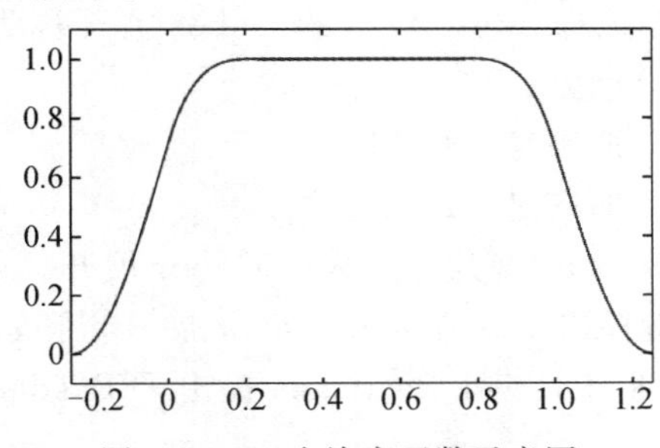

图 2.5-1　允许窗函数示意图

2.6　Gabor 展开

D. Gabor 于 1946 年提出 Gabor 展开，它是最早提出的一种信号时频联合表示方式。Gabor 展开的基本原理是用一系列窗函数及其时移和频移所形成的函数族对信号进行展

开，得到的展开系数称为 Gabor 展开系数，Gabor 展开也称为信号的 Gabor 变换。

设信号 $f(t)\in L_2(\mathbb{R})$，采样间隔为 T，信号 $f(t)$的**时间-频率联合函数** $\Phi(t, \xi)$定义为

$$\Phi(t, \xi)=\sum_{m=-\infty}^{\infty} f(t+mT)\mathrm{e}^{-\mathrm{i}2\pi\xi mT} \tag{2.6-1}$$

$\Phi(t, \xi)$也称为信号 $f(t)$的复频图。

假设 $g(t)$为窗函数，其复频图为

$$G(t, \xi)=\sum_{m=-\infty}^{\infty} g(t+mT)\mathrm{e}^{-\mathrm{i}2\pi\xi mT} \tag{2.6-2}$$

这里，需要用窗函数的复频图 $G(t, \xi)$表示信号的复频图 $\Phi(t, \xi)$。一种简单的方法是令

$$\Phi(t, \xi)=A(t, \xi)G(t, \xi) \tag{2.6-3}$$

其中，$A(t, \xi)$定义为

$$A(t, \xi)=\sum_{m=-\infty}^{\infty}\sum_{n=-\infty}^{\infty} a_{mn}\mathrm{e}^{-\mathrm{i}2\pi(\xi mT-tnF)} \tag{2.6-4}$$

其中，F 表示信号傅里叶变换 $\hat{f}(\xi)$的频率采样间隔。

将式(2.6-1)、式(2.6-2)、式(2.6-4)代入式(2.6-3)，可得

$$f(t)=\sum_{m=-\infty}^{\infty}\sum_{n=-\infty}^{\infty} a_{mn}g_{mn}(t) \tag{2.6-5}$$

其中

$$g_{mn}(t)=g(t-mT)\mathrm{e}^{\mathrm{i}2\pi nFt} \tag{2.6-6}$$

式(2.6-5)就是 D. Gabor 提出的信号 $f(t)$的展开式，称为信号的**连续 Gabor 展开**。系数 a_{mn} 称为 Gabor 展开系数，而 $g_{mn}(t)$称为(m, n)阶 Gabor 基函数。

当 $TF=1$ 时，称为临界采样，与之对应的 Gabor 展开称为**临界采样 Gabor 展开**。此外，还有两种 Gabor 展开，分别是

(1) 欠采样 Gabor 展开，即满足 $TF<1$。

(2) 过采样 Gabor 展开，即满足 $TF>1$。

下面主要讨论临界采样 Gabor 展开和过采样 Gabor 展开。

D. Gabor 早在 1946 年就提出了临界采样 Gabor 展开，但如何确定 Gabor 展开的系数却一直没有很好的方法。直到 1981 年，Bastiaans 提出了 Bastiaans 解析法，使得 Gabor 展开迅速发展。

Bastiaans 解析法的基本思想是引入辅助函数 $\Gamma(t, f)$，使得

$$\Gamma(t, \xi)\overline{G(t, \xi)}=\frac{1}{T}=F \tag{2.6-7}$$

这里，$\Gamma(t, f)$可以看作函数 $\gamma(t)$的复频图，即

$$\Gamma(t, \xi)=\sum_{m=-\infty}^{\infty}\gamma(t+mT)\mathrm{e}^{-\mathrm{i}2\pi\xi mT} \tag{2.6-8}$$

将式(2.6－3)代入式(2.6－7)，可得

$$\frac{1}{T}A(t,\ \xi)=\Phi(t,\ \xi)\Gamma(t,\ \xi) \tag{2.6－9}$$

进一步推导，有

$$a_{mn}=\int_{-\infty}^{\infty} f(t)\overline{\gamma(t-mT)}\mathrm{e}^{-\mathrm{i}2\pi nFt}\,\mathrm{d}t=\int_{-\infty}^{\infty} f(t)\overline{\gamma_{mn}(t)}\mathrm{d}t \tag{2.6－10}$$

其中

$$\gamma_{mn}(t)=\gamma(t-mT)\mathrm{e}^{\mathrm{i}2\pi nFt} \tag{2.6－11}$$

式(2.6－10)称为信号 $f(t)$的 **Gabor 变换**。它表明，当信号 $f(t)$和辅助函数 $\gamma(t)$给定时，Gabor 展开系数 a_{mn} 可利用 Gabor 变换求得。

综上所述，对信号 $f(t)$进行 Gabor 展开时，需要解决以下两个重要的问题：

(1) 选择合适的窗函数 $g(t)$，以便构造 Gabor 基函数 $g_{mn}(t)$。

(2) 选择辅助函数 $\gamma(t)$，以便进行 Gabor 变换，得到 Gabor 展开系数 a_{mn}。

下面讨论函数 $g(t)$和 $\gamma(t)$之间的关系。先分析 $g_{mn}(t)$和 $\gamma_{mn}(t)$的关系，将式(2.6－10)代入式(2.6－5)，可得

$$\begin{aligned} f(t) &= \sum_{m=-\infty}^{\infty}\sum_{n=-\infty}^{\infty}\int_{-\infty}^{\infty} f(\tau)\overline{\gamma_{mn}(\tau)}g_{mn}(t)\mathrm{d}\tau \\ &=\int_{-\infty}^{\infty} f(\tau)\sum_{m=-\infty}^{\infty}\sum_{n=-\infty}^{\infty}\overline{\gamma_{mn}(\tau)}g_{mn}(t)\mathrm{d}\tau \end{aligned} \tag{2.6－12}$$

式(2.6－12)是信号 $f(t)$的重构公式，如果其对所有时间 t 成立，则称信号 $f(t)$是完全可重构的。此时，$g_{mn}(t)$和 $\gamma_{mn}(t)$须满足

$$\sum_{m=-\infty}^{\infty}\sum_{n=-\infty}^{\infty}\overline{\gamma_{mn}(\tau)}g_{mn}(t)=\delta(t-\tau) \tag{2.6－13}$$

式(2.6－13)又称为 Gabor 展开的完全重构公式。

通过 $g_{mn}(t)$和 $\gamma_{mn}(t)$的关系，可以证明 $g(t)$和 $\gamma(t)$之间应满足

$$\int_{-\infty}^{\infty} g(t)\overline{\gamma(t-mT)}\mathrm{e}^{-\mathrm{j}2\pi nFt}\,\mathrm{d}t=\delta(m)\delta(n) \tag{2.6－14}$$

式(2.6－14)称为窗函数 $g(t)$与辅助函数 $\gamma(t)$之间的**双正交关系**。

因此，选择了合适的 Gabor 基函数之后，可以通过计算双正交方程式(2.6－14)，得到辅助函数 $\gamma(t)$。然后，计算 Gabor 变换，得到 Gabor 展开系数 a_{mn}。

可见，辅助函数 $\Gamma(t,\ f)$的引用使得 Gabor 系数的计算变得简单，解决了长期困扰 Gabor 展开的一个难题。

可以发现，将 $g(t)$和 $\gamma(t)$互换之后，双正交关系式(2.6－14)依然成立。因此，上述讨论中的 $g(t)$和 $\gamma(t)$均可以互换，故常称 $\gamma(t)$为 $g(t)$的对偶函数。实际上，高斯函数是一种常用的 Gabor 基函数，所以，Gabor 变换也可以看作基于高斯窗函数的短时傅里叶变换。

下面讨论过采样 Gabor 变换。假设时间采样间隔为 T_1，频率采样间隔为 F_1，且 $T_1F_1<1$。过采样 Gabor 展开和 Gabor 变换公式与对应的临界采样公式相同，即

$$f(t)=\sum_{m=-\infty}^{\infty}\sum_{n=-\infty}^{\infty}a_{mn}g_{mn}(t) \tag{2.6-15}$$

$$a_{mn}=\int_{-\infty}^{\infty}f(t)\overline{\gamma_{mn}(t)}\mathrm{d}t \tag{2.6-16}$$

而 Gabor 基函数 $g_{mn}(t)$和其对偶基函数 $\gamma_{mn}(t)$分别为

$$g_{mn}(t)=g(t-mT_1)\mathrm{e}^{\mathrm{i}2\pi nF_1t} \tag{2.6-17}$$

$$\gamma_{mn}(t)=\gamma(t-mT_1)\mathrm{e}^{\mathrm{i}2\pi nF_1t} \tag{2.6-18}$$

过采样和临界采样的不同之处主要体现在二者的双正交公式不同。在过采样条件下，双正交关系式修正为

$$\int_{-\infty}^{\infty}g(t)\overline{\gamma(t-mT_0)\mathrm{e}^{-\mathrm{i}2\pi nF_0t}}\mathrm{d}t=\frac{T_1}{T_0}\delta(m)\delta(n),\ T_0=\frac{1}{F_1},\ F_0=\frac{1}{T_1} \tag{2.6-19}$$

完全重构公式修正为

$$\sum_{m=-\infty}^{\infty}\overline{\gamma(t-mT_1+nT_0)}g(t-mT_1)=\frac{1}{T_0}\delta(n) \tag{2.6-20}$$

值得注意的是，临界采样 Gabor 展开不含冗余，即满足完全重构公式的对偶函数 $\gamma(t)$是唯一确定的。然而，过采样 Gabor 展开则是冗余的，给定一个 $g(t)$，满足式(2.6-20)的函数 $\gamma(t)$可能有多个解。

定义矩阵 $\boldsymbol{W}(t)=\{w_{ij}(t)\}$和 $\widetilde{\boldsymbol{W}}(t)=\{\widetilde{w}_{ij}(t)\}$，满足

$$\begin{cases}w_{ij}(t)=g[t+(iT_1-jT_0)]\\ \widetilde{w}_{ij}(t)=T_1\overline{\gamma[t-(iT_0-jT_1)]}\end{cases} \tag{2.6-21}$$

其中，i，$j\in\mathbb{R}$。容易验证，完全重构条件式(2.6-20)可以改写为

$$\boldsymbol{W}(t)\widetilde{\boldsymbol{W}}(t)=\boldsymbol{I} \tag{2.6-22}$$

上述矩阵方程的最小范数解为

$$\widetilde{\boldsymbol{W}}(t)=\boldsymbol{W}^{\mathrm{T}}(t)[\boldsymbol{W}(t)\boldsymbol{W}^{\mathrm{T}}(t)]^{-1} \tag{2.6-23}$$

与矩阵 $\widetilde{\boldsymbol{W}}(t)$对应的辅助函数 $\gamma(t)$称为 $g(t)$的最优双正交函数。

需要指出的是，将连续信号 $f(t)$做 Gabor 展开时，通常要求 Gabor 基函数满足能量归一化条件，即

$$\int_{-\infty}^{\infty}|g_{mn}(t)|^2\mathrm{d}t=1 \tag{2.6-24}$$

通过上述分析可以看出，Gabor 变换与 STFT 在形式上十分相似，但是存在如下不同之处：

(1) STFT 的窗函数 $g(t)$必须是窄窗，而 Gabor 变换的窗函数 $\gamma(t)$却没有这个限制，可以将 Gabor 变换看作一种加窗傅里叶变换，但其适用范围比 STFT 更广。

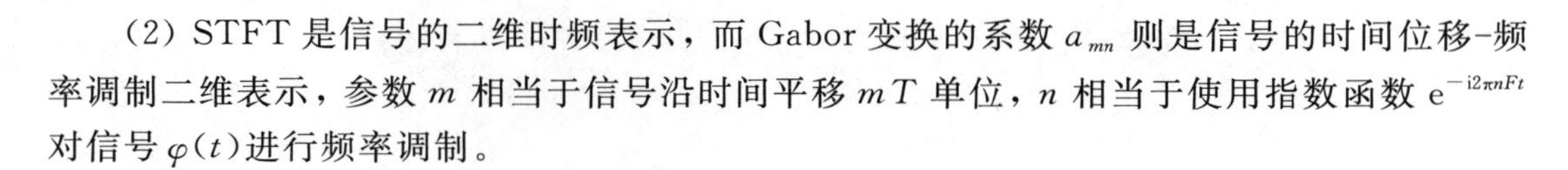

(2) STFT 是信号的二维时频表示，而 Gabor 变换的系数 a_{mn} 则是信号的时间位移-频率调制二维表示，参数 m 相当于信号沿时间平移 mT 单位，n 相当于使用指数函数 $\mathrm{e}^{-\mathrm{i}2\pi nFt}$ 对信号 $\varphi(t)$ 进行频率调制。

本 章 小 结

在信号处理领域中，以 FFT 为代表的傅里叶分析方法几乎无处不在，在工程应用中发挥了巨大的作用。然而，传统傅里叶分析虽然可以清楚地展示信号所包含的所有频率成分，但是无法描述信号频率成分出现的准确时间，无法满足这种时频局域化分析的要求。本章首先介绍了傅里叶级数展开、傅里叶变换和傅里叶逆变换的基本理论。在此基础上，详细介绍了短时傅里叶变换和谱图及其时间平均和频率平均特性。其中，重点分析了不确定性原理，并证明了高斯窗函数的最优时间-频率分辨特性。其次，介绍了时频基的一般性理论，给出了框架和允许窗函数的定义。最后，给出了 Gabor 展开理论，并与短时傅里叶变换进行了对比。

第3章 小波分析

3.1 引　　言

第2章介绍了短时傅里叶变换(STFT)，用于分析信号 $f(t)$ 的局部特性。短时傅里叶变换虽然克服了傅里叶变换不适应于非平稳信号的不足，但仍存在一些缺陷。由式(2.3-1)可知，一旦窗函数 $u(t)$ 确定，短时傅里叶变换的时-频局部化二维窗也就确定了，即

$$\left[t-\frac{\Delta_u}{2},\ t+\frac{\Delta_u}{2}\right]\times\left[\omega-\frac{\Delta_{\hat{u}}}{2},\ \omega+\frac{\Delta_{\hat{u}}}{2}\right]$$

因此，无法根据时频平面的特性，自适应地改变时频局部窗的大小。

本章将傅里叶变换中的正弦基函数 $e^{-i\omega x}$ 替换成具有衰减特性的小波基函数 $\psi(x)$，满足 $\psi(x)\in(L_1\cap L_2)(\mathbb{R})$，且当 $x\to\pm\infty$ 时，$\psi(x)\to 0$。类似短时傅里叶变换中的滑动窗函数，对 $\psi(x)$ 进行平移变换，即在整个时域 $\mathbb{R}=(-\infty,\ \infty)$ 上进行滑动，得到 $\psi(x-b)$，其中 $b\in\mathbb{R}$。另一方面，区别于短时傅里叶变换中滑窗的频率调制，对小波进行尺度变换，得到小波簇函数：

$$\psi_{a,b}(t)=\frac{1}{a}\psi\left(\frac{t-b}{a}\right)$$

其中，$a>0$ 为尺度参数。注意到，不同尺度和时延得到的小波簇函数的一阶范数均相等。

由单个小波函数 $\psi(t)$ 产生的函数簇 $\psi_{a,b}(t)$ 是双参数的函数集合，称为**小波(wavelet)**。小波是指“很小的波”或“ondelettes”(法语：小波)。$\psi(t)$ 的波形是振荡的，即“波动”的，并且 $\psi(t)$ 会逐渐衰减到0。此外，当 a 趋于0时，$\psi_{a,b}(t)$ 在 $t=b$ 处收缩到一个很小的区域，但幅度明显增大。当 a 趋于 ∞ 时，$\psi_{a,b}(t)$ 在 $t=b$ 处拉伸到很宽的区域，但幅度趋于零。注意到 $b\in\mathbb{R}$，因此，小波函数簇 $\psi_{a,b}(t)$ 覆盖整个时间域 $\mathbb{R}$。以 Harr 小波为例，图3.1-1给

出了其在不同尺度和时延下的小波簇函数。

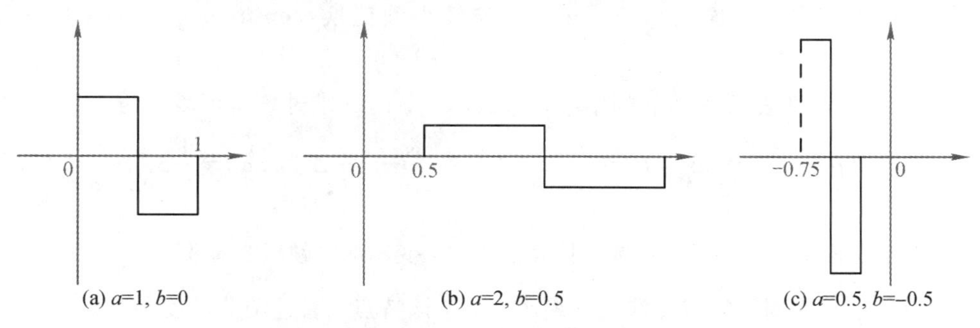

图 3.1-1　Harr 小波示意图

本章主要内容如下：3.2 节介绍信号 $f\in L_2(\mathbb{R})$的连续小波变换，包括小波基、小波变换和小波变换的逆变换；3.3 节介绍连续小波变换的主要性质；3.4 节给出了一些小波的实际例子，包括 Haar 小波、Mexico 草帽小波和 Morlet's 小波；3.5 节引入了尺度函数，给出多分辨分析(multiresolution analysis，MRA)的概念；3.6 节介绍离散小波变换(discrete wavelet transform，DWT)，结合尺度函数 φ 和小波函数 ψ，将信号序列分解至低频分量和高频分量，同时，给出小波分解和重构过程。

3.2　连续小波变换

3.2.1　连续小波变换

定义 3.2.1　小波基：考虑函数 $\psi\in L_2(\mathbb{R})$，且当 $x\to\pm\infty$时，$\psi(x)\to 0$，其柯西主值积分存在且趋于 0，即

$$\text{P. V.}\int_{-\infty}^{\infty}\psi(t)\mathrm{d}t=\lim_{T\to\infty}\int_{-T}^{T}\psi(t)\mathrm{d}t=0 \tag{3.2-1}$$

那么，称函数 ψ 为**小波基**。

在小波基函数的基础上，引入参数 $a>0$ 和 $b\in\mathbb{R}$，可以得到小波函数簇：

$$\psi_{a,b}(t)=\frac{1}{a}\psi\left(\frac{t-b}{a}\right) \tag{3.2-2}$$

定义 3.2.2　小波变换(wavelet transform，WT)：对于函数 $f\in L_2(\mathbb{R})$，其小波变换定义为

$$W_f(a,b)=\langle f,\psi_{a,b}\rangle=\frac{1}{a}\int_{-\infty}^{\infty}f(t)\overline{\psi\left(\frac{t-b}{a}\right)}\mathrm{d}t \tag{3.2-3}$$

可以看出，与 STFT 不同，这里将积分核函数 $u(t-x)e^{-i\omega t}$ 改为小波函数 $\psi_{a,b}(t)$。由于 W_f 是对时间变量 t 的连续积分，又称为**连续小波变换**(**continuous wavelet transform, CWT**)。

令 x^* 和 ω^* 分别表示 ψ 和 $\hat{\psi}$ 的中心，那么，$\psi_{a,b}$ 的二维时频窗可表示为

$$[b+ax^*-a\Delta_\psi, b+ax^*+a\Delta_\psi]\times\left[\frac{\omega^*}{a}-\frac{1}{a}\Delta_{\hat{\psi}}, \frac{\omega^*}{a}+\frac{1}{a}\Delta_{\hat{\psi}}\right] \tag{3.2-4}$$

因此，当小波变换 $W_f(a, b)$的时域支撑宽度 $2a\Delta_\psi$ 变窄时，频域支撑宽度$\dfrac{2\Delta_{\hat{\psi}}}{a}$变大；反之，当时域支撑宽度增大时，频域支撑宽度缩小。基于该特点，通过调节尺度参数 a，小波变换可以自动地适应信号中的高频和低频分量，有效提取信号的时频信息。

对于单频信号 $f(t)=e^{i\omega t}$，虽然 f 不属于 $L_2(\mathbb{R})$，但是对于任何小波 $\psi\in(L_1\cap L_2)(\mathbb{R})$，$\langle f, \psi_{a,b}\rangle$是良定义的，可得

$$W_f(a, b)=e^{i\omega b}\overline{\hat{\psi}(a\omega)} \tag{3.2-5}$$

例 3.2.1 利用式(3.2-5)验证频率 ω 和尺度 a 之间的关系。

考虑频率为 $\omega_0>0$ 的正弦信号，表示为

$$g(t)=d_0\cos(\omega_0 t)$$

利用理想带通滤波器作为小波基对其进行小波变换。理想带通滤波器的频域表达式为

$$\hat{\psi}_\epsilon(\omega)=\chi_{[-1-\epsilon,-1+\epsilon)}(\omega)+\chi_{(1-\epsilon,1+\epsilon]}(\omega)$$

其中，$0<\epsilon<1$。注意到

$$\int_{-\infty}^{\infty}\psi_\epsilon(t)\mathrm{d}t=\hat{\psi}_\epsilon(0)=0$$

所以，$\psi_\epsilon(t)$满足小波基的要求。

下面用 $\psi_\epsilon(t)$对 $g(t)$进行小波变换，可得

$$\begin{aligned}W_g(a, b)&=\frac{1}{2}d_0(e^{i\omega_0 b}+e^{-i\omega_0 b})\overline{\hat{\psi}_\epsilon(a\omega_0)}\\&=d_0\cos(\omega_0 b)[\chi_{(-1-\epsilon,-1+\epsilon)}+\chi_{(1-\epsilon,1+\epsilon)}](a\omega_0)\\&=d_0\cos(\omega_0 b)\chi_{(1-\epsilon,1+\epsilon)}(a\omega_0)\end{aligned}$$

由上式可知，当$|a\omega_0-1|>\epsilon$ 时，$W_g(a, b)=0$；当$|a\omega_0-1|<\epsilon$ 时，$W_g(b, a)=g(b)$。因此，对于一个很小的正数 ϵ，尺度 a 和频率 ω_0 的关系可以近似表示为

$$\frac{1}{a}=\omega_0$$

实际上，对于单频信号 $f(t)=e^{i\omega t}$，如式(3.2-5)所示，小波变换为 $W_f(a, b)=e^{i\omega b}\overline{\hat{\psi}(a\omega)}$。

可以看出，如果$|\hat{\psi}|$聚集在$c_0(c_0\in\mathbb{R})$附近，那么$|W_f(a, b)|$将会聚集在时频平面中的直线$a=\frac{c_0}{\omega}$附近。图 3.2-1 给出了信号$g(t)=2\cos(10\pi t)$在理想带通滤波器下的小波变换。

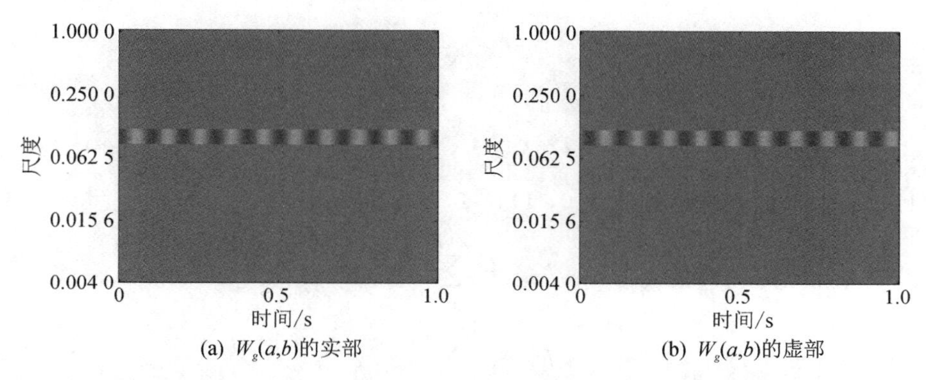

图 3.2-1　信号$g(t)=2\cos(10\pi t)$在理想带通滤波器下的小波变换示意图

例 3.2.2　利用式(3.2-5)来验证频带$[d^j, d^{j+1})$和尺度a之间的关系。考虑带限信号$g(t)$，有

$$g(t)=\sum_{k=0}^{n}c_k\cos kt=c_0+\sum_{k=1}^{n}c_k\cos kt$$

其中，c_0表示信号的直流分量。信号的交流分量由幅度为$c_k(k=1, 2, \cdots, n)$、频率为$\frac{k}{2\pi}$的余弦信号构成。

对信号$g(t)$进行小波变换，采用的小波基为理想带通滤波器函数，即

$$\hat{\psi}_I(\omega)=\chi_{[-d, -1)}(\omega)+\chi_{(1, d]}(\omega)$$

其中，$d>1$。由例 3.2.1 可知，信号的小波变换为

$$(W_{\psi_I}g)(a, b)=\sum_{k=1}^{n}c_k[\cos(kb)]\chi_{[1, d)}(ak)$$

考虑$a=\frac{1}{d^j}$，$j=0, \cdots, \lfloor\log_d n\rfloor$，有

$$(W_{\psi_I}g)\left(\frac{1}{d^j}, b\right)=\sum_{k=1}^{n}c_k[\cos(kb)]\chi_{[1, d)}\left(\frac{k}{d^j}\right)=\sum_{d^j\leqslant k<d^{j+1}}c_k\cos(kb)$$

将平移参数b换成时间变量t，可以看出，当$a=\frac{1}{d^j}$时，$(W_\psi g)(d^{-j}, b)$恰好是$g(t)$在频带$[d^j, d^{j+1})$上的分量。

对于直流分量c_0，将$g(t)$与理想低通滤波器h_1做内积，可得

$$\begin{aligned}\langle g,h_1\rangle&=\int_{-\infty}^{\infty}g(t)\overline{h_1(t)}\mathrm{d}t=\int_{-\infty}^{\infty}g(t)h_1(t)\mathrm{d}t\\&=\frac{1}{2}\sum_{k=0}^{n}c_k\left(\int_{-\infty}^{\infty}h_1(t)\mathrm{e}^{ikt}\mathrm{d}t+\int_{-\infty}^{\infty}h_1(t)\mathrm{e}^{-ikt}\mathrm{d}t\right)\\&=\frac{1}{2}\sum_{k=0}^{n}c_k[\chi_{(-1,1)}(-k)+\chi_{(-1,1)}(k)]\\&=\frac{1}{2}c_0(1+1)=c_0\end{aligned}$$

因此，可以将信号 $g(t)$ 分解至频带 $[0,1)$，$[1,d)$，$[d,d^2)$，…，即

$$\begin{aligned}g(t)&=\langle g,h_1\rangle+\sum_{j=0}^{\lfloor\log_d n\rfloor}(W_{\psi_I}g)\left(\frac{1}{d^j},t\right)\\&=\langle g,h_1\rangle+\sum_{i=0}^{\lfloor\log_d n\rfloor}\langle g,\psi^I_{d^{-j},t}\rangle\end{aligned}$$

其中

$$\psi^I_{d^{-j},t}(x)=d^j\psi_I[d^j(x-t)]$$

$$\langle g,\psi^I_{d^{-j},t}\rangle=(W_{\psi_I}g)(d^{-j},t)$$

3.2.2 连续小波变换的逆变换

下面利用 Parseval 公式推导连续小波变换的逆变换。令 $\mathbb{R}^2_+$ 表示平面 $(-\infty,\infty)\times(0,\infty)$，对于函数 $F(a,b)$，$G(a,b)\in L_2(\mathbb{R}^2_+)$，定义内积 $\langle F,G\rangle_W$ 为

$$\langle F,G\rangle_W=\int_0^{\infty}\left[\int_{-\infty}^{\infty}F(a,b)\overline{G(a,b)}\mathrm{d}b\right]\frac{\mathrm{d}a}{a}\tag{3.2-6}$$

满足式(3.2-6)的向量空间记为 $L_2\left(\mathbb{R}^2_+,\frac{\mathrm{d}a}{a}\right)$。

若函数 $\psi\in L_2(\mathbb{R})$ 的傅里叶变换 $\hat{\psi}$ 满足

$$C_\psi=\int_0^{\infty}\frac{|\hat{\psi}(\omega)|^2}{\omega}\mathrm{d}\omega<\infty\tag{3.2-7}$$

那么，称函数 ψ 为**允许小波(admissible wavelet)**。

定理 3.2.1：若 $\psi\in L_2(\mathbb{R})$ 是允许小波，则对于任意函数 $f\in L_2(\mathbb{R})$，其小波变换 $(W_\psi f)(a,b)$ 属于空间 $L_2\left(\mathbb{R}^2_+,\frac{\mathrm{d}b\,\mathrm{d}a}{a}\right)$。

证明：因为函数 ψ，$f\in L_2(\mathbb{R})$，且有

$$\hat{\psi}_{a,b}(\omega)=\hat{\psi}(a\omega)\mathrm{e}^{-ib\omega}$$

$$(W_{\psi}f)(a,b)=\langle f,\psi_{a,b}\rangle=\frac{1}{a}\int_{-\infty}^{\infty}f(t)\overline{\psi\left(\frac{t-b}{a}\right)}\mathrm{d}t$$

利用 Parseval 公式，有

$$(W_{\psi}f)(a,b)=\frac{1}{2\pi}\int_{-\infty}^{\infty}\hat{f}(\omega)\overline{\hat{\psi}(a\omega)}\mathrm{e}^{\mathrm{i}b\omega}\mathrm{d}\omega$$

因此，$(W_{\psi}f)(a,b)$可以看作对$\hat{F}_a(\omega)$做傅里叶逆变换，其中

$$\hat{F}_a(\omega)=\hat{f}(\omega)\overline{\hat{\psi}(a\omega)}$$

利用 Cauchy-Schwarz 不等式，可以证明$\hat{F}_a(\omega)\in L_1(\mathbb{R})$，于是$F_a(b)=(W_{\psi}f)(a,b)$几乎处处成立。于是，有

$$\begin{aligned}\int_0^{\infty}\left[\int_{-\infty}^{\infty}|(W_{\psi}f)(b,a)|^2\mathrm{d}b\right]\frac{\mathrm{d}a}{a}&=\int_0^{\infty}\left(\int_{-\infty}^{\infty}|F_a(b)|^2\mathrm{d}b\right)\frac{\mathrm{d}a}{a}\\&=\int_0^{\infty}\left(\frac{1}{2\pi}\int_{-\infty}^{\infty}|\hat{F}_a(\omega)|^2\mathrm{d}\omega\right)\frac{\mathrm{d}a}{a}\\&=\frac{1}{2\pi}\int_{-\infty}^{\infty}|\hat{f}(\omega)|^2\left(\int_0^{\infty}|\hat{\psi}(a\omega)|^2\frac{\mathrm{d}a}{a}\right)\mathrm{d}\omega\\&=\frac{1}{2\pi}\int_{-\infty}^{\infty}|\hat{f}(\omega)|^2\left(\int_0^{\infty}\frac{|\hat{\psi}(\xi)|^2}{\xi}\mathrm{d}\xi\right)\mathrm{d}\omega\\&=C_{\psi}\frac{1}{2\pi}\|\hat{f}\|_2^2\\&=C_{\psi}\|f\|_2^2<\infty\end{aligned}$$

需要注意的是，上述证明考虑$F_a(b)\in L_1(\mathbb{R})$。如果$F_a(b)\in L_2(\mathbb{R})$，可以先考虑$|b|\leqslant B$，应用 Parseval 公式之后，令$B\to\infty$，可得证。

定理 3.2.2 小波变换的 Parseval 等式： 设$\psi\in L_2(\mathbb{R})$是允许小波，则对于所有函数$f,g\in L_2(\mathbb{R})$，有

$$\langle W_{\psi}f,W_{\psi}g\rangle_{\mathrm{W}}=C_{\psi}\langle f,g\rangle \tag{3.2-8}$$

证明：首先，假设

$$\hat{F}_a(\omega)=\hat{f}(\omega)\overline{\hat{\psi}(a\omega)}$$

$$\hat{G}_a(\omega)=\hat{g}(\omega)\overline{\hat{\psi}(a\omega)}$$

由之前的证明可知，$\hat{F}_a(\omega)$和$\hat{G}_a(\omega)$均属于$L_2(\mathbb{R})$，其傅里叶逆变换为

$$F_a(b)=(W_{\psi}f)(a,b),\ G_a(b)=(W_{\psi}g)(a,b)$$

然后，计算内积

$$
\begin{aligned}
\langle W_{\psi}f, W_{\psi}g\rangle_{W} &= \int_{0}^{\infty}\left[\int_{-\infty}^{\infty}(W_{\psi}f)(a, b)\overline{(W_{\psi}g)(a, b)}\mathrm{d}b\right]\frac{\mathrm{d}a}{a} \\
&= \int_{0}^{\infty}\left[\int_{-\infty}^{\infty}\hat{F}_{a}(b)\overline{\hat{G}_{a}(b)}\mathrm{d}b\right]\frac{\mathrm{d}a}{a} \\
&= \int_{0}^{\infty}\left[\frac{1}{2\pi}\int_{-\infty}^{\infty}\hat{F}_{a}(\omega)\overline{\hat{G}_{a}(\omega)}\mathrm{d}\omega\right]\frac{\mathrm{d}a}{a} \\
&= \frac{1}{2\pi}\int_{-\infty}^{\infty}\hat{f}(\omega)\overline{\hat{g}(\omega)}\left[\int_{0}^{\infty}|\hat{\psi}(a\omega)|^{2}\frac{\mathrm{d}a}{a}\right]\mathrm{d}\omega \\
&= \frac{1}{2\pi}\int_{-\infty}^{\infty}\hat{f}(\omega)\overline{\hat{g}(\omega)}\left[\int_{0}^{\infty}\frac{|\hat{\psi}(\xi)|^{2}}{\xi}\mathrm{d}\xi\right]\mathrm{d}\omega \\
&= C_{\psi}\frac{1}{2\pi}\int_{-\infty}^{\infty}\hat{f}(\omega)\overline{\hat{g}(\omega)}\mathrm{d}\omega \\
&= C_{\psi}\langle f, g\rangle
\end{aligned}
$$

基于定理 3.2.1 和定理 3.2.2，下面给出如何由 $(W_{\psi}f)(a, b)$ 恢复 $f(x)$。

对于高斯函数 $g_{\sigma}(x)=\frac{1}{2\sigma\sqrt{\pi}}\mathrm{e}^{-\left(\frac{x}{2\sigma}\right)^{2}}$ 以及 $f\in L_{\infty}(\mathbb{R})$，有如下关系式：

$$
(f * g_{\sigma})(x)\rightarrow f(x), \quad 0<\sigma\rightarrow 0 \tag{3.2-9}
$$

其中，$x\in\mathbb{R}$ 且 $f(x)$ 连续。假设函数 $f(t)$ 和 $\psi\left(\frac{t-b}{a}\right)$ 在 $t=x$ 处连续，$x\in\mathbb{R}$，根据式(3.2-9)，可得

$$
\begin{aligned}
[W_{\psi}g_{\sigma}(x-\cdot)](b, a) &= \frac{1}{a}\int_{-\infty}^{\infty}g_{\sigma}(x-t)\overline{\psi\left(\frac{t-b}{a}\right)}\mathrm{d}t \\
&\rightarrow \frac{1}{a}\overline{\psi\left(\frac{x-b}{a}\right)}=\overline{\psi}_{a,b}(x)
\end{aligned} \tag{3.2-10}
$$

其中，$0<\sigma\rightarrow 0$。

由此，可以得出

$$
\begin{aligned}
&\langle W_{\psi}f, W_{\psi}g_{\sigma}(x-\cdot)\rangle_{W} \\
&= \int_{0}^{\infty}\left[\int_{-\infty}^{\infty}(W_{\psi}f)(a, b)\overline{[W_{\psi}g_{\sigma}(x-\cdot)](a, b)}\mathrm{d}b\right]\frac{\mathrm{d}a}{a} \\
&\rightarrow \int_{0}^{\infty}\left[\int_{-\infty}^{\infty}(W_{\psi}f)(a, b)\psi_{a,b}(x)\mathrm{d}b\right]\frac{\mathrm{d}a}{a} \\
&= \int_{0}^{\infty}\left[\int_{-\infty}^{\infty}(W_{\psi}f)(a, b)\psi\left(\frac{x-b}{a}\right)\mathrm{d}b\right]\frac{\mathrm{d}a}{a^{2}}
\end{aligned}
$$

于是，得到小波变换的逆变换公式如下。

定理 3.2.3　连续小波变换的逆变换： 设 $\psi\in L_{2}(\mathbb{R})$ 是允许小波，那么对于任意函数 $f\in(L_{2}\cap L_{\infty})(\mathbb{R})$，有

$$f(x)=\frac{1}{C_\psi}\int_0^\infty\left[\int_{-\infty}^\infty (W_\psi f)(a,b)\psi\left(\frac{x-b}{a}\right)\mathrm{d}b\right]\frac{\mathrm{d}a}{a^2}$$
$$=\frac{1}{C_\psi}\int_0^\infty\left[\int_{-\infty}^\infty \langle f,\psi_{a,b}\rangle\psi_{a,b}(x)\mathrm{d}b\right]\frac{\mathrm{d}a}{a} \tag{3.2-11}$$

式(3.2－11)称为**小波变换的逆变换**，简称**逆小波变换**(**inverse wavelet transform，IWT**)。

令

$$K(x,t,b,a)=\frac{1}{C_\psi}\frac{1}{a^3}\psi\left(\frac{x-b}{a}\right)\overline{\psi\left(\frac{t-b}{a}\right)} \tag{3.2-12}$$

调换积分次序，式(3.2－11)可以改写为

$$f(x)=\int_0^\infty\left[\int_{-\infty}^\infty\int_{-\infty}^\infty f(t)K(x,t,b,a)\mathrm{d}t\,\mathrm{d}b\right]\mathrm{d}a \tag{3.2-13}$$

式(3.2－13)可以看作$(L_2\cap L_\infty)(\mathbb{R})$空间的**再生公式**，而$K(x,t,b,a)$称为"再生核函数"。

3.3　连续小波变换的性质

连续小波变换除了具有上述可变的时频窗外，还具有线性、平移和伸缩共变性、微分运算、正则性等特性，具体如下。

性质 1：线性。

回顾小波变换的定义式：

$$(W_\psi f)(a,b)=\langle f,\psi_{a,b}\rangle=\frac{1}{a}\int_{-\infty}^\infty f(t)\overline{\psi\left(\frac{t-b}{a}\right)}\mathrm{d}t$$

可以看出，小波变换是一种内积表示。根据第 1 章中内积的定义可知，小波变换具有线性变换特性。

性质 2：平移和伸缩共变性。

由小波变换的定义式，可以容易得出平移和伸缩公式如下：

$$(W_\psi T_{b_0}f)(a,b)=(W_\psi f)(a,b-b_0) \tag{3.3-1}$$
$$(W_\psi D_{a_0}f)(a,b)=(W_\psi f)(a_0a,a_0b) \tag{3.3-2}$$

其中，T_{b_0} 和 D_{a_0} 分别为平移和伸缩运算，b_0 和 a_0 分别为平移时间和伸缩尺度。

式(3.3－2)的证明如下：

$$(W_\psi D_{a_0}f)(a,b)=\frac{1}{a}\int_{-\infty}^\infty f(a_0t)\overline{\psi\left(\frac{t-b}{a}\right)}\mathrm{d}t$$

令 $a_0t=x$，可得

$$(W_\psi D_{a_0}f)(a,b)=\frac{1}{a_0a}\int_{-\infty}^\infty f(x)\overline{\psi\left(\frac{t-a_0b}{aa_0}\right)}\mathrm{d}t=(W_\psi f)(a_0a,a_0b)$$

性质 3：微分运算。

已知$(W_{\psi}f)(a, b)$，可得

$$\left(W_{\psi}\frac{\mathrm{d}f}{\mathrm{d}t}\right)(a, b)=\frac{1}{a}\int_{-\infty}^{\infty}\frac{\mathrm{d}f(t)}{\mathrm{d}t}\overline{\psi\left(\frac{t-b}{a}\right)}\mathrm{d}t$$

$$=\frac{1}{a}\int_{-\infty}^{\infty}\lim_{\Delta t\to 0}\frac{f(t+\Delta t)-f(t)}{\Delta t}\overline{\psi\left(\frac{t-b}{a}\right)}\mathrm{d}x$$

$$=\lim_{\Delta t\to 0}\frac{1}{\Delta t}\frac{1}{a}\int_{-\infty}^{\infty}[f(t+\Delta t)-f(t)]\overline{\psi\left(\frac{t-b}{a}\right)}\mathrm{d}t$$

$$=\lim_{\Delta t\to 0}\frac{1}{\Delta t}[(W_{\psi}f)(a, b+\Delta t)-(W_{\psi}f)(a, b)]$$

$$=\frac{\partial(W_{\psi}f)(a, b)}{\partial b}$$

于是可得，小波变换的微分运算公式为

$$\frac{\partial(W_{\psi}f)(a, b)}{\partial b}=\left(W_{\psi}\frac{\mathrm{d}f}{\mathrm{d}t}\right)(a, b) \tag{3.3-3}$$

性质 4：局域正则性。

若 $f\in C^{m}(t_0)$，那么

$$(W_{\varphi}f)(a, b)\leqslant a^{m+1}a^{\frac{1}{2}} \tag{3.3-4}$$

式(3.3-4)说明小波变换的局部特性与信号的局部性质有关，小波变换可以度量函数的局部正则性。

性质 5：能量守恒性。

由定理 3.2.2，可以得出

$$\int_{-\infty}^{+\infty}|f(t)|^2\mathrm{d}t=\frac{1}{C_{\psi}}\int_{-\infty}^{+\infty}\int_{-\infty}^{+\infty}|(W_{\psi}f)(a, b)|^2\frac{\mathrm{d}a\,\mathrm{d}b}{a^2} \tag{3.3-5}$$

式(3.3-5)说明小波变换没有损失信号的能量信息。

性质 6：冗余性。

从映射角度来看，连续小波变换的本质是将一维信号映射到二维小波空间，即由$(W_{\psi}f)(a, b)$组成的集合。因此，连续小波变换存在内在信息冗余。通过小波变换系数$(W_{\psi}f)(a, b)$重构源信号 $f(t)$的公式不止一个，而是有许多个。也就是说，**信号 $f(t)$的小波变换与其反变换之间不存在一一对应关系**。由小波基形成的小波函数族 $\psi_{a,b}$ 是超完备基函数，它们之间并不是线性无关的，而是彼此存在某种关联。二维小波空间中的两点(a_1, b_1)和(a_2, b_2)之间关联性的大小通常可以采用小波 $\psi_{a,b}$ 所确定的再生核函数来度量，且

$$
\begin{aligned}
(W_\psi f)(a,b)&=\langle f,\psi_{a,b}\rangle=\frac{1}{a}\int_{-\infty}^{\infty}f(t)\overline{\psi\left(\frac{t-b}{a}\right)}\mathrm{d}t\\
&=a^{-1}\int_{-\infty}^{\infty}\left[\frac{1}{C_\psi}\int_0^{\infty}\int_{-\infty}^{\infty}(W_\psi f)(a',b')\psi\left(\frac{t-b'}{a'}\right)\frac{\mathrm{d}a'\mathrm{d}b'}{a'^2}\right]\cdot\overline{\psi\left(\frac{t-b}{a}\right)}\mathrm{d}t\\
&=a^{-1}\int_{-\infty}^{\infty}\int_0^{\infty}W_\psi f(a',b')\cdot\left[\frac{1}{C_\psi}\int_{-\infty}^{\infty}\psi\left(\frac{t-b'}{a'}\right)\cdot\overline{\psi\left(\frac{t-b}{a}\right)}\mathrm{d}t\right]\frac{\mathrm{d}a'\mathrm{d}b'}{a'^2}\\
&=\int_{\infty}^{\infty}\int_0^{\infty}W_\psi f(a',b')K_\psi(a_1',a_2';b_1',b_2')\mathrm{d}a'\mathrm{d}b'
\end{aligned}
\tag{3.3-6}
$$

由式(3.3－6)可以看出，再生核 K_ψ 刻画小波变换空间中两点(a_1, b_1)与(a_2, b_2)之间的自相关函数，它与所选用的小波类型密切相关。

从式(3.3－6)还可以得出一个结论：**连续小波变换空间中两点间的相关是客观存在的。换言之，一个复杂信号的小波变换不仅能描述信号自身的相关性，而且有连续小波变换本身的某些相关性，二者并不容易区分。**但是这种相关性的大小由再生核 K_ψ 确定，并随着尺度 a 的增大而减小，因此关键是如何选择适合的小波，这与从信号中需要提取的信息形式直接相关。

事实上，小波变换的性质不仅取决于小波函数的类型，同时也与参数 a 和 b 的取值有关。这一点与短时傅里叶变换类似，需要根据实际问题选择适合的窗函数以及确定窗函数宽度等。

3.4　小波实例

小波分析是当前应用数学和工程学科中迅速发展的新领域之一，目前已广泛应用到信号分析、图像处理、量子力学、目标分类与识别、医学成像与诊断、地震勘探数据处理、机械故障诊断等方面。下面介绍一些实际工程中常用的小波函数。

1. Haar 小波

Haar 小波是最早提出的小波，也是最简单的小波之一。它由数学家 Haar 于 1910 年提出，可表示为

$$
\psi_{\mathrm{H}}(t)=\begin{cases}1, & 0\leqslant t<\dfrac{1}{2}\\ -1, & \dfrac{1}{2}\leqslant t<1\\ 0, & 其他\end{cases}
\tag{3.4-1}
$$

图 3.4－1 所示为 Harr 小波的时域波形和频谱图。可以看出，Harr 小波具有紧支性和对称性，其消失矩为 1，即 $\int_{-\infty}^{\infty}\psi_{\mathrm{H}}(t)\mathrm{d}t=0$。此外，Harr 小波是正交的，即

$$\int_{-\infty}^{\infty}\psi_{\mathrm{H}}(t)\psi_{\mathrm{H}}(t-n)\mathrm{d}t=0,\ n=0,\ \pm1,\ \pm2,\ \cdots \tag{3.4-2}$$

因此，$\{\psi_{\mathrm{H}}(t-n)\}_{n\in\mathbb{Z}}$ 构成一组正交函数集合。

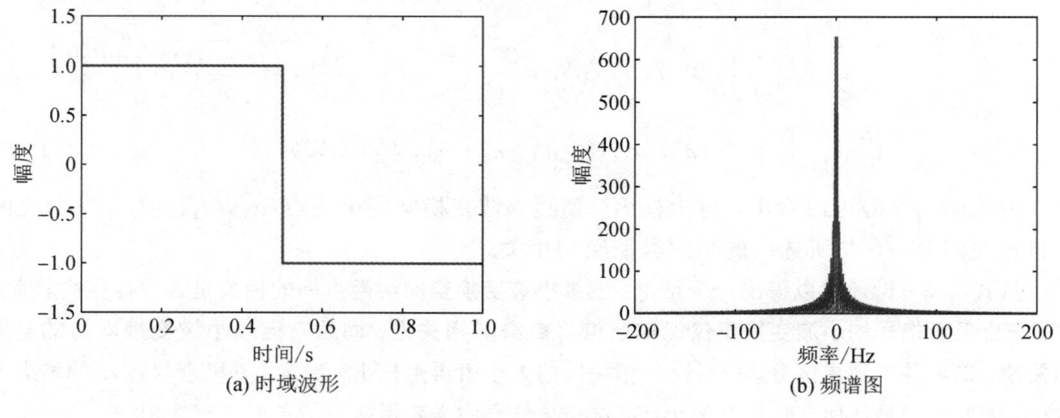

(a) 时域波形　(b) 频谱图

图 3.4－1　Harr 小波

2. Mexico 草帽小波

Mexico 草帽小波是实值小波，表示为

$$\psi(t)=\frac{1}{\sqrt{2\pi}}(1-t^2)\mathrm{e}^{-t^2/2},\ -\infty<t<+\infty \tag{3.4-3}$$

图 3.4－2 所示为 Mexico 草帽小波的时域波形和频谱图。由于小波波形与 Mexico 草帽剖面轮廓线非常相似，因此而得名。Mexico 草帽小波具有对称性，支撑区间是无限的，有效支撑区间约为[－5，5]。Mexico 草帽小波在视觉信息处理、边缘检测等方面获得了广泛的应用，一般也简称为 Marr 小波。

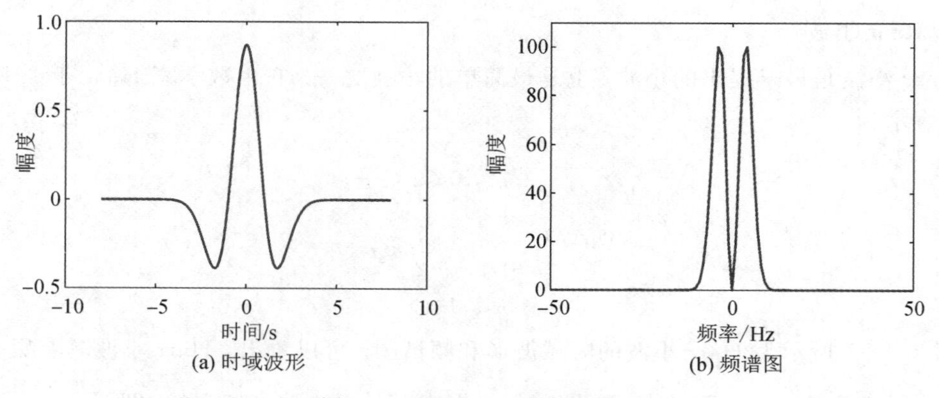

(a) 时域波形　(b) 频谱图

图 3.4－2　Mexico 草帽小波

实际上，Mexico草帽小波是高斯函数 $e^{-t^2/2}$ 的二阶导数。Mexico草帽小波的一般形式可表示为高斯函数的 m 阶导数，即

$$\psi_m(t)=(-1)^m \frac{d^m}{dt^m}(e^{-t^2/2}) \tag{3.4-4}$$

对应的傅里叶变换为

$$\hat{\psi}_m(\omega)=m(i\omega)^m e^{-t^2/2} \tag{3.4-5}$$

实际应用中，使用最广泛的Mexico草帽小波是高斯函数的二阶导数，即式(3.4-4)中 $m=2$。此外，利用不同高斯分布的差形成的函数可以很好地逼近Mexico草帽小波。这些小波在工程中也获得了广泛的应用，例如

$$\psi(t)=e^{-t^2/2}-\frac{1}{2}e^{-t^2/8} \tag{3.4-6}$$

$$\hat{\psi}(\omega)=\frac{1}{\sqrt{2\pi}}(e^{-\omega^2/2}-e^{-2\omega^2}) \tag{3.4-7}$$

3. Morlet's小波

Morlet's小波是以法国地球物理学家Morlet的名字而命名的。1984年前后，Morlet在分析地震波时，发现传统的傅里叶变换难以达到要求，从而引入小波的概念。Morlet's小波是复值小波，其表达式为

$$\psi(t)=\pi^{-1/4}(e^{-i\omega_0 t}-e^{-\omega_0{}^2/2})e^{-t^2/2} \tag{3.4-8}$$

对应的傅里叶变换为

$$\hat{\psi}(\omega)=\pi^{-1/4}[e^{-(\omega-\omega_0)^2/2}-e^{-(\omega_0+\omega)^2/2}] \tag{3.4-9}$$

可以看出，$\hat{\psi}(0)=0$。当 ω_0 很大时，式(3.4-8)的第二项可以忽略，因此，Morlet's小波也可以近似表示为

$$\psi(t)=\pi^{-1/4}e^{-i\omega_0 t}e^{-t^2/2} \tag{3.4-10}$$

相应的傅里叶变换为

$$\hat{\psi}(\omega)=\pi^{-1/4}e^{-(\omega-\omega_0)^2/2} \tag{3.4-11}$$

图3.4-3所示为Morlet's小波的时域波形和频谱图。由于Morlet's小波是复值小波，可以同时提取信号的时间、幅值和相位信息，因此在地球物理过程、流体湍流分析等研究中应用较为广泛，目前也已应用到雷达、通信等领域。

注意到，母小波一般应满足归一化条件，即 $\|\psi\|^2=1$。尺度为 a 的Morlet's小波 $\psi_{a,0}(t)$ 的傅里叶变换为

$$\hat{\psi}_{a,0}(\omega)=a\pi^{-1/4}e^{-(\omega_0-a\omega)^2/2} \tag{3.4-12}$$

可以看出，$\psi_{a,0}(t)$ 和 $\hat{\psi}_{a,0}(\omega)$ 都不具备紧支性。

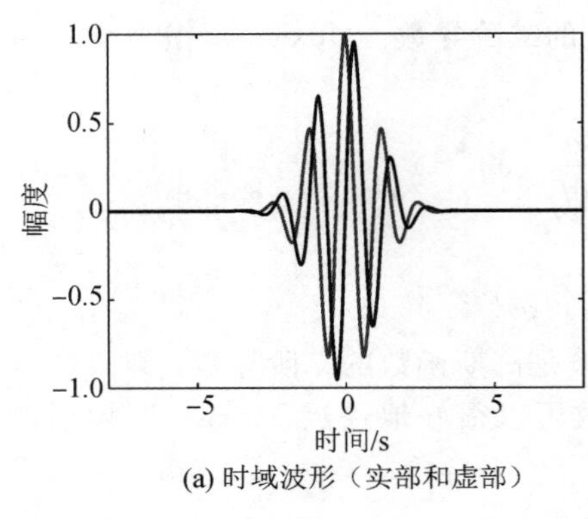

(a) 时域波形（实部和虚部）

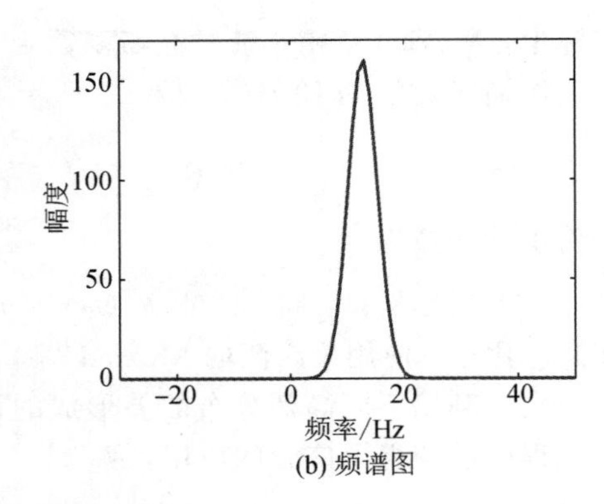

(b) 频谱图

图 3.4-3　Morlet's 小波

此外，$\hat{\psi}_{a,b}(\omega)$的中心为 $\omega^*_{\psi_{a,b}}=\omega/a$，其频域支撑宽度随 a 的减小而增大。小波函数 $\psi_{a,b}(t)$的中心为 b，其时域支撑宽度随 a 增大而增加。

在实际应用中，也可以取 Morlet's 小波的实部来进行小波分析，例如

$$\psi(t)=\pi^{-1/4}\cos(5t)\mathrm{e}^{-t^2/2} \tag{3.4-13}$$

此时，该小波称为**实值 Morlet's 小波**。

3.5　多分辨近似与分析

3.5.1　多分辨近似

信号处理和图像处理是小波变换应用最多的领域，在这些领域中，一般主要针对带限信号。考虑理想低通滤波器，例如，$\hat{\varphi}(\omega)=\chi_{[-\pi,\pi]}(\omega)$。那么，对于任意带限信号 $f(x)$，存在整数 J，满足 $\hat{f}(\omega)$在区间$[-2^J\pi, 2^J\pi]$外的值近似为 0。此时，理想低通滤波器$\hat{\varphi}(2^{-J}\omega)$对于所有带宽小于等于 $2^{J+1}\pi$ 的零中频信号，变成了全通滤波器，表示为

$$\hat{f}(\omega)\hat{\varphi}(2^{-J}\omega)=\hat{f}(\omega)$$

对上式进行傅里叶反变换，可得

$$(f*\varphi_J)(x)=f(x)$$

其中，$\varphi_J(x)=2^J\varphi(2^Jx)$，$\varphi(x)=\dfrac{\sin\pi x}{\pi x}$是 $\hat{\varphi}(\omega)=\chi_{[-\pi,\pi]}(\omega)$的傅里叶反变换。

另一方面，根据采样定理，对于带宽不超过 $2^{J+1}\pi$ 的信号，可以由其采样信号 $f\left(\dfrac{k}{2^J}\right)$，

$k\in\mathbb{Z}$ 进行恢复，即

$$f(x)=\sum_{k=-\infty}^{\infty}f\left(\frac{k}{2^J}\right)\frac{\sin\pi(2^Jx-k)}{\pi(2^Jx-k)}=\sum_{k=-\infty}^{\infty}c_k^J\varphi(2^Jx-k)\tag{3.5-1}$$

其中，$c_k^J=f\left(\frac{k}{2^J}\right)$。

假设 $f(x)=\varphi(2^{J-1}x)$，可知其带宽为 $2^J\pi$，由式(3.5-1)可得

$$\varphi(2^{J-1}x)=\sum_{k=-\infty}^{\infty}c_k^J\varphi(2^Jx-k)\tag{3.5-2}$$

其中

$$c_k^J=\varphi\left(\frac{2^{J-1}k}{2^J}\right)=\varphi\left(\frac{k}{2}\right)=\frac{\sin(\pi k/2)}{\pi k/2}$$

可以发现，上式与 J 无关。因此，定义序列 $\{p_k\}$：

$$p_k=\frac{\sin(\pi k/2)}{\pi k/2}=\begin{cases}\delta_j, & k=2j\\ \dfrac{(-1)^j2}{(2j+1)\pi}, & k=2j+1\end{cases}\tag{3.5-3}$$

令 $J=1$，式(3.5-2)可简化为

$$\varphi(x)=\sum_{k=-\infty}^{\infty}p_k\varphi(2x-k)\tag{3.5-4}$$

式(3.5-4)称为“**双尺度关系(two-scale relation)**”或“**细分方程(refinement equation)**”。$\{p_k\}$ 称为 $\varphi(x)$ 的“**双尺度序列(two-scale sequence)**”或“**细分掩模(refinement mask)**”。

对于所有的 $j\in\mathbb{Z}$，定义空间

$$\mathbb{V}_j=\mathrm{closure}_{L_2}\,\mathrm{span}\{2^j\varphi(2^jx-k):k\in\mathbb{Z}\}\tag{3.5-5}$$

其中，$\mathrm{closure}_{L_2}$ 表示 L_2 闭包空间。由上述双尺度关系，可以得到

$$\cdots\subset\mathbb{V}_{-1}\subset\mathbb{V}_0\subset\mathbb{V}_1\subset\mathbb{V}_2\subset\cdots\tag{3.5-6}$$

可见，$\{\mathbb{V}_j\}$ 是一个嵌套空间。

需要指出的是，函数 $2^j\varphi(2^jx)$ 的傅里叶变换正好是通带为 $[-2^j\pi, 2^j\pi]$ 的理想低通滤波器，即

$$\hat{\varphi}\left(\frac{\omega}{2^j}\right)=\chi_{[-2^j\pi,\,2^j\pi]}(\omega)$$

对于所有的 $j\in\mathbb{Z}$，通带为 $[-2^j\pi, -2^{j-1}\pi]\cup[2^{j-1}\pi, 2^j\pi]$ 或 $[-2^j\pi, 2^j\pi]-[-2^{j-1}\pi, 2^{j-1}\pi]$ 的理想带通滤波器可表示为

$$\hat{\varphi}\left(\frac{\omega}{2^j}\right)-\hat{\varphi}\left(\frac{\omega}{2^{j-1}}\right)$$

因此，可以将带宽小于等于 $2^{J+1}\pi$ 的信号分解至不同的子带：

$$f_J(x)=f_0(x)+g_0(x)+\cdots+g_{J-1}(x) \tag{3.5-7}$$

其中

$$\hat{f}_0(\omega)=\hat{f}_J(\omega)\chi_{[-\pi,\pi]}(\omega)$$

$$\hat{g}_j(\omega)=\hat{f}_J(\omega)\chi_{[-2^{j+1}\pi,-2^j\pi)\cup(2^j\pi,2^{j+1}\pi]}(\omega)$$

其中，$j=0,2,\cdots,J-1$。

于是，定义理想带通滤波器 $\psi_I(x)$，其傅里叶变换为

$$\hat{\psi}_I(\omega)=\chi_{[-2\pi,-\pi)\cup(\pi,2\pi]}(\omega)=\hat{\varphi}\left(\frac{\omega}{2}\right)-\hat{\varphi}(\omega) \tag{3.5-8}$$

可以得到

$$\hat{\psi}_I\left(\frac{\omega}{2^j}\right)=\hat{\varphi}\left(\frac{\omega}{2^{j+1}}\right)-\hat{\varphi}\left(\frac{\omega}{2^j}\right)=\chi_{[-2^{j+1}\pi,-2^j\pi)\cup(2^j\pi,2^{j+1}\pi]}(\omega)$$

其中，$j=0,2,\cdots,J-1$。

接下来，对 $\varphi(x)$进行相移，可以得到

$$\psi(x)=-2\varphi(2x-1)+\varphi(x-1/2) \tag{3.5-9}$$

$$\hat{\psi}(\omega)=-\mathrm{e}^{-\mathrm{i}\frac{\omega}{2}}[\hat{\varphi}(\omega/2)-\hat{\varphi}(\omega)] \tag{3.5-10}$$

可以看出，$|\hat{\psi}(\omega)|=|\hat{\psi}_I(\omega)|$。需注意的是，式(3.5-7)的子带分解公式仍然有效，但各分量产生了$-(\pi+\omega/2^j)$的相移，其中，$j=0,\cdots,J-1$。

根据式(3.5-4)，可以得出式(3.5-9)中的小波函数 $\psi(x)$属于$\mathbb{V}_1$，即

$$\begin{aligned}\psi(x)&=\sum_{k=-\infty}^{\infty}p_k\varphi[2x-(k+1)]-2\varphi(2x-1)\\&=\sum_{k=-\infty}^{\infty}(p_{k-1}-2\delta_{k-1})\varphi(2x-k)\end{aligned} \tag{3.5-11}$$

此外，由式(3.5-3)，可以证明 $p_{2j}=\delta_{2j}$，且满足

$$p_{1-2j}=\frac{2\sin\dfrac{(1-2j)\pi}{2}}{(1-2j)\pi}=\frac{-2\sin\dfrac{(2j-1)\pi}{2}}{-(2j-1)\pi}=p_{2j-1}$$

于是可得

$$(-1)^k p_{1-k}=\begin{cases}p_{2j-1}, & k=2j\\-\delta_{2j}, & k=2j+1\end{cases} \tag{3.5-12}$$

由式(3.5-11)和式(3.5-12)，$\psi(x)$满足如下双尺度关系：

$$\psi(x)=\sum_{k=-\infty}^{\infty}q_k\varphi(2x-k) \tag{3.5-13}$$

其中

$$q_k=(-1)^k p_{1-k}, \quad k\in\mathbb{Z} \tag{3.5-14}$$

于是，可以得到**小波簇函数** $\psi_{j,k}(x)$，表示为

$$\psi_{j,k}(x)=2^{\frac{j}{2}}\psi(2^j x-k), \quad j, k\in\mathbb{Z} \tag{3.5-15}$$

考虑到小波簇函数 $\psi_{j,k}(x)$是 $L_2(\mathbb{R})$上的一个正交基，称 $\psi\in L_2(\mathbb{R})$为**正交小波(orthogonal wavelet)**。需要注意的是，本章只讨论实数小波。

实际上，将式(3.5-5)定义的$\mathbb{V}_j$称为**多分辨近似(multiresolution approximation, MRA)**。紧支撑正交小波的构造一般基于多分辨近似。为了给出多分辨近似的精确定义，考虑 $L_2(\mathbb{R})$上的函数集合 $W=\{f_1, f_2, \cdots\}$。$\overline{\text{span}}W$ 是经 W 线性扩展的 L_2 闭包空间，包含所有如下表示的函数：

$$f(x)=\sum_{k=1}^{\infty}c_k f_k(x)$$

其中，c_k 是常数，$f(x)$在 $L_2(\mathbb{R})$中收敛。回顾第1章，如果$\overline{\text{span}}W=L_2(\mathbb{R})$，那么函数集合 W 在 $L_2(\mathbb{R})$上是完备的。下面给出多分辨近似的定义。

定义 3.5.1　多分辨近似：多分辨近似是闭合子空间$\mathbb{V}_j$在 $L_2(\mathbb{R})$中的一个嵌套序列$\{\mathbb{V}_j\}$，$j\in\mathbb{Z}$，满足如下条件：

(1) $\mathbb{V}_j\subset\mathbb{V}_{j+1}$，$j\in\mathbb{Z}$；

(2) $\bigcap_{j\in\mathbb{Z}}\mathbb{V}_j=\{0\}$；

(3) $\bigcup_{j\in\mathbb{Z}}\mathbb{V}_j$ 在 $L_2(\mathbb{R})$中是稠密的；

(4) $f(x)\in\mathbb{V}_j\Leftrightarrow f(2x)\in\mathbb{V}_{j+1}$；

(5) 存在实函数 $\varphi(x)\in L_2(\mathbb{R})$，$\{\varphi(x-k):k\in\mathbb{Z}\}$是$\mathbb{V}_0$的 Riesz 基，即$\mathbb{V}_0=\overline{\text{span}}\{\varphi(x-k): k\in\mathbb{Z}\}$，且存在常数 c 和 C，满足：

$$c\sum_{k\in\mathbb{Z}}|c_k|^2\leqslant\left\|\sum_{k\in\mathbb{Z}}c_k\varphi(x-k)\right\|^2\leqslant C\sum_{k\in\mathbb{Z}}|c_k|^2, \quad \{c_k\}\in L_2(\mathbb{R}) \tag{3.5-16}$$

根据条件(4)和(5)，可得$\mathbb{V}_j=\overline{\text{span}}\{\varphi_{j,k}: k\in\mathbb{Z}\}$。因此，多分辨近似$\{\mathbb{V}_j\}$由条件(5)中的函数 φ 生成，函数 φ 称为**尺度函数(scaling function)**。如果函数 φ 是正交的，那么该 MRA 称为**正交 MRA**。于是有

$$\langle\varphi, \varphi(\cdot-k)\rangle=\delta_k, \quad k\in\mathbb{Z} \tag{3.5-17}$$

定义 3.5.1 中的条件(1)、(4)和(5)表明

$$\varphi\in\mathbb{V}_0\subset\mathbb{V}_1=\overline{\text{span}}\{\varphi(2x-k):k\in\mathbb{Z}\}$$

因此，可将 φ 写为

$$\varphi(x)=2\sum_{k=-\infty}^{\infty}p_k\varphi(2x-k), \quad k\in\mathbb{Z} \tag{3.5-18}$$

其中，$p_k\in\mathbb{R}$。如果函数 φ 满足细分方程式(3.5-18)，则称为**可细分(refinable)**。

令$\mathbb{V}_0=\overline{\text{span}}\{\varphi(\cdot-k):k\in\mathbb{Z}\}$，$\mathbb{V}_j=\overline{\text{span}}\{\varphi(2^j\cdot-k):k\in\mathbb{Z}\}$。可以看出，条件(4)

对$\{\mathbb{V}_j\}$成立。如果φ满足式(3.5-4)，那么也满足条件(1)。对于紧支撑$\varphi\in L_2(\mathbb{R})$，可以由条件(1)、(4)和(5)得出条件(2)和(3)。

可以看出，为了构建多分辨近似，只需要建立紧支撑、正交、可细分的函数φ，进而可得到小波函数ψ。多分辨近似，连同正交小波ψ一起，称为**多分辨分析(multiresolution analysis，MRA)**。

3.5.2 多分辨分析

下面介绍如何产生实正交细分函数φ和正交多分辨近似$\{\mathbb{V}_j\}$，以及实正交小波ψ。

令$\mathbb{W}_j=\mathbb{V}_{j+1}\ominus^{\perp}\mathbb{V}_j$，是$\mathbb{V}_j$在$\mathbb{V}_{j+1}$中的正交补，即

$$\mathbb{V}_{j+1}=\mathbb{W}_j\oplus^{\perp}\mathbb{V}_j \tag{3.5-19}$$

其中，$\mathbb{W}_j\perp\mathbb{V}_j$。于是，根据定义3.5.1中的(1)、(2)和(3)，如果$j\neq k$，那么$\mathbb{W}_j\perp\mathbb{W}_k$，且$\sum\limits_{j\in\mathbb{Z}}\oplus^{\perp}\mathbb{W}_j=L_2(\mathbb{R})$。

注意到，由于$\mathbb{V}_j=\{f(x),\ f(2^{-j}x)\in\mathbb{V}_0\}$，有$\mathbb{W}_j=\{g(x),\ g(2^{-j}x)\in\mathbb{W}_0\}$。因此，如果实函数$\psi$的整数移位构成$\mathbb{W}_0$的一个正交基，即

$$\mathbb{W}_0=\overline{\mathrm{span}}\{\psi(\cdot-k):k\in\mathbb{Z}\},\ \langle\psi,\ \psi(\cdot-k)\rangle=\delta_k,\ k\in\mathbb{Z} \tag{3.5-20}$$

那么，对任意的j，$\{\psi_{j,k}:k\in\mathbb{Z}\}$构成$\mathbb{W}_j$的一个正交基。此外，$\{\psi_{j,k}:\ j,\ k\in\mathbb{Z}\}$也是$L_2(\mathbb{R})$的正交基。

因此，ψ是正交小波。由于$\psi\in\mathbb{W}_0\subset\mathbb{V}_1$，有

$$\psi(x)=2\sum_{k=-\infty}^{\infty}q_k\varphi(2x-k) \tag{3.5-21}$$

其中

$$q_k=(-1)^k p_{2L-1-k},\ k\in\mathbb{Z} \tag{3.5-22}$$

式中L是任意整数。一个多分辨近似，连同式(3.5-21)定义的正交小波ψ，称作一个**正交多分辨分析**，其中，$\{p_k\}$和$\{q_k\}$分别称作低通和高通滤波器系数。

例3.5.1 (Harr 小波) 令$\varphi_0(x)=\chi_{[0,1]}(x)$，对于$j\in\mathbb{Z}$，定义

$$\mathbb{V}_j=\{f(x)=c_k\varphi_0(2^jx-k):c_k\in L_2(\mathbb{Z})\}$$

可见，$\mathbb{V}_j\subset\mathbb{V}_{j+1}$。

$\{\mathbb{V}_j\}$的嵌套条件(4)可通过φ_0的细分来证明，即

$$\varphi_0(x)=\varphi_0(2x)+\varphi_0(2x-1)$$

$\{\mathbb{V}_j\}$的稠密性质(3)可以考虑将任意函数$f\in L_2(\mathbb{R})$用分段常数函数无限逼近。此外，φ_0是正交的，因此$\{\mathbb{V}_j\}$是正交MRA。

显然，φ_0的细分掩模是：$p_0=p_1=\dfrac{1}{2}$；$p_k=0$，$k\neq 0$，1。由式(3.5-22)，其中$L=1$，

可得

$$q_0=\frac{1}{2},\ q_1=\frac{1}{2};\ q_k=0,\ k\neq 0,\ 1$$

于是，得到小波 ψ 为

$$\psi(x)=\varphi_0(2x)-\varphi_0(2x-1)=\begin{cases}1,\ 0\leqslant x<\frac{1}{2}\\ -1,\ \frac{1}{2}\leqslant x<1\\ 0,\ 其他\end{cases}\tag{3.5-23}$$

可以看出，ψ 是正交小波，即 Haar 小波。

例 3.5.2　(Cardinal B 样条细分)　令 $\varphi_0(x)=\chi_{[0,1]}(x)$，如例 3.5.1 所述，那么 $\varphi=\varphi_0*\varphi_0$ 是分段线性 B 样条，也称为帽函数，表示为

$$\varphi(x)=\min\{x,\ 2-x\}\chi_{[0,2)}(x)=\begin{cases}x,\ 0\leqslant x<1\\ 2-x,\ 1\leqslant x<2\\ 0,\ 其他\end{cases}\tag{3.5-24}$$

另外，考虑到

$$\varphi_0(\omega)=\frac{1-\mathrm{e}^{-\mathrm{i}\omega}}{\mathrm{i}\omega}$$

于是有

$$\hat{\varphi}(\omega)=\varphi_0(\omega)^2=\left(\frac{1-\mathrm{e}^{-\mathrm{i}\omega}}{\mathrm{i}\omega}\right)^2=\left(\frac{1+\mathrm{e}^{-\mathrm{i}\omega/2}}{2}\right)^2\left(\frac{1-\mathrm{e}^{-\mathrm{i}\omega/2}}{\mathrm{i}\omega/2}\right)^2=\left(\frac{1+\mathrm{e}^{-\mathrm{i}\omega/2}}{2}\right)^2\hat{\varphi}\left(\frac{\omega}{2}\right)$$

因此，φ 是可细分的。细分掩模 $p(\omega)$ 为

$$p(\omega)=\left(\frac{1+\mathrm{e}^{-\mathrm{i}\omega}}{2}\right)^2$$

那么，$\{p_k\}$ 为

$$p_0=\frac{1}{4},\ p_1=\frac{1}{2},\ p_2=\frac{1}{4},\ p_k=0,\ k\neq 0,\ 1,\ 2$$

于是有

$$\varphi(x)=\frac{1}{2}\varphi(2x)+\varphi(2x-1)+\frac{1}{2}\varphi(2x-2)$$

更一般地，令 φ 是阶数为 m 的 Cardinal B 样条，定义为

$$\varphi(x)=\underbrace{(\varphi_0*\varphi_0*\cdots*\varphi_0)}_{m次}x$$

那么 φ 是可细分的，细分掩模 $p(\omega)$ 为

$$p(\omega)=\left(\frac{1+\mathrm{e}^{-\mathrm{i}\omega}}{2}\right)^m$$

上述过程从低通**有限冲击响应(finite impulse response, FIR)**滤波器 $p=\{p_k\}$ 开始，创建一个正交小波，对应的尺度函数 φ 是正交的，即 φ 满足式(3.5-17)。

令 $\varphi\in L_2(\mathbb{R})$ 是一个细分函数，对应的 FIR 滤波器为 $p=\{p_k\}$。如果 φ 是正交的，那么 p 是一个**正交镜像滤波器(quadrature mirror filter, QMF)**，$p(\omega)$ 满足

$$|p(\omega)|^2+|p(\omega+\pi)|^2=1,\ \omega\in\mathbb{R} \tag{3.5-25}$$

令 $\varphi\in L_2(\mathbb{R})$ 是一个紧支撑正交细分函数，具有 FIR QMF$p=\{p_k\}$，那么当且仅当 FIR 滤波器 q 满足如下条件式(3.5-26)和式(3.5-27)时，由式(3.5-21)定义的 ψ 是紧支撑正交小波。

$$|q(\omega)|^2+|q(\omega+\pi)|^2=1,\ \omega\in\mathbb{R} \tag{3.5-26}$$

$$p(\omega)\overline{q(\omega)}+p(\omega+\pi)\overline{q(\omega+\pi)}=0,\ \omega\in\mathbb{R} \tag{3.5-27}$$

接下来，讨论如何由 QMF 低通滤波器 p_k 得到高通滤波器 q_k。对于一个 FIR 滤波器 $p(\omega)=\sum\limits_k p_k \mathrm{e}^{-\mathrm{i}\omega k}$，$p_k$ 为实数值系数，定义 FIR 滤波器 $q(\omega)=\sum\limits_k q_k \mathrm{e}^{-\mathrm{i}\omega k}$ 为

$$q(\omega)=-\mathrm{e}^{-\mathrm{i}(2L-1)\omega}\overline{p(\omega+\pi)} \tag{3.5-28}$$

容易证明，如果 $p(\omega)$ 是 QMF，那么 $q(\omega)$ 满足式(3.5-26)和式(3.5-27)，通常选择 $L=1$。

要建立一个正交小波，需要建立 FIR QMF$p(\omega)$，于是，与之对应的 φ 是正交的。基于此，

$$p(\omega)=\left(\frac{1+\mathrm{e}^{-\mathrm{i}\omega}}{2}\right)^L p_0(\omega) \tag{3.5-29}$$

由于 $|p_0(\omega)|^2$ 是偶三角多项式，可以写成 $\cos\omega$ 的函数。考虑到 $\cos\omega=1-2\sin^2(\omega/2)$，$|p_0(\omega)|^2$ 可以表示为

$$|p_0(\omega)|^2=P\left(\sin^2\frac{\omega}{2}\right)$$

其中，P 是一个多项式。

因此，如果式(3.5-29)中的 $p(\omega)$ 是一个 QMF，需要满足条件：

$$\cos^{2L}\frac{\omega}{2}P\left(\sin^2\frac{\omega}{2}\right)+\sin^{2L}\frac{\omega}{2}P\left(\cos^2\frac{\omega}{2}\right)=1,\ \omega\in\mathbb{R}$$

设 $y=\sin^2\dfrac{\omega}{2}$，那么 P 需要满足：

$$(1-y)^L P(y)+y^L P(1-y)=1,\ y\in[0,1] \tag{3.5-30}$$

令 P_{L-1} 是多项式，定义为

$$P_{L-1}(y)=\sum_{k=0}^{L-1}\binom{L-1+k}{k}y^k \tag{3.5-31}$$

那么 $P_L(y)=P_{L-1}(y)+y^k R\left(\dfrac{1}{2}-y\right)$ 满足式(3.5-30)，其中 R 是一个奇多项式。当 $1\leqslant$

$L \leqslant 3$ 时，$P_{L-1}(y)$可表示为

$$P_0(y)=1$$
$$P_1(y)=1+2y$$
$$P_2(y)=1+3y+6y^2$$

将 $P_{L-1}[\sin^2(\omega/2)]$因式分解为 $p_0(\omega)\overline{p_0(\omega)}$，可得 QMF$p(\omega)$。此时 QMF$p(\omega)$具有 $2L$ 个非零系数 p_k，称作 $2L$ -节拍正交滤波器或 $2L$ -节拍 Daubechies 正交滤波器(简记为 D_{2L} 滤波器)。

例 3.5.3　(D_4 正交小波)　对于 $L=2$，$y=\sin^2\dfrac{\omega}{2}$，有

$$P_1(y)=1+2y=-\frac{1}{2}e^{i\omega}(1-4e^{-i\omega}+e^{-i2\omega})$$

注意到，$z^2-4z+1=0$ 的根是 $r_1=2-\sqrt{3}$，$r_2=2+\sqrt{3}$，且 $r_2=\dfrac{1}{r_1}$。因此，有

$$P_1(y)=-\frac{1}{2}e^{i\omega}(e^{-i\omega}-r_1)(e^{-i\omega}-r_2)=\frac{1}{2r_1}(e^{-i\omega}-r_1)(e^{-i\omega}-r_1)$$

所以选择

$$P_0(\omega)=\frac{1}{\sqrt{2r_1}}(e^{-i\omega}-r_1)=\frac{1+\sqrt{3}}{2}\left[e^{-i\omega}-(2-\sqrt{3})\right]$$

可得 D_4 正交滤波器：

$$P(\omega)=\left(\frac{1+e^{-i\omega}}{2}\right)^2 P_0(\omega)=\frac{1-\sqrt{3}}{8}+\frac{3-\sqrt{3}}{8}e^{-i\omega}+\frac{3+\sqrt{3}}{8}e^{-i2\omega}+\frac{1+\sqrt{3}}{8}e^{-i3\omega}$$

定义 $q_k=(-1)^k p_{3-k}$。因此，序列$\{q_k\}$的非零 q_k 包括

$$q_0=\frac{1+\sqrt{3}}{8},\ q_1=-\frac{3+\sqrt{3}}{8},\ q_2=\frac{3-\sqrt{3}}{8},\ q_3=-\frac{1-\sqrt{3}}{8}$$

因此，正交小波的高通滤波器 $q(\omega)$为

$$q(\omega)=\frac{1+\sqrt{3}}{8}-\frac{3+\sqrt{3}}{8}e^{-i\omega}+\frac{3-\sqrt{3}}{8}e^{-i2\omega}-\frac{1-\sqrt{3}}{8}e^{-i3\omega}$$

于是，$q(\omega)$满足式(3.5-26)，$p(\omega)$，$q(\omega)$满足式(3.5-27)。

注意到 $p(\omega)$具有 4 个非零元素。因此，该滤波器称为 4 -节拍正交滤波器或 4 -节拍 Daubechies 正交滤波器(简记为 D_4 滤波器)。

为了增强紧支撑正交小波的对称特性，上述正交性可以放松为双正交性。如果函数簇$\{\psi_{j,k}\}_{j,k\in\mathbb{Z}}$和$\{\tilde{\psi}_{j,k}\}_{j,k\in\mathbb{Z}}$相互正交，那么，正交小波 ψ 和 $\tilde{\psi}$ 称为一对双正交小波，即满足：

$$\langle\psi_{j,k},\tilde{\psi}_{j',k'}\rangle=\delta_{j-j'}\delta_{k-k'},\ j,k,j',k'\in\mathbb{Z} \tag{3.5-32}$$

上述 2 个函数簇都是 $L_2(\mathbb{R})$的 Riesz 基。紧支撑双正交小波的构建从 FIR 低通滤波器

$p=\{p_k\}$和$\tilde{p}=\{\tilde{p}_k\}$开始，相应的尺度函数$\varphi$和$\tilde{\varphi}$也是相互正交的，即

$$\langle \varphi(\cdot - k), \tilde{\varphi}(\cdot - k')\rangle = \delta_{k-k'}, \ k, k' \in \mathbb{Z} \tag{3.5-33}$$

与式(3.5-26)类似，$p(\omega)$和$\tilde{p}(\omega)$应满足

$$\tilde{p}(\omega)\overline{p(\omega)} + \tilde{p}(\omega+\pi)\overline{p(\omega+\pi)} = 1 \tag{3.5-34}$$

此外，FIR 滤波器$q(\omega)$和$\tilde{q}(\omega)$应满足

$$\tilde{q}(\omega)\overline{q(\omega)} + \tilde{q}(\omega+\pi)\overline{q(\omega+\pi)} = 1 \tag{3.5-35}$$

$$\tilde{q}(\omega)\overline{p(\omega)} + \tilde{q}(\omega+\pi)\overline{p(\omega+\pi)} = 0 \tag{3.5-36}$$

$$\tilde{p}(\omega)\overline{q(\omega)} + \tilde{p}(\omega+\pi)\overline{q(\omega+\pi)} = 0 \tag{3.5-37}$$

相应地，小波ψ和$\tilde{\psi}$的傅里叶变换可表示为

$$\hat{\psi}(\omega) = q\left(\frac{\omega}{2}\right)\hat{\varphi}\left(\frac{\omega}{2}\right), \ \hat{\tilde{\psi}}(\omega) = \tilde{q}\left(\frac{\omega}{2}\right)\hat{\tilde{\varphi}}\left(\frac{\omega}{2}\right)$$

上式等价于

$$\psi(x) = 2\sum_k q_k \varphi(2x-k), \ \tilde{\psi}(x) = 2\sum_k \tilde{q}_k \tilde{\varphi}(2x-k)$$

于是，ψ，$\tilde{\psi}$，φ和$\tilde{\varphi}$满足：

$$\langle \psi, \tilde{\psi}(\cdot - k)\rangle = \delta_k, \ k \in \mathbb{Z} \tag{3.5-38}$$

$$\langle \varphi, \tilde{\psi}(\cdot - k)\rangle = 0, \langle \tilde{\varphi}, \psi(\cdot - k)\rangle = 0, \ k \in \mathbb{Z} \tag{3.5-39}$$

进一步，由φ和$\tilde{\varphi}$分别生成函数空间$\{\mathbb{V}_j\}$和$\{\tilde{\mathbb{V}}_j\}$，表示为

$$\mathbb{V}_j = \overline{\text{span}}\{\varphi(2^j \cdot - k) : k \in \mathbb{Z}\}, \ \tilde{\mathbb{V}}_j = \overline{\text{span}}\{\tilde{\varphi}(2^j \cdot - k) : k \in \mathbb{Z}\}$$

$\{\mathbb{V}_j\}$和$\{\tilde{\mathbb{V}}_j\}$是两个相互正交的 MRA，满足

$$\langle \varphi_{j,k}, \tilde{\varphi}_{j,k'}\rangle = \delta_{k-k'}, \ j, k, k' \in \mathbb{Z}$$

此外，$\{\mathbb{W}_j\}$和$\{\tilde{\mathbb{W}}_j\}$定义为

$$\mathbb{W}_j = \overline{\text{span}}\{\psi(2^j \cdot - k) : k \in \mathbb{Z}\}, \ \tilde{\mathbb{W}}_j = \overline{\text{span}}\{\tilde{\psi}(2^j \cdot - k) : k \in \mathbb{Z}\}$$

于是有

$$\mathbb{V}_{j+1} = \mathbb{W}_j \oplus \mathbb{V}_j, \ \tilde{\mathbb{V}}_{j+1} = \tilde{\mathbb{W}}_j \oplus \tilde{\mathbb{V}}_j \tag{3.5-40}$$

其中，$\oplus$表示两个子空间的直和。

此外，由于

$$L_2(\mathbb{R}) = \sum_{j\in\mathbb{Z}} \mathbb{W}_j, \ L_2(\mathbb{R}) = \sum_{j\in\mathbb{Z}} \tilde{\mathbb{W}}_j$$

可知，$\{\psi_{j,k} : j, k \in \mathbb{Z}\}$和$\{\tilde{\psi}_{j,k} : j, k \in \mathbb{Z}\}$在$L_2(\mathbb{R})$中都是完备的，可以产生$L_2(\mathbb{R})$中的双正交系统。因此，$\psi$和$\tilde{\psi}$是一对紧支撑正交小波。

如果p和$\tilde{p}$满足式(3.5-34)，那么称它们相互正交。如果p，q和$\tilde{p}$，$\tilde{q}$满足式(3.5-35)～式(3.5-37)，那么称它们是双正交的。滤波器p，$\tilde{p}$为低通滤波器，滤波器q，

$\tilde{q}$ 为高通滤波器。

接下来，讨论由双正交滤波器 p，$\tilde{p}$ 生成高通滤波器 q，$\tilde{q}$。对于一个给定的双正交 FIR 低通滤波器 p 和 $\tilde{p}$，可以选择 FIR 高通滤波器 q 和 $\tilde{q}$ 如下：

$$q(\omega)=-\mathrm{e}^{-\mathrm{i}(2s-1)\omega}\overline{\tilde{p}(\omega+\pi)},\ \tilde{q}(\omega)=-\mathrm{e}^{-\mathrm{i}(2s-1)\omega}\overline{p(\omega+\pi)} \tag{3.5-41}$$

其中，s 为正整数。可以证明，如果 p 和 $\tilde{p}$ 是双正交的，那么 p，q 和 $\tilde{p}$，$\tilde{q}$ 可以构成双正交滤波器组。

要构建对称 φ，需要构建对称细分掩模 $\{p_k\}$。创建对称正交 FIR$p(\omega)$ 和 $\tilde{p}(\omega)$ 可采用与 QMF 相同的方式。考虑

$$p(\omega)=\cos^{l}\frac{\omega}{2}p_0(\omega),\quad \tilde{p}(\omega)=\cos^{\tilde{l}}\frac{\omega}{2}\tilde{p}_0(\omega)$$

其中，$p_0(\omega)$ 和 $\tilde{p}_0(\omega)$ 是三角多项式，l，$\tilde{l}$ 是正整数，满足 $l+\tilde{l}$ 为偶数，即对一正整数 L 有

$$l+\tilde{l}=2L$$

由于对称，$p_0(\omega)\overline{\tilde{p}_0(\omega)}$ 是偶函数，可以写成 $\cos\omega$ 的函数。考虑到 $\cos\omega=1-2\sin^2(\omega/2)$，$p_0(\omega)\overline{\tilde{p}_0(\omega)}$ 可表示为

$$p_0(\omega)\overline{\tilde{p}_0(\omega)}=P\left(\sin^2\frac{\omega}{2}\right)$$

其中，P 为多项式。

因此，$p(\omega)$ 和 $\tilde{p}(\omega)$ 的双正交条件式(3.5-34)可以表示为

$$\cos^{2L}\frac{\omega}{2}P\left(\sin^2\frac{\omega}{2}\right)+\sin^{2L}\frac{\omega}{2}P\left(\cos^2\frac{\omega}{2}\right)=1,\ \omega\in\mathbb{R}$$

选择 $P(y)=P_{L-1}(y)$，其中 P_{L-1} 是 $L-1$ 阶多项式，如式(3.5-31)所示。于是，将 $\cos^{2L}\frac{\omega}{2}P_{L-1}\left(\sin^2\frac{\omega}{2}\right)$ 因式分解至 $p(\omega)\overline{\tilde{p}(\omega)}$，可以得到对称正交滤波器 p 和 $\tilde{p}$。

3.6　离散小波变换

假设 p，q，$\tilde{p}$，$\tilde{q}$ 是双正交 FIR 滤波器组，满足式(3.5-38)～式(3.5-41)；φ，$\tilde{\varphi}$ 是对应 p，$\tilde{p}$ 的尺度函数，ψ，$\tilde{\psi}$ 是对应 q，$\tilde{q}$ 的小波函数，$\{\mathbb{V}_j\}$ 和 $\{\tilde{\mathbb{V}}_j\}$ 是分别由 φ 和 $\tilde{\varphi}$ 生成的多分辨分析。假设实值函数 $f(x)\in\mathbb{V}_0$，则 $f(x)$ 可以展开为

$$f(x)=\sum_k x_k\varphi(x-k) \tag{3.6-1}$$

其中，x_k 为实数序列。根据式(3.5-40)，$f(x)$可进一步改写为

$$f(x)=\sum_k c_k\varphi\left(\frac{x}{2}-k\right)+\sum_k d_k\psi\left(\frac{x}{2}-k\right) \tag{3.6-2}$$

等式(3.6-2)两边同时乘以$\frac{1}{2}\tilde{\varphi}\left(\frac{x}{2}-n\right)$并作积分运算，根据双正交性质，可得

$$\int_{-\infty}^{\infty}f(x)\frac{1}{2}\tilde{\varphi}\left(\frac{x}{2}-n\right)\mathrm{d}x=\sum_k c_k\delta_{k-n}+\sum_k d_k 0=c_n$$

再根据式(3.6-1)，可得

$$\begin{aligned}c_n&=\frac{1}{2}\int_{-\infty}^{\infty}f(x)\tilde{\varphi}\left(\frac{x}{2}-n\right)\mathrm{d}x=\frac{1}{2}\int_{-\infty}^{\infty}\sum_k x_k\varphi(x-k)\tilde{\varphi}\left(\frac{x}{2}-n\right)\mathrm{d}x\\&=\frac{1}{2}\sum_k x_k\int_{-\infty}^{\infty}\varphi(x-k)\tilde{\varphi}\left(\frac{x}{2}-n\right)\mathrm{d}x\end{aligned}$$

根据 $\tilde{\varphi}$ 的细分性质，有

$$\tilde{\varphi}\left(\frac{x}{2}-n\right)=2\sum_l\tilde{p}_l\tilde{\varphi}(x-2n-l)$$

于是可得

$$\begin{aligned}c_n&=\sum_k x_k\sum_l\tilde{p}_l\int_{-\infty}^{\infty}\varphi(x-k)\tilde{\varphi}(x-2n-l)\mathrm{d}x\\&=\sum_k x_k\sum_l\tilde{p}_l\delta_{k-(2n+l)}=\sum_k x_k\tilde{p}_{k-2n}\end{aligned}$$

类似上述推导，可以得到

$$d_n=\sum_k x_k\tilde{q}_{k-2n} \tag{3.6-3}$$

上述分析表明，序列$\{x_k\}$可以分解为两个序列：$\{c_k\}$和$\{d_k\}$。另一方面，根据式(3.6-2)，可以得到

$$\begin{aligned}x_n&=\langle f,\tilde{\varphi}(\cdot-n)\rangle\\&=\sum_k c_k\left\langle\varphi\left(\frac{\cdot}{2}-k\right),\tilde{\varphi}(\cdot-n)\right\rangle+\sum_k d_k\left\langle\psi\left(\frac{\cdot}{2}-k\right),\tilde{\varphi}(\cdot-n)\right\rangle\\&=\sum_k c_k 2\sum_l p_l\int_{-\infty}^{\infty}\varphi(x-2k-l)\tilde{\varphi}(x-n)\mathrm{d}x+\\&\quad\sum_k d_k 2\sum_l q_l\int_{-\infty}^{\infty}\varphi(x-2k-l)\tilde{\varphi}(x-n)\mathrm{d}x\\&=2\sum_k c_k p_{n-2k}+2\sum_k d_k q_{n-2k}\end{aligned}$$

这表明序列$\{c_k\}$和$\{d_k\}$可以重构序列$\{x_k\}$。

综上所述，定义如下小波分解与小波重构算法。

定义 3.6.1　小波分解与小波重构算法：对于输入序列$\{x_k\}$，**小波分解算法**表示为

$$c_n = \sum_k \tilde{p}_{k-2n} x_k,\ d_n = \sum_k \tilde{q}_{k-2n} x_k,\ n \in \mathbb{Z} \tag{3.6-4}$$

小波重构算法表示为

$$\tilde{x}_n = 2\sum_k p_{n-2k} c_k + 2\sum_k q_{n-2k} d_k,\ n \in \mathbb{Z} \tag{3.6-5}$$

其中，序列$\{c_k\}$和$\{d_k\}$分别称为$\{x_k\}$的近似分量和细节分量。

考虑到$\mathbb{V}_0 = \mathbb{V}_{-1} + \mathbb{W}_{-1} = \mathbb{V}_{-2} + \mathbb{W}_{-2} + \mathbb{W}_{-1} = \cdots = \mathbb{V}_{-J} + \mathbb{W}_{-1} + \cdots + \mathbb{W}_{-J}$，其中$J$为正整数。因此，$f \in \mathbb{V}_0$可展开为

$$\begin{aligned} f &= f^0 = f^{-1} + g^{-1} = f^{-2} + g^{-2} + g^{-1} = \cdots \\ &= f^{-m} + g^{-1} + \cdots + g^{-m} = \cdots \\ &= f^{-J} + g^{-1} + \cdots + g^{-J} \end{aligned} \tag{3.6-6}$$

其中

$$f^{-j}(x) = \sum_k c_k^{(-j)} \varphi\left(\frac{x}{2^j} - k\right)$$

$$g^{-j}(x) = \sum_k d_k^{(-j)} \psi\left(\frac{x}{2^j} - k\right)$$

与式(3.6-2)和式(3.6-4)对比，可以看出，$c_k^{(-1)} = c_k$，$d_k^{(-1)} = d_k$。重复应用式(3.6-4)，可以得到

$$c_n^{(-j)} = \sum_k \tilde{p}_{k-2n} c_k^{(1-j)},\ d_n^{(-j)} = \sum_k \tilde{q}_{k-2n} d_k^{(1-j)},\quad n \in \mathbb{Z} \tag{3.6-7}$$

其中$j = 1, 2, \cdots, J$。

根据尺度函数与小波函数的双正交性，对于$k, n \in \mathbb{Z}$，$j \leqslant m$，有

$$\left\langle \varphi\left(\frac{x}{2^m} - k\right), \tilde{\psi}\left(\frac{x}{2^m} - n\right) \right\rangle = 0$$

$$\left\langle \psi\left(\frac{x}{2^j} - k\right), \tilde{\psi}\left(\frac{x}{2^m} - n\right) \right\rangle = 2^m \delta_{j-m} \delta_{k-n}$$

因此，由式(3.6-6)，可推导出

$$\begin{aligned} \frac{1}{2^m}\left\langle f(x), \tilde{\psi}\left(\frac{x}{2^m} - n\right) \right\rangle &= \frac{1}{2^m}\left\langle f^{-m}(x) + g^{-1}(x) + \cdots + g^{-m}(x), \tilde{\psi}\left(\frac{x}{2^m} - n\right) \right\rangle \\ &= \frac{1}{2^m}\left\langle \sum_k d_k^{-m} \psi\left(\frac{x}{2^m} - k\right), \tilde{\psi}\left(\frac{x}{2^m} - n\right) \right\rangle = d_n^{-m} \end{aligned}$$

于是可得

$$d_n^{-m} = \frac{1}{2^m}\int_{-\infty}^{\infty} f(x) \tilde{\psi}\left(\frac{x - n2^m}{2^m}\right) \mathrm{d}x$$

根据小波变换的定义

$$d_n^{-m} = (W_{\tilde{\psi}} f)(2^m, n2^m)$$

如果将 $f(x)$替换为 $f(2^N x)$，其中 N 为任意正整数，可以得到

$$d_n^j=(W_{\tilde{\psi}}f)\left(\frac{1}{2^j},\frac{n}{2^j}\right),\ n\in\mathbb{Z}$$

其中，j 是小于 N 的整数。

重复 j 次式(3.6-4)中的小波分解过程，可以得到小波变换$(W_{\tilde{\psi}}f)(a, b)$，其中，$(a, b)=\left(\frac{1}{2^j},\frac{n}{2^j}\right)$。因此，式(3.6-4)又称为**离散小波变换(discrete wavelet transform，DWT)**。同理，式(3.6-5)称为**离散小波逆变换(inverse discrete wavelet transform，IDWT)**。

进一步，考虑**多层小波分解与重构**。设 $c_k^{(0)}=x_k$，对于 $J>1$，J 层小波分解算法为

$$c_n^{(-J)}=\sum_k \tilde{p}_{k-2n}c_k^{(1-J)},\quad d_n^{(-J)}=\sum_k \tilde{q}_{k-2n}c_k^{(1-J)},\ n\in\mathbb{Z} \tag{3.6-8}$$

同时，对应的重构算法为

$$c_n^{(1-J)}=2\sum_k p_{n-2k}c_k^{(-J)}+2\sum_k q_{n-2k}d_k^{(-J)},\ n\in\mathbb{Z} \tag{3.6-9}$$

图 3.6-1 所示为信号的 3 层小波分解，这里采用 D_4 正交滤波器。图中从上到下分别为：原信号、第 1 层细节分量、第 2 层细节分量、第 3 层细节分量和近似分量。

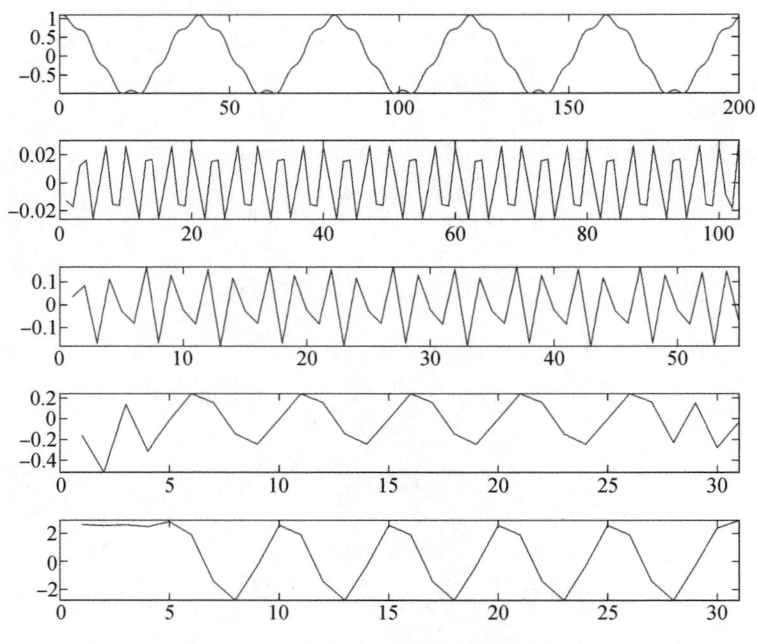

图 3.6-1 信号的 3 层小波分解示意图

对于有限长信号，在周期延拓之后，**正交离散小波变换**可以表示为一个正交矩阵的线性变换。假设 $\boldsymbol{p}=\{p_k\}$ 是在[0，N]上紧支撑的QMF，其中 N 为奇数；$\boldsymbol{q}=\{q_k\}$ 是对应的高通滤波器系数，其中 $q_k=(-1)^k p_{N-k}$；$\{x_0, x_1, \cdots, x_{2L-1}\}$ 是长度为 $2L$ 的信号，其中 $L>N$。将该有限长信号进行周期延拓，表示为 $\boldsymbol{x}=\{x_k\}$，$k\in\mathbb{Z}$。此外，分别用 $\boldsymbol{c}$ 和 $\boldsymbol{d}$ 表示 $\boldsymbol{x}$ 的近似分量和细节分量，则 $\boldsymbol{c}$ 和 $\boldsymbol{d}$ 的周期为 L。

根据式(3.6-4)可得

$$\begin{bmatrix} c_0 \\ \vdots \\ c_{L-1} \end{bmatrix}=\boldsymbol{P}\begin{bmatrix} x_0 \\ \vdots \\ x_{2L-1} \end{bmatrix},\quad \begin{bmatrix} d_0 \\ \vdots \\ d_{L-1} \end{bmatrix}=\boldsymbol{Q}\begin{bmatrix} x_0 \\ \vdots \\ x_{2L-1} \end{bmatrix} \tag{3.6-10}$$

其中

$$\boldsymbol{P}=\begin{bmatrix} p_0 & p_1 & p_2 & p_3 & \cdots & p_N & 0 & 0 & \cdots & 0 & 0 & 0 & 0 \\ 0 & 0 & p_0 & p_1 & \cdots & p_{N-2} & p_{N-1} & p_N & \cdots & 0 & 0 & 0 & 0 \\ \vdots & \vdots & \vdots & \vdots & & \vdots & \vdots & \vdots & & \vdots & \vdots & \vdots & \vdots \\ p_4 & p_5 & p_6 & p_7 & \cdots & 0 & 0 & 0 & \cdots & p_0 & p_1 & p_2 & p_3 \\ p_2 & p_3 & p_4 & p_5 & \cdots & 0 & 0 & 0 & \cdots & 0 & 0 & p_0 & p_1 \end{bmatrix} \tag{3.6-11}$$

$$\boldsymbol{Q}=\begin{bmatrix} q_0 & q_1 & q_2 & q_3 & \cdots & q_N & 0 & 0 & \cdots & 0 & 0 & 0 & 0 \\ 0 & 0 & q_0 & q_1 & \cdots & q_{N-2} & q_{N-1} & q_N & \cdots & 0 & 0 & 0 & 0 \\ \vdots & \vdots & \vdots & \vdots & & \vdots & \vdots & \vdots & & \vdots & \vdots & \vdots & \vdots \\ q_4 & q_5 & q_6 & q_7 & \cdots & 0 & 0 & 0 & \cdots & q_0 & q_1 & q_2 & q_3 \\ q_2 & q_3 & q_4 & q_5 & \cdots & 0 & 0 & 0 & \cdots & 0 & 0 & q_0 & q_1 \end{bmatrix} \tag{3.6-12}$$

由离散小波逆变换可得到还原信号 $\tilde{\boldsymbol{x}}$，表示为

$$\begin{bmatrix} \tilde{x}_0 \\ \vdots \\ \tilde{x}_{2L-1} \end{bmatrix}=2\boldsymbol{P}^{\mathrm{T}}\begin{bmatrix} c_0 \\ \vdots \\ c_{L-1} \end{bmatrix}+2\boldsymbol{Q}^{\mathrm{T}}\begin{bmatrix} d_0 \\ \vdots \\ d_{L-1} \end{bmatrix} \tag{3.6-13}$$

根据式(3.6-10)和式(3.6-13)可得

$$\begin{bmatrix} \tilde{x}_0 \\ \vdots \\ \tilde{x}_{2L-1} \end{bmatrix}=2\boldsymbol{P}^{\mathrm{T}}\boldsymbol{P}\begin{bmatrix} x_0 \\ \vdots \\ x_{2L-1} \end{bmatrix}+2\boldsymbol{Q}^{\mathrm{T}}\boldsymbol{Q}\begin{bmatrix} x_0 \\ \vdots \\ x_{2L-1} \end{bmatrix}=2(\boldsymbol{P}^{\mathrm{T}}\boldsymbol{P}+\boldsymbol{Q}^{\mathrm{T}}\boldsymbol{Q})\begin{bmatrix} x_0 \\ \vdots \\ x_{2L-1} \end{bmatrix}$$

如果 $\boldsymbol{p}$ 和 $\boldsymbol{q}$ 正交，那么 $\tilde{\boldsymbol{x}}=\boldsymbol{x}$。由此可以得出

$$\boldsymbol{P}^{\mathrm{T}}\boldsymbol{P}+\boldsymbol{Q}^{\mathrm{T}}\boldsymbol{Q}=\frac{1}{2}\boldsymbol{I}$$

假设 $\boldsymbol{p}$ 和 $\boldsymbol{q}$ 是在区间$[0, N]$上支撑的正交滤波器，定义

$$\boldsymbol{W}=\begin{bmatrix}\boldsymbol{P}\\ \boldsymbol{Q}\end{bmatrix} \tag{3.6-14}$$

其中，$\boldsymbol{P}$ 和 $\boldsymbol{Q}$ 分别见式(3.6-11)和式(3.6-12)。于是，$\sqrt{2}\boldsymbol{W}$ 是正交矩阵，即

$$\boldsymbol{W}^{\mathrm{T}}\boldsymbol{W}=\frac{1}{2}\boldsymbol{I} \tag{3.6-15}$$

假设

$$\boldsymbol{x}_{2L}=[x_0, \cdots, x_{2L-1}]^{\mathrm{T}}, \boldsymbol{c}_L=[c_0, \cdots, c_{L-1}]^{\mathrm{T}}$$

$$\boldsymbol{d}_L=[d_0, \cdots, d_{L-1}]^{\mathrm{T}}, \tilde{\boldsymbol{x}}_{2L}=[\tilde{x}_0, \cdots, \tilde{x}_{2L-1}]^{\mathrm{T}}$$

则**离散小波变换**可以改写为

$$\begin{bmatrix}\boldsymbol{c}_L\\ \boldsymbol{d}_L\end{bmatrix}=\boldsymbol{W}\boldsymbol{x}_{2L} \tag{3.6-16}$$

类似地，**离散小波逆变换**可以改写为

$$\tilde{\boldsymbol{x}}_{2L}=2\boldsymbol{W}^{\mathrm{T}}\begin{bmatrix}\boldsymbol{c}_L\\ \boldsymbol{d}_{\mathrm{L}}\end{bmatrix} \tag{3.6-17}$$

因此，离散小波变换和离散小波逆变换可以表示为正交变换。

在工程应用中，考虑到数据存储负担，在满足采样定理的前提下，可以对信号进行下采样，表示为

$$\boldsymbol{x}\xrightarrow{D}\boldsymbol{x}^D, (\boldsymbol{x}^D)_k=x_{2k}, k\in\mathbb{Z}$$

与之相对应，也可以对信号进行上采样，表示为

$$\boldsymbol{y}\xrightarrow{U}U\boldsymbol{y}, (U\boldsymbol{y})_{2j}=y_j, (U\boldsymbol{y})_{2j+1}=0, j\in\mathbb{Z}$$

令 $q_k^-=q_{-k}, k\in\mathbb{Z}$，假设

$$l_k=2p_k, h_k=2q_k, \tilde{l}_k=\tilde{p}_k, \tilde{h}_k=\tilde{q}_k$$

则**离散小波变换和离散小波逆变换**分别表示为

$$\boldsymbol{c}=(\tilde{\boldsymbol{l}}^-*\boldsymbol{x})\downarrow 2, \boldsymbol{d}=(\tilde{\boldsymbol{h}}^-*\boldsymbol{x})\downarrow 2 \tag{3.6-18}$$

$$\tilde{\boldsymbol{x}}=(\boldsymbol{c}\uparrow 2)*\boldsymbol{l}+(\boldsymbol{d}\uparrow 2)*\boldsymbol{h} \tag{3.6-19}$$

上述过程又称为**提升方案(lifting schemes)**。其中，**Mallat 算法**是最常见的一种提升方案，如图 3.6-2 所示，本书不再赘述。提升方案将输入信号分别与高通和低通滤波器进行卷积，实现高频和低频信息的分离，便于算法实现。

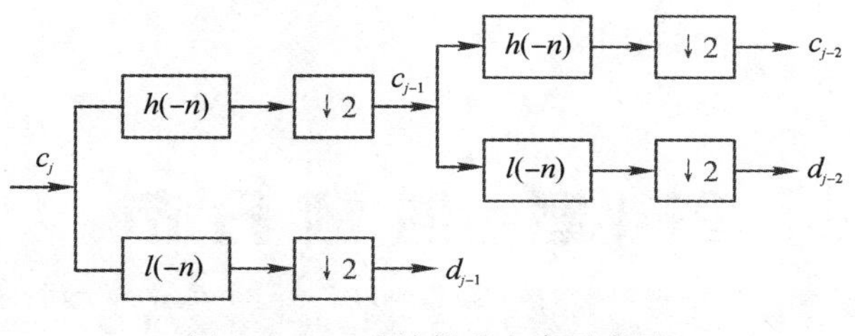

图 3.6-2　小波提升方案示意图

本 章 小 结

小波分析在时-频域上同时具有良好的局部化特性，通过采用逐步精细的时域或频域取样窗口，可以聚焦到信号的任意细节，被誉为“数学显微镜”。本章首先介绍了连续小波变换，包括 Haar 小波、Mexico 草帽小波、Morlet's 小波等实例，并详细分析了其线性、平移和伸缩的共变性、局域正则性、能量守恒性、冗余性等特性。其次，介绍了多分辨分析与近似理论，从低通滤波器和带通滤波器的角度出发，推导了细分方程、细分掩膜、多分辨近似等定义，并给出了双正交小波的构造过程。最后，从双正交 FIR 滤波器组出发，介绍了离散小波变换，包括小波分解算法和小波重构算法，并介绍了小波提升方案。本章介绍的小波分析理论和典型的分析算法，已广泛应用于信号分析、图像处理、量子力学、模式识别、医学成像与诊断、地震勘探数据处理、机械故障诊断等领域，取得了重要的研究成果。

第4章 时频分布

4.1 引 言

时频分析方法一般可分为线性时频表示和非线性时频表示。线性时频表示，如第 2 章和第 3 章介绍的短时傅里叶变换和小波变换，都是线性变换，存在逆变换，且不受交叉项干扰的影响。非线性时频表示包括维格纳-威尔分布(Wigner-Ville distribution，WVD)，伪维格纳-威尔分布(pseudo Wigner-Ville distribution，PWVD)、Choi-Williams 分布(CWD)等科恩(Cohen)类时频分布(又称为科恩类双线性时频表示)，以及高阶时频分布等。从功率谱密度角度来看，科恩类时频分布、高阶时频分布等都是**时频能量密度分布**，简称为**时频分布**。与传统的功率谱密度不同，时频能量密度分布通过时间和频率两个变量描述信号能量分布。与短时傅里叶变换和小波变换相比，时频能量密度分布具有更高的时频分辨率和能量聚集性。

对于信号 $s(t)$ 的时频分布 $D(t, \omega)$ 而言，一般要求其具有**真边缘**特性，即满足：

$$P(t)=\frac{1}{2\pi}\int_{-\infty}^{\infty} D(t, f)\mathrm{d}\omega=|s(t)|^2 \tag{4.1-1}$$

$$P(\omega)=\frac{1}{2\pi}\int_{-\infty}^{\infty} D(t, f)\mathrm{d}t=\frac{1}{2\pi}|\hat{s}(\omega)|^2 \tag{4.1-2}$$

其中，$P(t)$和 $P(\omega)$分别称为时间边缘和频率边缘，$\hat{s}(\omega)$是 $s(t)$的傅里叶变换。对比 2.3 节，可以看出，谱图并不满足上述真边缘特性。除此之外，时频分布还应满足时/频移不变性、有限支撑、尺度变换等特性，这些性质将在本章进行详细介绍。

本章 4.2 节介绍二阶时频分布，包括 WVD、模糊函数、Cohen 类分布等，并给出这些分布的性质。为了得到更高的时频聚集性和分辨率，4.3 节介绍高阶时频分布，包括 L 类 WVD、复时间延迟时频分布、S-method、多项式 WVD 等。最后，4.4 节介绍时频重排算法，以及时频聚集性评价方法。

4.2　二阶时频分布

4.2.1　维格纳-威尔分布

维格纳-威尔分布(WVD)最早由维格纳(Wigner)于 1932 年在量子热力学中提出，之后由威尔(Ville)于 1947 年引入信号分析领域。WVD 作为一种能量型时频联合分布，与线性时频分析相比具有许多优良性质，如真边缘性、弱支撑性、平移不变性等，是一种非常有用的非平稳信号分析工具。

定义 4.2.1　WVD： 信号 $f(t)$ 的 WVD $W_f(t,\omega)$ 可表示为 $f(t)$ 的瞬时自相关函数的傅里叶变换，定义为

$$W_f(t,\omega)=\int_{-\infty}^{\infty} f\left(t+\frac{x}{2}\right)\overline{f\left(t-\frac{x}{2}\right)}\,\mathrm{e}^{-\mathrm{i}x\omega}\,\mathrm{d}x \tag{4.2-1}$$

为了在特定的时刻 t 得到 WVD，瞬时自相关函数定义为信号在过去某一时间段的取值乘以未来某一时间段的取值，即 $f\left(t+\frac{x}{2}\right)\overline{f\left(t-\frac{x}{2}\right)}$。因此，为了确定 WVD 在时刻 t 的特性，只需将此时刻信号的左边部分折叠到右边部分，看其是否有任何重叠。也就是说，信号在某时刻是否具备某种特性，主要看该时刻左右两边的这种特性是否有重叠性。

例如，对于单分量的线性调频(linear frequency modulation，LFM)信号 $s(t)=A\mathrm{e}^{\mathrm{i}2\pi(ct+kt^2/2)}$，其 WVD 可表示为

$$\begin{aligned}W_s(t,\xi)&=\int_{-\infty}^{\infty} s\left(t+\frac{\tau}{2}\right)s^*\left(t-\frac{\tau}{2}\right)\mathrm{e}^{-\mathrm{i}2\pi\xi\tau}\,\mathrm{d}\tau\\&=\int_{-\infty}^{\infty} A\mathrm{e}^{\mathrm{i}2\pi\left[c(t+\frac{\tau}{2})+\frac{1}{2}k(t+\frac{\tau}{2})^2\right]}A\mathrm{e}^{-\mathrm{i}2\pi\left[c(t-\frac{\tau}{2})+\frac{1}{2}k(t-\frac{\tau}{2})^2\right]}\mathrm{e}^{-\mathrm{i}2\pi\xi\tau}\,\mathrm{d}\tau\\&=A^2\int_{-\infty}^{\infty}\mathrm{e}^{\mathrm{i}2\pi(c\tau+kt\tau)}\mathrm{e}^{-\mathrm{i}2\pi\xi\tau}\,\mathrm{d}\tau\\&=A^2\delta[\xi-(c+kt)]\end{aligned}$$

与式(4.2-1)相比，上式中 WVD 的定义利用了另外一种傅里叶变换定义公式，满足 $\omega=2\pi\xi$。可以看出，LFM 信号的 WVD 集中在瞬时频率(instantaneous frequency，IF) $\xi=c+kt$ 这条直线上，直线的斜率即为调频斜率 k，纵截距为信号的初始频率 c。

图 4.2-1 给出了一个单分量线性调频信号的时域波形、频谱密度、真实 IF 和 WVD 示意。从图中可以看出，该信号是一种典型的宽带信号，WVD 可以有效表示瞬时频率的变化规律。需要注意的是，这里仿真信号的支撑区间为 $t\in[0,1]$，在算法实现时，WVD 在信号

两端出现模糊的现象是无法避免的。

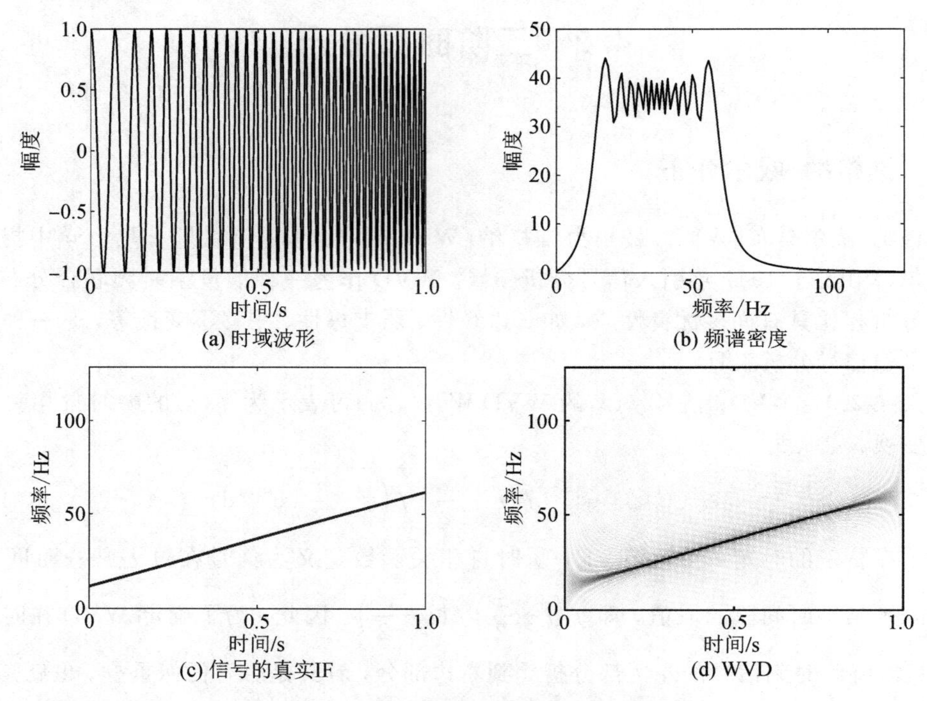

(a) 时域波形　(b) 频谱密度　(c) 信号的真实IF　(d) WVD

图 4.2-1　线性调频信号及其 WVD 示意图

对于信号 $f(t)$ 和 $g(t)$，其**交叉 WVD**(cross-WVD)即互 WVD 定义为

$$W_{f,g}(x,\omega)=\int_{-\infty}^{\infty}f\left(x+\frac{t}{2}\right)\overline{g\left(x-\frac{t}{2}\right)}\mathrm{e}^{-\mathrm{i}t\omega}\,\mathrm{d}t \tag{4.2-2}$$

可以看出，$W_{f,g}(x,\omega)=\overline{W_{g,f}(x,\omega)}$。

令

$$f_x(t)=f\left(x+\frac{t}{2}\right),\ g_x(t)=\overline{g\left(x-\frac{t}{2}\right)} \tag{4.2-3}$$

根据傅里叶变换的时移和伸缩性质有

$$f_x(t)\leftrightarrow\hat{f}_x(\omega)=2\hat{f}(2\omega)\mathrm{e}^{\mathrm{i}2\omega t},\ g_x(t)\leftrightarrow\hat{g}_x(\omega)=2\overline{\hat{g}(2\omega)}\mathrm{e}^{-\mathrm{i}2\omega t} \tag{4.2-4}$$

再根据卷积性质，可以得到互 WVD 的频域表示为

$$W_{f,g}(x,\omega)=\int_{-\infty}^{\infty}f\left(x+\frac{t}{2}\right)\overline{g\left(x-\frac{t}{2}\right)}\mathrm{e}^{-\mathrm{i}\omega t}\,\mathrm{d}t=\int_{-\infty}^{\infty}f_x(t)g_x(t)\mathrm{e}^{-\mathrm{i}\omega\tau}\,\mathrm{d}\tau$$

$$=\frac{4}{2\pi}\int_{-\infty}^{\infty}\hat{f}(2a)\overline{\hat{g}(2\omega-2a)}\mathrm{e}^{\mathrm{i}(4a-2\omega)x}\,\mathrm{d}a$$

令 $2a=\omega+\dfrac{\Omega}{2}$，可得

$$W_{f,g}(x,\omega)=\frac{1}{2\pi}\int_{-\infty}^{\infty}\hat{f}\left(\omega+\frac{\Omega}{2}\right)\overline{\hat{g}\left(\omega-\frac{\Omega}{2}\right)}\mathrm{e}^{\mathrm{i}\Omega t}\mathrm{d}\Omega \tag{4.2-5}$$

由上面的时域定义式(4.2-2)和频域定义式(4.2-5)可以看出，互 WVD 在时域和频域分布是完全对称的。与时域情况一样，信号在某频点是否具备某种特性，只需看该频点左右两边的这种特性是否具有重叠性。

下面介绍 WVD 的性质。

(1) **对称性。**

对所有时刻和频率，复信号 $f(t)$ 的 WVD 都是实数，即

$$W_f(x,\omega)=\overline{W_f(x,\omega)},\ W_{f,g}(x,\omega)=\overline{W_{g,f}(x,\omega)} \tag{4.2-6}$$

证明：

$$\begin{aligned}\overline{W_{g,f}(x,\omega)}&=\overline{\int_{-\infty}^{\infty}g\left(x+\frac{t}{2}\right)\overline{f\left(x-\frac{t}{2}\right)}\mathrm{e}^{-\mathrm{i}t\omega}\mathrm{d}t}\\&=\int_{-\infty}^{\infty}\overline{g\left(x+\frac{t}{2}\right)}f\left(x-\frac{t}{2}\right)\mathrm{e}^{\mathrm{i}\omega t}\mathrm{d}t\\&=\int_{-\infty}^{\infty}\overline{g\left(x-\frac{t}{2}\right)}f\left(x+\frac{t}{2}\right)\mathrm{e}^{-\mathrm{i}\omega t}\mathrm{d}t\\&=\int_{-\infty}^{\infty}f\left(x+\frac{t}{2}\right)\overline{g\left(x-\frac{t}{2}\right)}\mathrm{e}^{-\mathrm{i}\omega t}\mathrm{d}t\\&=W_{f,g}(x,\omega)\end{aligned}$$

(2) **平移不变性。**

信号 $f(t)$ 的 WVD 具有时移和频移不变性，即

$$\mathrm{WVD}[f(x-x_0)]=W_f(x-x_0,\omega) \tag{4.2-7}$$

$$\mathrm{WVD}[f(x)\mathrm{e}^{\mathrm{i}\omega_0 x}]=W_f(x,\omega-\omega_0) \tag{4.2-8}$$

证明：由 WVD 的性质可得

$$\begin{aligned}\mathrm{WVD}[f(x-x_0)]&=\int_{-\infty}^{\infty}f\left(x-x_0+\frac{t}{2}\right)\overline{f\left(x-x_0-\frac{t}{2}\right)}\mathrm{e}^{-\mathrm{i}t\omega}\mathrm{d}t\\&=W_f(x-x_0,\omega)\end{aligned}$$

$$\begin{aligned}\mathrm{WVD}[f(x)\mathrm{e}^{\mathrm{i}\omega_0 x}]&=\int_{-\infty}^{\infty}f\left(x+\frac{t}{2}\right)\mathrm{e}^{\mathrm{i}\left(x+\frac{t}{2}\right)\omega_0}\overline{f\left(x-\frac{t}{2}\right)}\mathrm{e}^{-\mathrm{i}\left(x-\frac{t}{2}\right)\omega_0}\mathrm{e}^{-\mathrm{i}t\omega}\mathrm{d}t\\&=W_f(x,\omega-\omega_0)\end{aligned}$$

(3) **有限支撑性。**

信号的 WVD 和信号有相同的时频支撑域。

(4) **重构性。**

若已知信号的初始值(或直流分量)，且不为零，则信号(或其频谱)可以由其 WVD 精确重构，即

$$f(x)=\frac{1}{2\pi\overline{f(0)}}\int_{-\infty}^{\infty}W_f\left(\frac{x}{2},\,\omega\right)\mathrm{e}^{\mathrm{i}\omega x}\,\mathrm{d}\omega \tag{4.2-9}$$

证明：由定义可知，WVD 是 $f\left(x+\frac{t}{2}\right)\overline{f\left(x-\frac{t}{2}\right)}$ 关于 t 的傅里叶变换，因此，其逆变换为

$$f\left(x+\frac{t}{2}\right)\overline{f\left(x-\frac{t}{2}\right)}=\frac{1}{2\pi}\int_{-\infty}^{\infty}\mathrm{WVD}_f(x,\,\omega)\mathrm{e}^{\mathrm{i}t\omega}\,\mathrm{d}\omega$$

令 $x=\frac{t}{2}$，可以得到式(4.2-9)。

(5) **边缘分布特性。**

WVD 具有真边缘，即同时具有时间真边缘和频率真边缘。

证明：设信号 $f(x)$的复频谱和 WVD 分别为 $\hat{f}(\omega)$和$\mathrm{WVD}_f(x,\,\omega)$，则有

$$\begin{aligned}
P_f(t)&=\frac{1}{2\pi}\int_{-\infty}^{\infty}W_f(x,\,\omega)\mathrm{d}\omega\\
&=\int_{-\infty}^{\infty}f\left(x+\frac{t}{2}\right)\overline{f\left(x-\frac{t}{2}\right)}\frac{1}{2\pi}\int_{-\infty}^{\infty}\mathrm{e}^{-\mathrm{i}\omega t}\,\mathrm{d}\omega\,\mathrm{d}t\\
&=\int_{-\infty}^{\infty}f\left(x+\frac{t}{2}\right)\overline{f\left(x-\frac{t}{2}\right)}\delta(t)\,\mathrm{d}t\\
&=|\,f(x)\,|^2
\end{aligned} \tag{4.2-10}$$

式(4.2-10)表明 WVD 具有时间真边缘性。

此外，有

$$\begin{aligned}
P_f(\omega)&=\frac{1}{2\pi}\int_{-\infty}^{\infty}W_f(x,\,\omega)\mathrm{d}x\\
&=\frac{1}{2\pi}\int_{-\infty}^{\infty}\int_{-\infty}^{\infty}f\left(x+\frac{t}{2}\right)\overline{f\left(x-\frac{t}{2}\right)}\mathrm{e}^{-\mathrm{i}\omega t}\,\mathrm{d}x\,\mathrm{d}t\\
&=\frac{1}{2\pi}\int_{-\infty}^{\infty}\mathrm{e}^{-\mathrm{i}\omega t}\int_{-\infty}^{\infty}f(x)\overline{f(x-t)}\,\mathrm{d}x\,\mathrm{d}t\\
&=\frac{1}{2\pi}\,|\,\hat{f}(\omega)\,|^2
\end{aligned} \tag{4.2-11}$$

式(4.2-11)表明 WVD 具有频率真边缘性。

由式(4.2-10)和式(4.2-11)可以得出

$$\frac{1}{2\pi}\int_{-\infty}^{\infty}\int_{-\infty}^{\infty}W_f(x,\omega)\mathrm{d}x\mathrm{d}\omega=\frac{1}{2\pi}\int_{-\infty}^{\infty}\int_{-\infty}^{\infty}f\left(x+\frac{t}{2}\right)\overline{f\left(x-\frac{t}{2}\right)}\mathrm{e}^{-\mathrm{i}\omega t}\mathrm{d}x\mathrm{d}\omega$$

$$=\frac{1}{2\pi}\int_{-\infty}^{\infty}|\hat{f}(\omega)|^2\mathrm{d}\omega=\int_{-\infty}^{\infty}|f(t)|^2\mathrm{d}t \tag{4.2-12}$$

因此，习惯称 WVD 为信号 $f(x)$的**时频能量密度**。

(6) **尺度变换。**

若信号 $f(x)$的 WVD 为 $W_f(x,\omega)$，那么，可以证明，尺度变换 $y(x)=\sqrt{a}f(ax)$ $(a<0)$的 WVD 为

$$W_y(x,\omega)=W_f\left(ax,\frac{\omega}{a}\right) \tag{4.2-13}$$

(7) **乘积性与卷积性。**

设信号 $f(x)$和 $g(x)$的 WVD 分别为 $W_f(x,\omega)$和 $W_g(x,\omega)$，那么，两信号之积 $y(x)=f(x)g(x)$的 WVD 为

$$W_y(x,\omega)=\int_{-\infty}^{\infty}W_f(x,\theta)W_g(x,\omega-\theta)\mathrm{d}\theta \tag{4.2-14}$$

即两个信号时域乘积的 WVD 等于各自 WVD 对频率分量的卷积。

若 $y(x)=f(x)*g(x)=\int_{-\infty}^{\infty}f(t)g(x-t)\mathrm{d}t$，则有

$$W_y(x,\omega)=\int_{-\infty}^{\infty}W_f(x,\omega)W_g(x-t,\omega)\mathrm{d}t \tag{4.2-15}$$

即两个信号时域卷积的 WVD 等于各自 WVD 对时间分量的卷积。

(8) **内积特性。**

设信号 $f_1(x)$与 $g_1(x)$、$f_2(x)$与 $g_2(x)$的互 WVD 分别为 $W_{f_1,g_1}(x,\omega)$和 $W_{f_2,g_2}(x,\omega)$，那么

$$\langle W_{f_1,g_1}(x,\omega),W_{f_2,g_2}(x,\omega)\rangle=\langle f_1(t),f_2(t)\rangle\langle g_1(t),g_2(t)\rangle \tag{4.2-16}$$

WVD 不仅具有上述优良的性质，更重要的是其时频分辨率比短时傅里叶变换和小波变换都要高。对于线性调频信号而言，WVD 具有最优的时频分辨率。然而，多分量信号的 WVD 在应用时存在严重不足，即交叉项干扰。

假设信号 $f(x)=f_1(x)+f_2(x)$，那么，其 WVD 可表示为

$$W_f(x,\omega)=W_{f_1}(x,\omega)+W_{f_2}(x,\omega)+W_{f_1,f_2}(x,\omega)+W_{f_2,f_1}(x,\omega) \tag{4.2-17}$$

由于 $W_{f_1,f_2}(x,\omega)=\overline{W_{f_2,f_1}(x,\omega)}$，故式(4.2-17)可以写为

$$W_f(x,\omega)=W_{f_1}(x,\omega)+W_{f_2}(x,\omega)+2\mathrm{Re}[W_{f_1,f_2}(x,\omega)] \tag{4.2-18}$$

由式(4.2-18)可以看出，两个信号和的 WVD 等于各自 WVD 与它们的互 WVD 之和。理论上可以证明，若信号由 N 个独立分量构成，则总的交叉项数为 $N(N-1)/2$。图 4.2-2 所示为两个分量 LFM 信号的真实 IF 和 WVD。

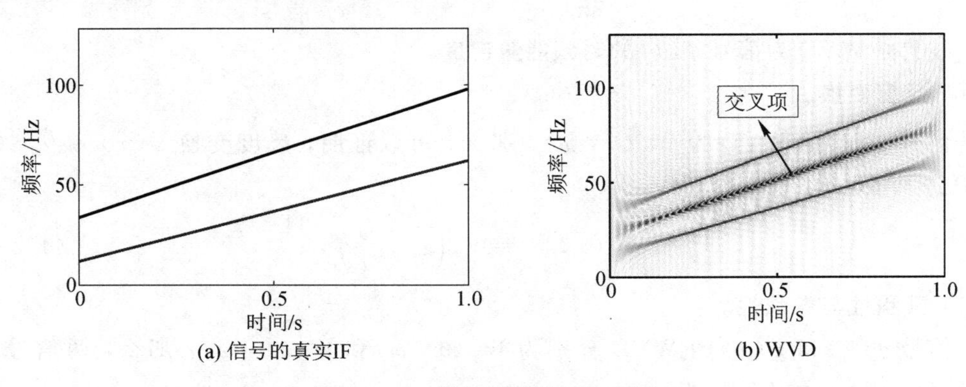

(a) 信号的真实IF　(b) WVD

图 4.2-2　线性调频信号的 WVD

4.2.2　模糊函数

模糊函数(ambiguity function，AF)是由威尔(Ville)和莫耶尔(Moyal)提出的。模糊函数主要反映信号在时间和相位上的相关性，并广泛应用于雷达和声呐领域，可用于衡量雷达对两个不同距离、不同速度的目标的分辨能力。

定义 4.2.2　模糊函数：设 $f(x)$ 的瞬时自相关函数为

$$r_f(x, t) = f\left(x+\frac{t}{2}\right)\overline{f\left(x-\frac{t}{2}\right)} \tag{4.2-19}$$

对 $r_f(x, t)$ 关于时间做傅里叶逆变换，称为信号 $f(x)$ 的模糊函数，即

$$A_f(\theta, t) = \frac{1}{2\pi}\int_{-\infty}^{\infty} r_f(x, t)\mathrm{e}^{\mathrm{i}\theta x}\,\mathrm{d}x \tag{4.2-20}$$

从式(4.2-20)可以看出，模糊函数反映了信号的时频相关程度，即信号本身与其在时频面上经过平移转换得到的信号的相似程度。与 WVD 中的绝对时间变量 x 和绝对频率变量 ω 不同，模糊函数的变量 t 和 θ 只是相对量，分别称为时延和频偏。

图 4.2-3 所示为图 4.2-1 和图 4.2-2 对应的单分量和多分量 LFM 信号的模糊函数。从图中可以看出，模糊函数刻画了信号时延-频偏的二维特性。在雷达和声呐领域，时延代表了目标的距离信息，而频偏代表了目标的多普勒信息，即速度信息。因此，模糊函数可以用来评价雷达和声呐对多个目标的分辨能力，即在距离和速度上存在哪些模糊的情况。

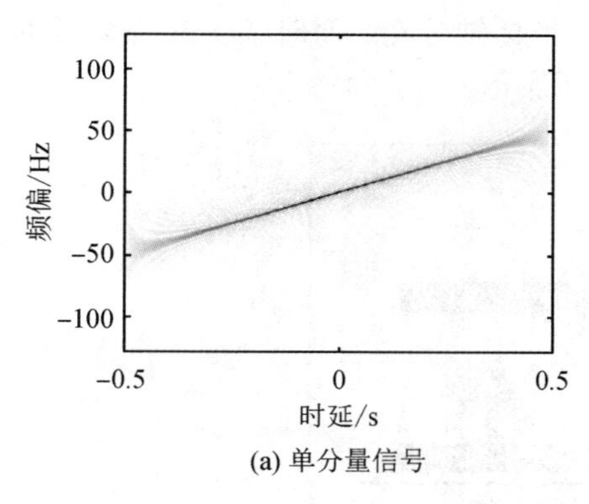

(a) 单分量信号

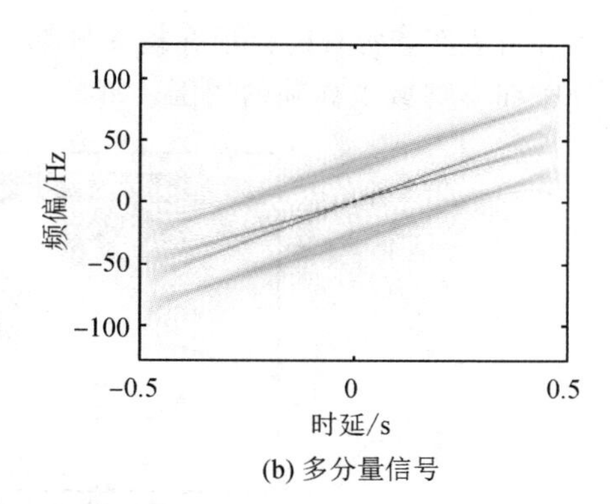

(b) 多分量信号

图 4.2-3　线性调频信号的模糊函数示意图

根据 Parseval 定理，模糊函数也可以定义为信号瞬时谱相关函数 $R_f(\theta, \omega)=\hat{f}\left(\omega+\frac{\theta}{2}\right)\overline{\hat{f}\left(\omega-\frac{\theta}{2}\right)}$ 关于频率 ω 的傅里叶逆变换，即

$$A_f(\theta, t)=\frac{1}{4\pi^2}\int_{-\infty}^{\infty}\hat{f}\left(\omega-\frac{\theta}{2}\right)\overline{\hat{f}\left(\omega-\frac{\theta}{2}\right)}\mathrm{e}^{\mathrm{i}\theta t}\mathrm{d}\omega \tag{4.2-21}$$

将模糊函数的定义式代入 WVD 的定义式中，可以得到

$$W_f(x, \omega)=\int_{-\infty}^{\infty}r_f(x, t)\mathrm{e}^{-\mathrm{i}\omega t}\mathrm{d}t=\iint A_f(\theta, t)\mathrm{e}^{-\mathrm{i}(\omega t+\theta x)}\mathrm{d}\theta\mathrm{d}t \tag{4.2-22}$$

式(4.2-22)表明，WVD 是模糊函数的二维傅里叶变换。因此，信号的模糊函数 $A_f(\theta, t)$ 是其 WVD 的特征函数，即

$$A_f(\theta, t)=\frac{1}{4\pi^2}\iint W_f(x, \omega)\mathrm{e}^{\mathrm{i}(\omega t+\theta x)}\mathrm{d}x\mathrm{d}\omega \tag{4.2-23}$$

考虑如下多分量信号：

$$f(t)=\sum_{m=1}^{M}f_m(t)$$

其中，当 $|t-t_m|<T_m$ 时，$f_m(t)\neq 0$；否则，$f_m(t)=0$。

那么，在模糊域(θ, t)，当 $-T_m<t-t_m+\frac{\tau}{2}<T_m$，且 $-T_m<t-t_m-\frac{\tau}{2}<T_m$ 时，有

$$f_m\left(t+\frac{\tau}{2}\right)\overline{f_m\left(t-\frac{\tau}{2}\right)}\neq 0$$

这表明，自项 $f_m\left(t+\frac{\tau}{2}\right)\overline{f_m\left(t-\frac{\tau}{2}\right)}$ 分布在区域 $|\tau|<2T_m$ 内，也就是在 θ 轴周围，与分量信号的起始时间无关，第 m 个和第 n 个分量的交叉项则分布在 $|\tau+t_n-t_m|<T_m+T_n$ 区域内。

同理，也可以得到频率上的相应关系，即仅当 $|\Omega-\Omega_m|<W_m$ 时，$X_m(\Omega)\neq 0$。那么，自项分布在模糊域的 $|\theta|<2W_m$ 区域内，交叉项则分布在区域 $|\theta+\Omega_n-\Omega_m|<W_m+W_n$ 内。

上述分析表明，所有的自项在模糊域都沿着坐标轴分布，而时频不交叠分量的交叉项则不会分布在模糊域坐标轴的周围，如图 4.2-4 所示。

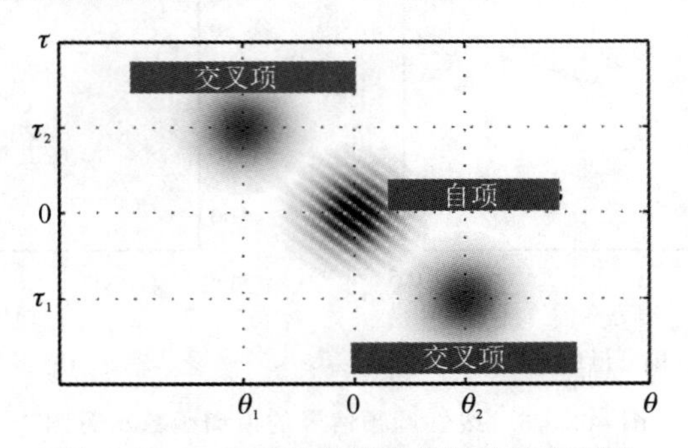

图 4.2-4　双分量信号在模糊域的分布图

例 4.2.1　求信号：

$$x_1(t)=e^{-\frac{1}{2}t^2}$$

$$x_2(t)=e^{-\frac{1}{2}(t-t_1)^2}e^{i\Omega_1 t}+e^{-\frac{1}{2}(t+t_1)^2}e^{-i\Omega_1 t}$$

的模糊函数。

根据定义，可以得到

$$A_{x_1}(\theta, \tau)=\sqrt{\pi}\,e^{-\frac{1}{4}\tau^2-\frac{1}{4}\theta^2}$$

$$A_{x_2}(\theta, \tau)=\sqrt{\pi}\,e^{-\frac{1}{4}\tau^2-\frac{1}{4}\theta^2}e^{i\Omega_1\tau}e^{-it_1\theta}+\sqrt{\pi}\,e^{-\frac{1}{4}\tau^2-\frac{1}{4}\theta^2}e^{-i\Omega_1\tau}e^{it_1\theta}+$$
$$\sqrt{\pi}\,e^{-\frac{1}{4}(\tau-2t_1)^2-\frac{1}{4}(\theta-2\Omega_1)^2}+\sqrt{\pi}\,e^{-\frac{1}{4}(\tau+2t_1)^2-\frac{1}{4}(\theta+2\Omega_1)^2}$$

可以看出，自项分布在模糊域的原点处，而交叉项则位于$(2\Omega_1, 2t_1)$和$(-2\Omega_1, -2t_1)$周围。图 4.2-5 和图 4.2-6 所示分别为 $x_1(t)$和 $x_2(t)$的时域波形以及各自的模糊函数。

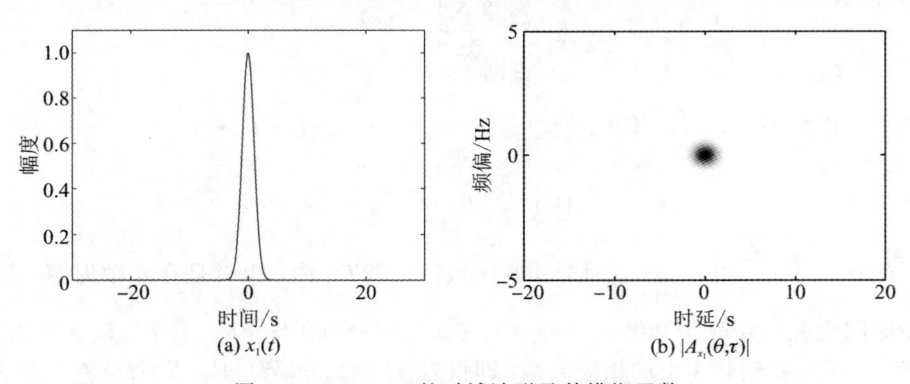

图 4.2-5　$x_1(t)$的时域波形及其模糊函数

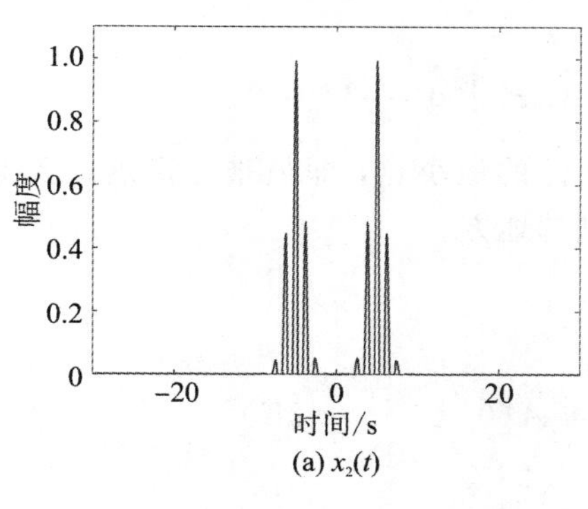

(a) $x_2(t)$

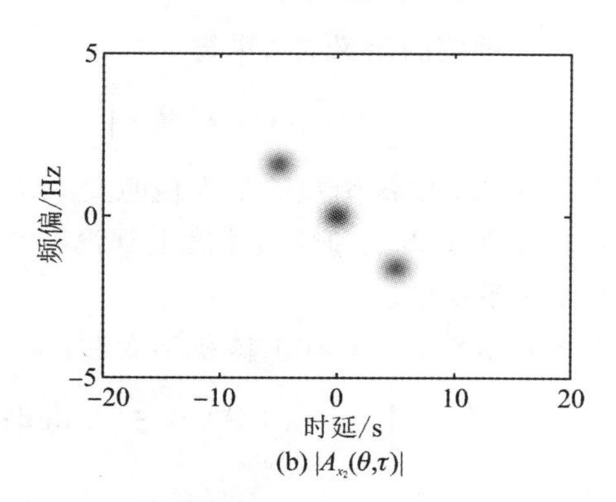

(b) $|A_{x_2}(\theta,\tau)|$

图 4.2-6　$x_2(t)$的时域波形及其模糊函数

与 WVD 的性质不同，模糊函数主要有以下性质：

(1) **原点对称性。**

模糊函数的模值关于坐标原点是对称的，即

$$|A(\tau,\xi)|=|A(-\tau,-\xi)| \tag{4.2-24}$$

证明：用$-\tau$代替τ，$-\xi$代替ξ，可以得到

$$|A(-\tau,-\xi)|=\left|\int_{-\infty}^{\infty}u(t)u^*(t-\tau)e^{i2\pi\xi t}dt\right|$$

设$t-\tau=s$，可得

$$\begin{aligned}|A(-\tau,-\xi)|&=\left|\int_{-\infty}^{\infty}u(s+\tau)u^*(s)e^{i2\pi\xi(s+\tau)}ds\right|\\&=\left|e^{i2\pi\xi\tau}\int_{-\infty}^{\infty}u(s+\tau)u^*(s)e^{i2\pi\xi s}ds\right|\\&=|A^*(\tau,\xi)|=|A(\tau,\xi)|\end{aligned}$$

(2) **原点极值性。**

模糊函数的模值在坐标原点具有最大值，可以表示为

$$|A(\tau,\xi)|^2\leqslant|A(0,0)|^2=(2E)^2 \tag{4.2-25}$$

其中，$E=\int_{-\infty}^{\infty}|f(t)|^2dt$ 为信号能量。

证明：利用 Cauchy-Schwarz 不等式，可以得到

$$\begin{aligned}|A(\tau,\xi)|^2&=\left|\int_{-\infty}^{\infty}u(t)u^*(t+\tau)e^{-i2\pi\xi t}dt\right|^2\\&\leqslant\left|\int_{-\infty}^{\infty}|u(t)|^2dt\int_{-\infty}^{\infty}|u(t+\tau)|^2dt\right|\end{aligned}$$

令$\tau=0$，$\xi=0$，则

$$|A(0,0)|=\int_{-\infty}^{\infty}|u(t)|^2dt=\int_{-\infty}^{\infty}|u^*(t)|^2dt=2E \tag{4.2-26}$$

再由模糊函数的定义式，可得

$$\int_{-\infty}^{\infty} |u(t)|^2 \mathrm{d}t = \int_{-\infty}^{\infty} |u(t+\tau)|^2 \mathrm{d}t = A(0, 0)$$

该性质说明，模糊函数的最大值点是均方误差的最小点，即最难分辨点。这样的点自然是两个目标在距离上和径向速度上都没有差别的地方。

(3) **体积不变性。**

对于模糊函数，具有如下体积不变性：

$$\int_{-\infty}^{\infty}\int_{-\infty}^{\infty} |A(\tau, \xi)|^2 \mathrm{d}\tau \mathrm{d}\xi = |A(0, 0)|^2 = (2E)^2 \tag{4.2-27}$$

证明：

$$\begin{aligned} A^*(\tau, \xi) &= \int_{-\infty}^{\infty} u^*(t) u(t+\tau) \mathrm{e}^{\mathrm{i}2\pi\xi t} \mathrm{d}t \\ &= \int_{-\infty}^{\infty} M(f) M^*(f+\xi) \mathrm{e}^{\mathrm{i}2\pi\xi f} \mathrm{d}f \end{aligned}$$

其中，$M(f)$表示 $u(t)$的傅里叶变换，根据傅里叶变换的平移性质，即

$$\int_{-}^{\infty} u^*(t+\tau) \mathrm{e}^{\mathrm{i}2\pi f\tau} \mathrm{d}\tau = \mathrm{e}^{-\mathrm{i}2\pi ft} M^*(f) \tag{4.2-28}$$

$$\int_{-\infty}^{\infty} M^*(f+\xi) \mathrm{e}^{\mathrm{i}2\xi\pi t} \mathrm{d}\xi = \mathrm{e}^{-\mathrm{i}2\pi ft} u^*(t) \tag{4.2-29}$$

可以得到

$$\begin{aligned} \iint_{-\infty}^{\infty} |A(\tau, \xi)|^2 \mathrm{d}\tau \mathrm{d}\xi &= \iiiint_{-\infty}^{\infty} u(t) u^*(t+\tau) \cdot M(f) M^*(f+\xi) \mathrm{e}^{\mathrm{i}2\pi(f\tau-\xi t)} \mathrm{d}t \mathrm{d}f \mathrm{d}\tau \mathrm{d}\xi \\ &= \iint_{-\infty}^{\infty} u(t) u^*(t) \cdot M(f) M^*(f) \mathrm{d}t \mathrm{d}f \\ &= \int_{-\infty}^{\infty} |u(t)|^2 \mathrm{d}t \int_{-\infty}^{\infty} |M(f)|^2 \mathrm{d}f \\ &= (2E)^2 \end{aligned}$$

4.2.3 Cohen 类分布

除 WVD 外，学者们又提出了许多其他形式的时频分布。1996 年，Cohen 将这些时频分布采用统一的表示形式，称为"Cohen 类分布"。WVD 可看作 Cohen 类分布的一种特殊形式。通过 Cohen 类分布的讨论，可以更加全面地理解时频分布，深入了解它们的性质。

定义 4.2.3 Cohen 类分布(Cohen's class distribution)：对于信号 $f(t)$，Cohen 类分布定义为

$$C_f(x, \omega) = \frac{1}{2\pi} \iiint_{\mathbb{R}} f\left(u+\frac{t}{2}\right) \overline{f\left(u-\frac{t}{2}\right)} k(\xi, t) \mathrm{e}^{-\mathrm{i}(\xi x+\omega t-\xi u)} \mathrm{d}\xi \mathrm{d}u \mathrm{d}t \tag{4.2-30}$$

其中，$k(\xi, t)$称为核函数。

Cohen类分布又称为广义双线性时频分布，给定不同的核函数$k(\xi, t)$，可以得到不同的时频分布。当$k(\xi, t)=1$时，Cohen类分布就变成了WVD。对于信号$f(t)$，表4.2-1给出了不同的核函数对应的时频分布公式。

根据模糊函数的定义，Cohen类分布可以改写为

$$C_f(x, \omega)=\iint_{-\infty}^{\infty} A_f(\xi, t)k(\xi, t)\mathrm{e}^{-\mathrm{i}(\xi x+\omega t)}\mathrm{d}\xi\mathrm{d}t \tag{4.2-31}$$

可以看出，Cohen类分布的具体形式和性质取决于所采用的核函数。

表4.2-1　常见Cohen分布及其核函数

名称	核函数	时频分布公式
Wigner-Ville	1	$\int_{-\infty}^{\infty} f\left(t+\frac{x}{2}\right)\overline{f\left(t-\frac{x}{2}\right)}\mathrm{e}^{-\mathrm{i}x\omega}\mathrm{d}x$
Born-Jordan	$\frac{\sin\left(\frac{\xi t}{2}\right)}{\frac{\xi t}{2}}$	$\int_{-\infty}^{\infty}\frac{1}{\lvert t\rvert}\mathrm{e}^{-\mathrm{i}\omega t}\int_{x-\frac{\lvert t\rvert}{2}}^{x+\frac{\lvert t\rvert}{2}} r_f(x, t)\mathrm{d}u\mathrm{d}t$
Choi-Williams	$\mathrm{e}^{-a(\xi t)^2}$	$\int_{-\infty}^{\infty}\frac{1}{\sqrt{4\pi\alpha t^2}}\mathrm{e}^{-\mathrm{i}\omega t}\int_{-\infty}^{\infty} r_f(x, t)\mathrm{e}^{-\frac{(x-u)^2}{4\alpha t^2}}\mathrm{d}u\mathrm{d}t$
Page	$\mathrm{e}^{-\mathrm{i}\xi\lvert t\rvert}$	$\frac{\partial}{\partial x}\left\lvert\frac{1}{\sqrt{2\pi}}\int_{-\infty}^{x} f(x)\mathrm{e}^{-\mathrm{i}\omega x}\right\rvert^2\mathrm{d}x$
Kirkwoo-Rihaczek	$\mathrm{e}^{\mathrm{i}\xi t/2}$	$\frac{1}{\sqrt{2\pi}} f(x)\hat{f}(\omega)\mathrm{e}^{-\mathrm{i}\omega x}$

选用不同的核函数，Cohen类分布将具有不同的特性，具体如下：

(1) 如果核函数$k(\xi, t)$与x无关，则$C_f(x, \omega)$具有时移不变性。

(2) 如果核函数$k(\xi, t)$与ξ无关，则$C_f(x, \omega)$具有频移不变性。

以上两个性质能保证，当信号在时域延时或频域调制时，其时频分布在时频域内也会发生相同的时域延时或频域调制。

(3) 如果核函数$k(\xi, t)$满足双变量共轭对称，则时频分布$C_f(x, \omega)$为实数。

(4) 如果核函数$k(\xi, t)$满足$k(\xi, t)|_{t=0}=1$，则时频分布$C_f(x, \omega)$具有时间真边缘，即

$$\int_{-\infty}^{\infty} C_f(x, \omega)\mathrm{d}\omega = C_f(x) = \lvert f(x)\rvert^2$$

(5) 如果核函数$k(\xi, t)$满足$k(\xi, t)|_{\xi=0}=1$，则时频分布$C_f(x, \omega)$具有频率真边缘，即

$$\int_{-\infty}^{\infty} C_f(x,\omega)\mathrm{d}x = C_f(\omega) = \frac{1}{2\pi}\,|\,\hat{f}(\omega)\,|^2$$

(6) 如果核函数 $k(\xi, t)$满足 $k(\xi, t)|_{\xi=0,\, t=0}=1$，则时频分布 $C_f(x, \omega)$具有时频真边缘(总能量守恒)。

(7) 如果核函数 $k(\xi, t)$为乘积核，即 $k(\xi, t)=k(\xi t)$，则时频分布 $C_f(x, \omega)$具有尺度不变性。

(8) 对于多分量信号，如果核函数为二维低通滤波器，则时频分布 $C_f(x, \omega)$具有抑制交叉项特性。

值得注意的是，抑制交叉项对真边缘性有影响，也就是说时频分布 $C_f(x, \omega)$一般不能同时具有上述性质。

从上述时频分布的性质及其与核函数的对应关系可以看出，用核函数表征时频分布有以下 3 个优点：

(1) 通过约束核函数可以得到并研究在一定条件下具有确切特性的时频分布。例如，要求所有的分布都满足真边缘特性，则核函数须满足 $k(\xi, 0)=k(0, t)=1$。

(2) 时频分布的特性可以通过考察核函数的特性来确定。

(3) 如果给定一个核函数，那么可以容易得到对应的时频分布。

如果时频分布 $C_f(x, \omega)$已经给定，在通常情况下，可以把该时频分布改写成一个标准式，在此基础上来选择核函数。此时，可以通过求时频分布的特征函数来求解核函数，即

$$k(\xi, t)=\frac{M_f(\xi, t)}{A_f(\xi, t)}=\frac{\iint_{-\infty}^{\infty} C_f(x,\omega)\mathrm{e}^{\mathrm{i}(\xi x+t\omega)}\mathrm{d}x\,\mathrm{d}\omega}{\frac{1}{2\pi}\int_{-\infty}^{\infty} r_f(u, t)\mathrm{e}^{\mathrm{i}\xi u}\mathrm{d}u} \tag{4.2-32}$$

其中，$M_f(\xi, t)$是 $C_f(x, \omega)$的特征函数，$A_f(\xi, t)$是 $C_f(x, \omega)$的模糊函数。

Cohen 类分布除了式(4.2-30)和式(4.2-31)的基本形式外，还可以采用时频域中函数的卷积，以及模糊函数、瞬时相关函数和谱相关函数等及其相应的傅里叶变换来表示。

设信号 $f(t)$的 WVD 为 $W_f(x, \omega)$，对其做关于频率分量的傅里叶逆变换，可得

$$r_f(u, t)=f\left(u+\frac{t}{2}\right)\overline{f\left(u-\frac{t}{2}\right)}=\frac{1}{2\pi}\int_{-\infty}^{\infty} W_f(u,\theta)\mathrm{e}^{\mathrm{i}\theta t}\mathrm{d}\theta \tag{4.2-33}$$

核函数 $k(\xi, t)$的二维傅里叶变换为

$$\hat{k}(x,\omega)=\iint_{-\infty}^{\infty} k(\xi, t)\mathrm{e}^{-\mathrm{i}(\xi x+\omega t)}\mathrm{d}\xi\mathrm{d}t \tag{4.2-34}$$

将式(4.2-33)、式(4.2-34)代入式(4.2-30)，可得 Cohen 类时频分布的广义 WVD 等价形式为

$$C_f(x,\omega)=\hat{k}(x,\omega)*W_f(x,\omega)=\iint_{-\infty}^{\infty}\hat{k}(x-u,\omega-\theta)W_f(u,\theta)\mathrm{d}u\mathrm{d}\theta \tag{4.2-35}$$

信号的**广义模糊函数**定义为信号模糊函数与核函数之积，即

$$M_f(\xi,\ t)=k(\xi,\ t)A_f(\xi,\ t) \tag{4.2-36}$$

实际上，广义模糊函数是 Cohen 类时频分布的特征函数，即 Cohen 类时频分布是广义模糊函数的二维傅里叶变换，表示为

$$C_f(x,\ \omega)=\iint_{-\infty}^{\infty} M_f(\xi,\ t)\mathrm{e}^{-\mathrm{i}(\xi x+\omega t)}\,\mathrm{d}\xi\mathrm{d}t \tag{4.2-37}$$

核函数 $k(\xi,\ t)$ 在瞬时相关域可表示为

$$\hat{k}(x,\ t)=F_\xi[k(\xi,\ t)]=\int_{-\infty}^{\infty} k(\xi,\ t)\mathrm{e}^{-\mathrm{i}\xi x}\,\mathrm{d}\xi \tag{4.2-38}$$

于是，**广义自相关函数**定义为

$$g_f(x,\ t)=\frac{1}{2\pi}\int_{-\infty}^{\infty} r_f(u,\ t)k(\xi,\ t)\mathrm{e}^{-\mathrm{i}\xi x+\mathrm{i}\xi u}\,\mathrm{d}\xi\mathrm{d}u \tag{4.2-39}$$

基于上面的广义自相关函数，Cohen 类时频分布也可表示为

$$C_f(x,\ \omega)=F_t[g_f(x,\ t)]=\int_{-\infty}^{\infty} g_f(x,\ t)\mathrm{e}^{-\mathrm{i}\omega t}\,\mathrm{d}t \tag{4.2-40}$$

4.3　高阶时频分布

对于高阶多项式相位信号和一些非平稳性更高的信号，上述 WVD、Cohen 类等二阶时频分布会产生大量的自交叉项。此时，可考虑采用高阶时频分布来获得更优的时频分布特性。

对于复信号 $f(t)=A\mathrm{e}^{\mathrm{i}\varphi(t)}$，假设 A 为常数，那么其一般时频分布可表示为

$$D(t,\ \omega)=2\pi A^{2L}\delta[\omega-\varphi'(t)] *^{(\omega)} F_\tau\{\mathrm{e}^{\mathrm{i}Q(t,\ \tau)}\} *^{(\omega)} \hat{g}(\omega) \tag{4.3-1}$$

其中，“$*^{(\omega)}$”表示对频率 ω 做卷积；$\hat{g}(\omega)$ 是时域窗的傅里叶变换形式；F_τ 表示关于 τ 做傅里叶变换；L 是一个常数；$Q(t,\ \tau)$ 表示时频分布的频率展宽因子，表征该分布的自交叉项抑制能力和时频聚集性，它是对相位函数应用泰勒级数展开得到的结果。在理想时频分布情况下，应满足 $Q(t,\ \tau)=0$，且 $\hat{g}(\omega)\to 1$，即理想的时频分布应该为

$$D(t,\ \omega)=2\pi A^2\delta[\omega-\varphi'(t)] \tag{4.3-2}$$

实际中，由于 $Q(t,\ \tau)\neq 0$，时频分布存在各种各样的交叉项干扰，因此，一个时频分布的好坏取决于频率展宽因子 $Q(t,\ \tau)$ 的大小。$Q(t,\ \tau)$ 越趋近零，越接近理想时频分布。

表 4.3-1 列出了几种时频分布的 $Q(t,\ \tau)$ 表达式。通过对比表中各种时频分布的频率展宽因子 $Q(t,\ \tau)$ 表达式的第一项可以看出，两种典型的高阶时频分布，即 L 类 WVD (LWVD)和复延迟时频分布(complex-time distribution，CTD)的展宽因子明显小于线性时频分布、二次线性时频分布。因而，高阶时频分布具有更优的时频聚集性。

表 4.3-1 几种时频分布的频率展宽因子

时频分布	展宽因子 $Q(t, \tau)$
谱图	$Q(t, \tau)=\varphi^{(2)}(t)\frac{\tau^2}{2!}+\varphi^{(3)}(t)\frac{\tau^3}{3!}+\varphi^{(4)}(t)\frac{\tau^4}{4!}+\cdots$
WVD	$Q(t, \tau)=\varphi^{(3)}(t)\frac{\tau^3}{2^2 3!}+\varphi^{(5)}(t)\frac{\tau^5}{2^4 5!}+\varphi^{(7)}(t)\frac{\tau^7}{2^6 7!}+\cdots$
多项式 WVD(4 阶)	$Q(t, \tau)=-0.327\varphi^{(5)}(t)\frac{\tau^5}{5!}-0.386\varphi^{(7)}(t)\frac{\tau^7}{7!}+\cdots$
LWVD	$Q(t, \tau)=\varphi^{(3)}(t)\frac{\tau^3}{2^2 3!\ L^2}+\varphi^{(5)}(t)\frac{\tau^5}{2^4 5!\ L^4}+\varphi^{(7)}(t)\frac{\tau^7}{2^6 7!\ L^6}+\cdots$
CTD (N 阶)	$Q(t, \tau)=\varphi^{(N+1)}(t)\frac{\tau^{N+1}}{N^N(N+1)!}+\varphi^{(2N+1)}(t)\frac{\tau^{2N+1}}{N^{2N}(2N+1)!}+\cdots$

4.3.1 L 类 WVD

首先，考虑具有常数幅度、最高相位阶次为 p 的多项式相位信号，表示为

$$f(t)=A\exp\{\mathrm{i}\varphi(t)\}=A\exp\{\mathrm{i}\sum_{k=0}^{p}a_k t^k\} \tag{4.3-3}$$

其中，A 为信号幅度，a_k 为相位系数。

定义 4.3.1 多项式 WVD：对于信号 $f(t)$，多项式 WVD 的定义为

$$P_f^{(q)}(t, \omega)=\int_{-\infty}^{\infty}\prod_{m=1}^{q/2}f(t+c_m\tau)f^*(t-c_m\tau)\mathrm{e}^{-\mathrm{i}\omega\tau}\mathrm{d}\tau \tag{4.3-4}$$

其中，$q>0$，为偶数，代表多项式 WVD 的阶数。

对于式(4.3-3)中的多项式相位信号，通过调整系数 c_m 和阶数 q，可以使得多项式 WVD 趋于理想的时频分布，即满足

$$P_f^{(q)}(t, \omega)=2\pi A^q\delta[\omega-\varphi'(t)] \tag{4.3-5}$$

其中，$\varphi'(t)$为 $f(t)$的瞬时频率。

在实际应用中，信号往往包含多个分量。此时，对于 WVD 来说，其双线性特性将导致不同信号分量之间相互作用，产生复杂的交叉项。此外，实际中处理的信号往往具有非线性特性，从而导致 WVD 产生自交叉项，在 IF 估计时将会产生估计偏差，影响估计精度。多项式 WVD 的交叉项远比 WVD 复杂，这对信号自项的检测是极为不利的。一种解决方法是采用 L 类时频分布，即 LWVD。

定义 4.3.2 LWVD：LWVD 由 Stankovic 提出，定义为

$$H_f(t,\omega)=\int_{-\infty}^{\infty} f^L\left(t+\frac{\tau}{2L}\right)f^{*L}\left(t-\frac{\tau}{2L}\right)\mathrm{e}^{-\mathrm{i}\omega\tau}\mathrm{d}\tau \tag{4.3-6}$$

其中，称 $2L$ 为 LWVD 的阶数。

显然，当 $L=1$ 时，LWVD 退化为 WVD。工程中，最常用的是当 $L=2$ 时的 4 阶 LWVD。在此，可以引入一个时域窗 $g(\tau)$对 LWVD 进行时域平滑，得到

$$H_f(t,\omega)=\int_{-\infty}^{\infty} g(\tau)f^L\left(t+\frac{\tau}{2L}\right)f^{*L}\left(t-\frac{\tau}{2L}\right)\mathrm{e}^{-\mathrm{i}\omega\tau}\mathrm{d}\tau \tag{4.3-7}$$

对于复信号 $f(t)=A\mathrm{e}^{\mathrm{i}\varphi(t)}$（$A$ 为常数），根据式(4.3-1)，上述 LWVD 可以展开为

$$H_f(t,\omega)=\frac{1}{2\pi}A^{2L}\delta[\omega-\varphi'(t)]*^{(\omega)}\hat{g}(\omega)*^{(\omega)}F_\tau\left\{\exp\left[\mathrm{i}\left(\varphi^{(3)}(t)\frac{\tau^3}{2^2 3!\ L^2}+\varphi^{(5)}(t)\frac{\tau^5}{2^4 5!\ L^4}\right)\right]\right\} \tag{4.3-8}$$

可以看出，相位的 n 阶导数项的分母包含 L^{n-1}。当 $L\to\infty$时，LWVD 对任何调制类型的信号都能趋于理想分布。

以 $L=2$ 时的 4 阶 LWVD 为例，其频率展宽因子为

$$Q(t,\tau)=\varphi^{(3)}(t)\frac{\tau^3}{2^4 3!}+\varphi^{(5)}(t)\frac{\tau^5}{2^8 5!}+\varphi^{(7)}(t)\frac{\tau^7}{2^{12} 7!}+\cdots \tag{4.3-9}$$

可以看出，4 阶 LWVD 的频率展宽因子 $Q(t,\tau)$在参数 τ 的相同阶次上要小于 WVD。在阶次相同的前提下，频率展宽因子反映了不同分布的自交叉项的抑制能力和时频聚集性。因此，LWVD 的自交叉抑制能力和时频聚集性要优于 WVD。对于单分量信号，LWVD 比 WVD 具有更高的聚集性；但是对于多分量信号，LWVD 表达式中多项乘积的情况将会导致比 WVD 更加严重的交叉项。因此，针对多分量信号，需要在保持较高聚集性的同时，更加有效地抑制交叉项的干扰。

定义 4.3.3　S-method：基于 STFT 与 WVD 之间的关系，**S-method** 定义为

$$M_f(t,\omega)=\frac{1}{\pi}\int_{-\infty}^{\infty} P(\theta)V_f(t,\omega+\theta)V_f^*(t,\omega-\theta)\mathrm{d}\theta \tag{4.3-10}$$

其中，V_f 为信号 $f(t)$的 STFT。

S-method 在保持较高时频聚集性的同时，可以抑制交叉项干扰。当 $P(\theta)=1$ 时，S-method 退化为 WVD；当 $P(\theta)=\pi\delta(\theta)$时，S-method 退化为谱图。$P(\theta)$可以看作一个频域滤波器，通过改变 $P(\theta)$的宽度，可得到由 STFT 到 WVD 的过渡形式。因此，$P(\theta)$的窗宽应包含自项，但又不超过自项的长度以避免交叉项。此时，由 S-method 得到的是信号各分量的 WVD 的叠加。

式(4.3-10)的离散形式可以表示为

$$M_f(n,k)=\frac{2}{N_w\Delta t}\sum_{i=-Lp}^{Lp} p(i)V_f(n,k+i)V_f^*(n,k-i) \tag{4.3-11}$$

其中

$$V_f(n, k) = \sum_{m=-\frac{N_g}{2}}^{\frac{N_g}{2}-1} g(m\Delta t)s(n\Delta t + m\Delta t)\mathrm{e}^{-\mathrm{i}\left(\frac{2\pi}{N_g}\right)km} \tag{4.3-12}$$

其中，N_g 为窗函数 $g(\tau)$包含的样本点数，Δt 为采样间隔，$p(i)$是 $p(\theta)$的离散形式。L_p 表示 $p(i)$的宽度。若 $p(i)$是矩形窗，则式(4.3-10)可改写为

$$M_f(n, k) = \frac{2}{N_w\Delta t}\left[|V_f(n, k)|^2 + 2\mathrm{Re}\left\{\sum_{i=1}^{L_p} V_f(n, k+i)V_f^*(n, k-i)\right\}\right] \tag{4.3-13}$$

对于单分量信号来说，$p(i)$的最优宽度直接与 STFT 在频域的宽度有关。对于多分量信号，如果选择的窗宽大于两个分量在时频域上的最小间隔，通过频域卷积后将引入交叉项干扰。

下面结合 S-method 和 STFT 之间的关系，讨论 LWVD 的快速计算方法。考虑多分量信号：

$$s(t) = \sum_{i=1}^{N} A_i(t)\exp\{\mathrm{i}\varphi_i(t)\} \tag{4.3-14}$$

其中，N 为信号分量个数，$A_i(t)$相对于 $\varphi_i(t)$是缓慢变化的，则信号 $s(t)$的 STFT 可表示为

$$\begin{aligned} V_s(t, \omega) &= \int_{-\infty}^{\infty} s(t+\tau)g(\tau)\mathrm{e}^{-\mathrm{i}\omega\tau}\mathrm{d}\tau \\ &= \sum_{i=1}^{N}\int_{-\infty}^{\infty} A_i(t+\tau)\exp[\mathrm{i}\varphi_i(t+\tau)]g(\tau)\mathrm{e}^{-\mathrm{i}\omega\tau}\mathrm{d}\tau \end{aligned} \tag{4.3-15}$$

将 $\varphi_i(t+\tau)$进行二阶泰勒级数展开，并假设 $A_i(t+\tau)$在窗函数内的变化可以忽略不计，则有

$$V_s(t, \omega) = \frac{1}{2\pi}\sum_{i=1}^{N} A_i(t)\exp[\mathrm{i}\varphi_i(t)]\delta[\omega - \varphi_i{}'(t)] *^{(\omega)} \hat{g}(\omega) *^{(\omega)} F_\tau\left\{\exp\left[\mathrm{i}\tau^2\frac{\varphi''(t+\tau)}{2}\right]\right\} \tag{4.3-16}$$

其中，$\hat{g}(\omega)$是时域窗 $g(\tau)$的傅里叶变换。

若进一步假定 $\varphi''(t+\eta)$在窗函数内的变化可忽略不计，由式(4.3-16)可得 $s(t)$的谱图为

$$S_s(t, \omega) = \sum_{i=1}^{N}\sum_{l=1}^{N} A_i(t)A_l(t)\exp\{\mathrm{i}[\varphi_i(t) - \varphi_l(t)]\}\hat{g}[\omega - \varphi_i{}'(t)]\hat{g}^*[\omega - \varphi_l{}'(t)] \tag{4.3-17}$$

假设 d 表示 $\hat{g}(\omega)$的频域窗宽，当$|\omega| > \dfrac{d}{2}$时，$\hat{g}(\omega) = 0$，则当$|\varphi_i{}'(t) - \varphi_l{}'(t)| < d$ 时，谱图中第 i 个和第 l 个信号分量将产生交叉项干扰。否则，谱图中各信号分量的能量将

聚集在各自的 IF 处。

因此，对多项式 WVD 进行频域加窗处理，可以得到 S-method。类似地，4 阶 LWVD 可以看作 S-method 的卷积。以此类推，可以得到更高阶时频分布，以获得高时频聚集性，同时抑制多信号分量间的交叉项干扰。所以，LWVD 可通过下面的迭代方法实现：

$$H^{(2L)}(t, \omega)=\frac{1}{\pi}\int_{-\infty}^{\infty} p(\theta) H^{(L)}(t, \omega+\theta) H^{(L)}(t, \omega-\theta) \mathrm{d}\theta \tag{4.3-18}$$

其中，$H^{(2L)}(t, f)$表示 $2L$ 阶 LWVD。

当 $L=1$ 时，有

$$\begin{aligned} H^{(2)}(t, \omega) &= \frac{1}{\pi}\int_{-\infty}^{\infty} p(\theta) V(t, \omega+\theta) V^{*}(t, \omega-\theta) \mathrm{d}\theta \\ &= M(t, \omega) \end{aligned}$$

当 $L=2$ 时，有

$$\begin{aligned} H^{(4)}(t, \omega) &= \frac{1}{\pi}\int_{-\infty}^{\infty} p(\theta) H^{(2)}(t, \omega+\theta) H^{(2)}(t, \omega-\theta) \mathrm{d}\theta \\ &= \frac{1}{\pi}\int_{-\infty}^{\infty} p(\theta) M(t, \omega+\theta) M(t, \omega-\theta) \mathrm{d}\theta \end{aligned}$$

因此，LWVD 可以基于 S-method 来实现。只要改进 S-method 的抑制交叉项性能，就可以改善 LWVD 的性能。当 $H^{(2L)}(t, \omega)$满足下列条件时，将不会产生交叉项：

(1) 初始变换 $H^{(L)}(t, \omega)$没有交叉项。

(2) 迭代的过程中没有引入新的交叉项。

条件(1)很容易满足，只需选取一个不会产生交叉项的线性时频分布作为迭代的初始变换即可。例如，选取信号的 STFT，使得各信号分量在 STFT 时频平面不存在混叠。对于条件(2)，可采用类似 S-method 抑制 WVD 交叉项的方法来实现，即在做频域卷积时加窗抑制交叉项。

下面给出基于 S-method 的 LWVD 实现步骤。为了方便数值运算，采用离散化形式。其中，$p(\theta)$为矩形窗，窗宽为 $2L_p+1$。信号的 LWVD 快速运算流程如下：

(1) 计算信号 $s(n)$的短时傅里叶变换 $V_s(n, k)$。

(2) 计算信号的 S-method $M(n, k)$，即

$$\begin{aligned} M(n, k) &= H^{(2)}(n, k) \\ &= |V(n, k)|^2 + 2\mathrm{Re}\left[\sum_{i=1}^{L_p} V_s(n, k+i) V_s^{*}(n, k-i)\right] \end{aligned} \tag{4.3-19}$$

(3) 迭代处理，得到满足实际应用需要阶数的 LWVD，表示为

$$H^{(2L)}(n, k)=H^{(L)}(n, k)^2+2\sum_{i=1}^{L_p} H^{(L)}(n, k+i) H^{(L)}(n, k-i) \tag{4.3-20}$$

可以看出，当采用上述快速算法计算 LWVD 时，只需要在 S-method 的基础上，利用式(4.3-20)进行迭代，通过不同的迭代次数可获得不同 L 值的 LWVD。在上述过程中，通过迭代提高了 S-method 的时频聚集性。采用该方法计算 LWVD 具有很高的效率，同时可以较好地消除多分量信号间的交叉项影响。图 4.3-1 给出了三分量信号的 WVD 和 S-method，以及采用上述迭代方法得到的 $L=2$ 和 $L=4$ 时的 LWVD。从图中可以看出，LWVD 具有良好的时频聚集性和交叉项抑制能力。

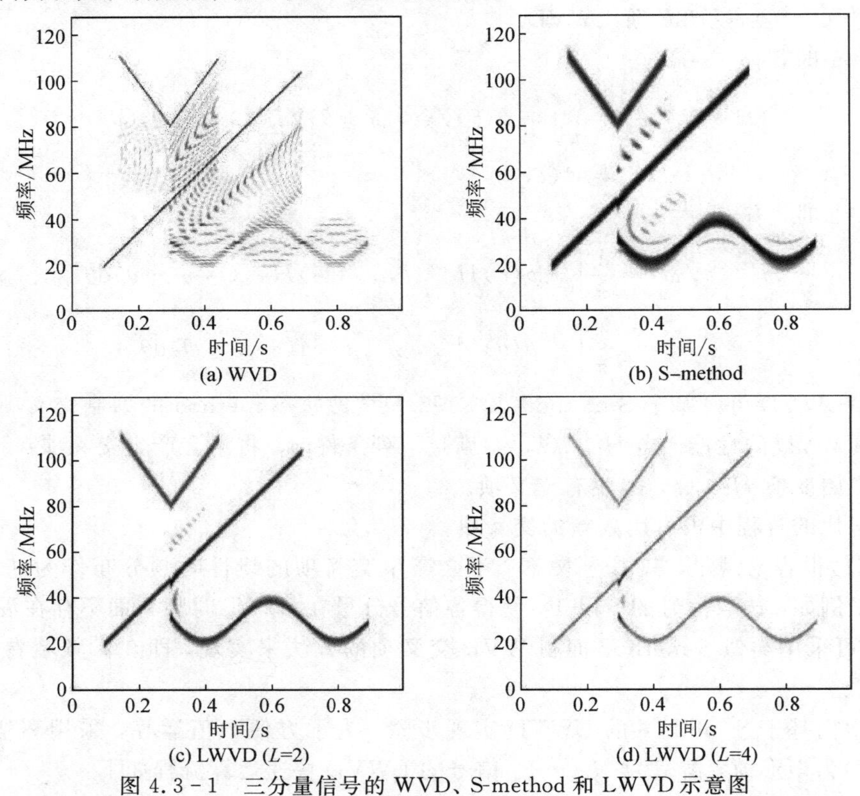

图 4.3-1 三分量信号的 WVD、S-method 和 LWVD 示意图

4.3.2 复时间延迟时频分布

复时间延迟，即时间延迟采用一个复数来表示，实质上是定义了一种特殊的运算。传统时频分布的时延为实数，可看作**复时间延迟时频分布**的一种特例。一般将复时间延迟时频分布简称为**复延迟时频分布(complex-time distribution，CTD)**。

定义 4.3.4 复延迟时频分布(CTD)：对于复信号 $s(t)=A\mathrm{e}^{\mathrm{i}\varphi(t)}$，$N$ 阶复时间延迟时频分布定义为

$$T^{(N)}(t,\omega)=\int_{-\infty}^{\infty}\left[\prod_{p=0}^{N-1}s\left(t+\frac{w_{N,p}}{N}\tau\right)^{w_{N,p}^{*}}\right]\mathrm{e}^{-\mathrm{i}\omega\tau}\mathrm{d}\tau=F_{\tau}\left[\prod_{p=0}^{N-1}s\left(t+\frac{w_{N,p}}{N}\tau\right)^{w_{N,p}^{*}}\right] \tag{4.3-21}$$

其中，N 为阶数，$w_{N,p}=\mathrm{e}^{\mathrm{i}2\pi p/N}$，$F_{\tau}$ 表示对时间延迟变量 τ 做傅里叶变换。

在定义 4.3.4 中，复延迟项按下式计算：

$$s\left(t+\frac{w_{N,p}}{N}\tau\right)=\frac{1}{2\pi}\int_{-\infty}^{\infty}S(\omega)\mathrm{e}^{\mathrm{i}\omega\left(t+\frac{w_{N,p}}{N}\tau\right)}\mathrm{d}\omega \tag{4.3-22}$$

其中，$S(\omega)$是信号 $s(t)$的傅里叶变换。

当 $N=2$ 时，有

$$T^{(2)}(t,\omega)=\int_{-\infty}^{\infty}s\left(t+\frac{\tau}{2}\right)s^{-1}\left(t-\frac{\tau}{2}\right)\mathrm{e}^{-\mathrm{i}\omega\tau}\mathrm{d}\tau \tag{4.3-23}$$

可见信号的二阶 CTD 与 WVD 很相似，不同之处在于二阶 CTD 中以 $s^{-1}\left(t-\frac{\tau}{2}\right)$取代了 WVD 中的 $s^{*}\left(t-\frac{\tau}{2}\right)$。二者的相位是完全相同的，差别只是幅度。同时，该二阶 CTD 的频率展宽因子为

$$Q(t,\tau)=\varphi^{(3)}(t)\frac{\tau^{3}}{2^{2}3!}+\varphi^{(5)}(t)\frac{\tau^{5}}{2^{4}5!}+\varphi^{(7)}(t)\frac{\tau^{7}}{2^{6}7!}+\cdots$$

可见，它与表 4.3-1 中的 WVD 的频率展宽因子是相同的。

针对复延迟时频分布，一般常用的阶数为 4 阶和 6 阶，即 $N=4$ 和 $N=6$。**4 阶 CTD (CTD4)**表示为

$$T^{(4)}(t,\omega)=\int_{-\infty}^{\infty}s\left(t+\frac{\tau}{4}\right)s^{*}\left(t-\frac{\tau}{4}\right)s^{-\mathrm{i}}\left(t+\mathrm{i}\frac{\tau}{4}\right)s^{\mathrm{i}}\left(t-\mathrm{i}\frac{\tau}{4}\right)\mathrm{e}^{-\mathrm{i}\omega\tau}\mathrm{d}\tau \tag{4.3-24}$$

其对应的频率展宽因子为

$$Q(t,\tau)=\varphi^{(5)}(t)\frac{\tau^{5}}{4^{5}5!}+\varphi^{(9)}(t)\frac{\tau^{9}}{4^{8}9!}+\varphi^{(13)}(t)\frac{\tau^{13}}{4^{12}13!}+\cdots$$

6 阶 CTD(CTD6)表示为

$$T^{(6)}(t,\omega)=\int_{-\infty}^{\infty}s\left(t+\frac{\tau}{6}\right)s^{*}\left(t-\frac{\tau}{6}\right)\left[s\left(t+\frac{1+\mathrm{i}\sqrt{3}}{2}\frac{\tau}{6}\right)s^{-1}\left(t-\frac{1+\mathrm{i}\sqrt{3}}{2}\frac{\tau}{6}\right)\right]^{\frac{1-\mathrm{i}\sqrt{3}}{2}}\times$$

$$\left[s\left(t+\frac{-1+\mathrm{i}\sqrt{3}}{2}\frac{\tau}{6}\right)s^{-1}\left(t-\frac{-1+\mathrm{i}\sqrt{3}}{2}\frac{\tau}{6}\right)\right]^{\frac{-1-\mathrm{i}\sqrt{3}}{2}}\mathrm{e}^{-\mathrm{i}\omega\tau}\mathrm{d}\tau \tag{4.3-25}$$

其对应的频率展宽因子为

$$Q(t,\tau)=\varphi^{(7)}(t)\frac{\tau^{7}}{6^{6}7!}+\varphi^{(13)}(t)\frac{\tau^{13}}{6^{12}13!}+\varphi^{(19)}(t)\frac{\tau^{19}}{6^{18}19!}+\cdots$$

从频率展宽因子来看，CTD在时频聚集性上的优势非常明显。以CTD4为例，根据表4.3-1，CTD4的$Q(t, \tau)$在相同阶数上要小于4阶PWVD，且CTD4的$Q(t, \tau)$每隔4项出现一次，而4阶PWVD的$Q(t, \tau)$每隔2项出现一次。因此，CTD的交叉抑制能力和时频聚集性要优于同阶数的PWVD。

与LWVD相似，对于多分量信号，直接实现的CTD也将产生严重的交叉项干扰，需要对交叉项进行抑制。同时，阶数的增加使得CTD的计算复杂化。为了处理多分量信号，这里给出另一种N阶CTD的表达式：

$$\begin{aligned} T^{(N)}(t, \omega) &= \int_{-\infty}^{\infty} \left[\prod_{p=0}^{N-1} s\left(t + \frac{w_{N, p}}{N}\tau\right)^{w_{N, p}^{*}} \right] \mathrm{e}^{-\mathrm{i}\omega\tau} \mathrm{d}\tau \\ &= \int_{-\infty}^{\infty} s\left(t + \frac{\tau}{N}\right) s^{*}\left(t - \frac{\tau}{N}\right) c(t, \tau) \mathrm{e}^{-\mathrm{i}\omega\tau} \mathrm{d}\tau \\ &= \frac{N}{2} W\left(t, \frac{N}{2}\omega\right) *^{(\omega)} F_{\tau}[c(t, \tau)] \\ &= \frac{N}{2} W\left(t, \frac{N}{2}\omega\right) *^{(\omega)} C(t, \omega) \end{aligned} \tag{4.3-26}$$

其中，$W(t, \omega)$表示信号的WVD，$c(t, \tau)$表示为

$$c(t, \tau) = \prod_{p=1}^{\frac{N}{2}-1} \left[s\left(t + \frac{w_{N, p}}{N}\tau\right) s\left(t - \frac{w_{N, p}}{N}\tau\right)^{-1} \right]^{w_{N, p}^{*}} \tag{4.3-27}$$

由式(4.3-26)可以得出，CTD可看作对WVD的一种修正。其中，$c(t, \tau)$称为CTD的聚集性函数。$c(t, \tau)$明显地改善了WVD的时频聚集性。随着阶数N的增加，分布的自交叉项$Q(t, \tau)$急剧减小。

对于多分量非平稳信号，采用式(4.3-27)计算仍会产生大量的互交叉项，其原因在于：

(1) 对于多分量信号，WVD会产生大量的互交叉项；当信号分量不是LFM信号时，还会产生自交叉项。

(2) 计算$C(t, \omega)$时，同样会产生大量交叉项。

(3) 在进行频域卷积时，若频率取值范围大于两个信号IF之间的最小距离，也会产生互交叉项。

针对上述各种交叉项干扰，可以分别采取的措施有：

(1) 对WVD的计算进行修正，例如，SPWVD、S-method等，减少互交叉项干扰。

(2) 对$C(t, \omega)$的计算进行修正，减少交叉项。

(3) 对频率卷积进行修正，采用加窗处理以限制频率取值范围，抑制交叉项。

令$w_{N, p} = \mathrm{e}^{\mathrm{i}2\pi p/N} = w_{rp} + \mathrm{i}w_{ip}$，其中$w_{rp}$和$w_{ip}$分别为$w_{N, p}$的实部和虚部。式(4.3-27)可以改写为

$$c(t,\tau)=\prod_{p=1}^{\frac{N}{2}-1}\left[s\left(t+\frac{w_{N,p}}{N}\tau\right)s^{-1}\left(t-\frac{w_{N,p}}{N}\tau\right)\right]^{w_{rp}}\cdot\left[s\left(t+\frac{w_{N,p}}{N}\tau\right)s^{-1}\left(t-\frac{w_{N,p}}{N}\tau\right)\right]^{-iw_{ip}}$$

(4.3-28)

令

$$c_{r}(t,\tau)=\prod_{p=1}^{\frac{N}{2}-1}c_{rp}(t,\tau)=\prod_{p=1}^{\frac{N}{2}-1}\left[s\left(t+\frac{w_{N,p}}{N}\tau\right)s^{-1}\left(t-\frac{w_{N,p}}{N}\tau\right)\right]^{w_{rp}}$$

$$c_{i}(t,\tau)=\prod_{p=1}^{\frac{N}{2}-1}c_{ip}(t,\tau)=\prod_{p=1}^{\frac{N}{2}-1}\left[s\left(t+\frac{w_{N,p}}{N}\tau\right)s^{-1}\left(t-\frac{w_{N,p}}{N}\tau\right)\right]^{-iw_{ip}}$$

将 $s(t)=Ae^{i\varphi(t)}$ 代入 $c_{rp}(t,\tau)$，并对其进行泰勒级数展开，可得

$$\begin{aligned}c_{rp}(t,\tau)&=A^{2}\exp\left[iw_{rp}\varphi\left(t+\frac{w_{N,p}}{N}\tau\right)-\varphi\left(t-\frac{w_{N,p}}{N}\tau\right)\right]\\&=A^{2}\exp\left\{2iw_{rp}\left[\varphi'(t)w_{rp}\frac{\tau}{N}+\varphi^{(3)}(t)(w_{rp}^{3}-3w_{rp}w_{ip}^{2})\frac{\tau^{3}}{3!\ N}+\cdots\right]\right\}\cdot\\&\quad\exp\left\{-2w_{rp}\left[\varphi'(t)w_{ip}\frac{\tau}{N}+\varphi^{(3)}(t)(3w_{rp}^{3}w_{ip}-w_{ip}^{3})\frac{\tau^{3}}{3!\ N}+\cdots\right]\right\}\end{aligned}$$

(4.3-29)

式(4.3-29)中第二个指数项的作用是对 $c_{rp}(t,\tau)$ 的幅度进行调制。由于具有指数形式，该指数项的数值可能很大，从而影响对 IF 的估计。为了保证 IF 的估计精度，保留第一个指数项，删除第二个指数项。可对 $c_{rp}(t,\tau)$ 进行如下修正：

$$c'_{rp}(t,\tau)=\exp\left\{iw_{rp}\,\mathrm{angle}\left[s\left(t+\frac{w_{N,p}}{N}\tau\right)s^{-1}\left(t-\frac{w_{N,p}}{N}\tau\right)\right]\right\}\tag{4.3-30}$$

其中，angle(·)表示取复数的相位角。修正的 $c'_{rp}(t,\tau)$ 相当于式(4.3-29)中的第一个指数项。用类似的方法可得到 $c_{ip}(t,\tau)$ 的修正形式为

$$c'_{ip}(t,\tau)=\exp\left\{-iw_{ip}\ln\left[s\left(t+\frac{w_{N,p}}{N}\tau\right)s^{-1}\left(t-\frac{w_{N,p}}{N}\tau\right)\right]\right\}\tag{4.3-31}$$

在前文中，计算复时间延迟项时采用傅里叶逆变换，见式(4.3-22)。为了消除 CTD 的交叉项，这里采用短时傅里叶变换 $V[t,\omega+\omega_q(t)]$ 代替频谱 $S(\omega)$，即

$$s\left(t\pm\frac{w_{N,p}}{N}\tau\right)=\int_{-W_q}^{W_q}V[t,\omega+\omega_q(t)]e^{i\omega\left(t\pm\frac{w_{N,p}}{N}\tau\right)}\,d\omega\tag{4.3-32}$$

其中 $\omega_q(t)=\arg[\max\limits_{\omega}V_q(t,\omega)]$，为第 q 个信号分量在 STFT 平面最大值处对应的瞬时频率。假设上述第 q 个信号分量的 STFT 分布在区域 $[\omega_q(t)-d_q,\omega_q(t)+d_q]$ 中，其中参数 d_q 表示谱宽度。那么，如果 d_q 小于两个信号分量间的距离，则交叉项将被完全抑制。

利用式(4.3-30)～式(4.3-32)对 $c(t,\tau)$ 进行修正，并利用 S-method 取代 WVD，可

以得到具有优良交叉项抑制能力的 CTD 实公式，如下：

$$\begin{aligned}T^{(N)}(t, \omega) &= M(t, \omega) *^{(\omega)} F_{\tau}[c'(t, \tau)] \\ &= M(t, \omega) *^{(\omega)} C'(t, \tau) \\ &= \int_{-\infty}^{\infty} p(\theta) M(t, \omega+\theta) C'(t, \omega-\theta) \mathrm{d}\theta\end{aligned} \tag{4.3-33}$$

其中，$p(\theta)$为窗函数，用于抑制由频域卷积造成的交叉项。$M(t, \omega)$表示 S-method。

图 4.3-2 给出了某一频率快速变化的单分量信号的谱图、WVD 和 CTD。从图中可以看出，由于信号频率变化较快，谱图的分辨率较低，WVD 的自交叉项干扰严重。而 CTD 明显改善了时频图的能量聚集性，特别是上述改进后的 CTD4 和 CTD6，进一步抑制了交叉项干扰。

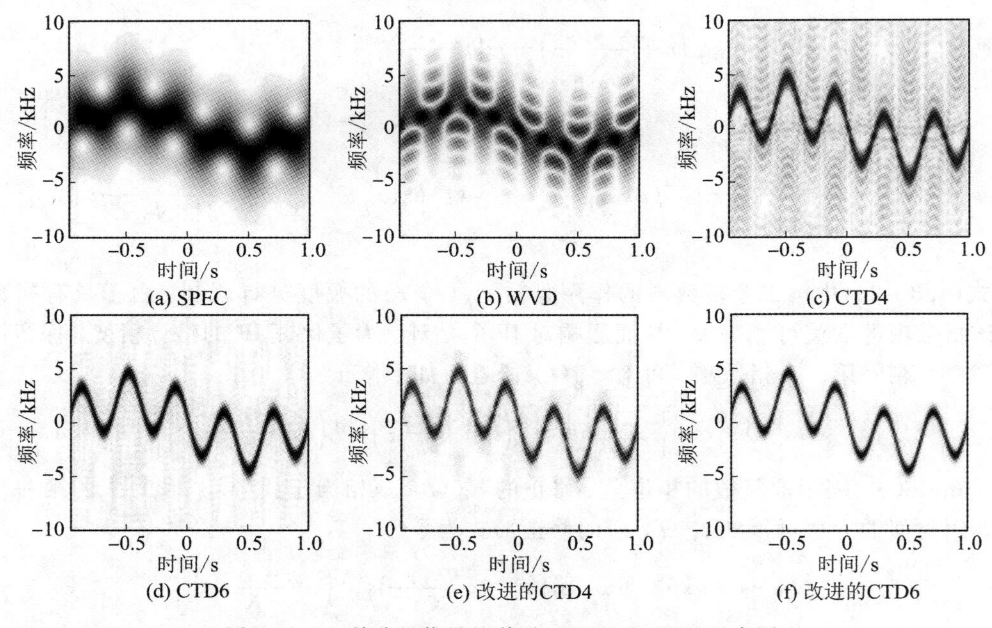

图 4.3-2　单分量信号的谱图、WVD 和 CTD 示意图

4.4　时频重排与时频聚集性评价

4.4.1　时频重排算法

时频重排(reassignment, RM)最初的目的是改善谱图的效果，Auger 等人将其进一步

发展为信号分析的一种后处理技术。时频重排的基本思想是对谱图中每一点的能量进行重新分配，由每一点局部范围内的谱重心代替最初的取值，提高时频聚集性。

任意信号 $f(x)$的谱图可表示为

$$|V_f^g(x,\omega)|^2=\frac{1}{2\pi}\int_{\mathbb{R}}\int_{\mathbb{R}}W_g(\tau,\eta)W_f(x-\tau,\omega-\eta)\mathrm{d}\tau\mathrm{d}\eta \tag{4.4-1}$$

其中，W_g 和 W_f 分别表示窗函数 $g(x)$和信号 $f(x)$的 WVD。

式(4.4-1)的具体证明如下：根据 WVD 定义式有

$$\begin{aligned}
&\frac{1}{2\pi}\int_{\mathbb{R}}\int_{\mathbb{R}}W_g(\tau,\eta)W_f(x-\tau,\omega-\eta)\mathrm{d}\tau\mathrm{d}\eta\\
&=\frac{1}{2\pi}\iiint\int_{\mathbb{R}}g\left(\tau+\frac{\mu}{2}\right)\overline{g\left(\tau-\frac{\mu}{2}\right)}f\left(x-\tau+\frac{v}{2}\right)\overline{f\left(x-\tau-\frac{v}{2}\right)}\mathrm{e}^{-\mathrm{i}\eta(\mu-v)-\mathrm{i}v\omega}\mathrm{d}\mu\mathrm{d}v\mathrm{d}\tau\mathrm{d}\eta\\
&=\frac{1}{2\pi}\iiint_{\mathbb{R}}g\left(\tau+\frac{\mu}{2}\right)\overline{g\left(\tau-\frac{\mu}{2}\right)}f\left(x-\tau+\frac{v}{2}\right)\overline{f\left(x-\tau-\frac{v}{2}\right)}\mathrm{e}^{-\mathrm{i}v\omega}2\pi\delta(\mu-v)\mathrm{d}\mu\mathrm{d}v\mathrm{d}\tau\\
&=\iint_{\mathbb{R}}g\left(\tau+\frac{v}{2}\right)\overline{g\left(\tau-\frac{v}{2}\right)}f\left(x-\tau+\frac{v}{2}\right)\overline{f\left(x-\tau-\frac{v}{2}\right)}\mathrm{e}^{-\mathrm{i}v\omega}\mathrm{d}v\mathrm{d}\tau
\end{aligned}$$

令 $a=\tau+\dfrac{v}{2}$，$b=\tau-\dfrac{v}{2}$，于是有

$$\tau=\frac{a+b}{2}$$

$$v=a-b$$

利用雅可比行列式，有

$$J=\begin{vmatrix}\dfrac{\partial\tau}{\partial a} & \dfrac{\partial\tau}{\partial b}\\[2mm] \dfrac{\partial v}{\partial a} & \dfrac{\partial v}{\partial b}\end{vmatrix}=\begin{vmatrix}0.5 & 0.5\\ 1 & -1\end{vmatrix}=-1$$

所以，$\mathrm{d}\tau\mathrm{d}v=|J|\mathrm{d}a\,\mathrm{d}b=\mathrm{d}a\,\mathrm{d}b$。于是可得

$$\int_{-\infty}^{\infty}\int_{-\infty}^{\infty}g(a)\overline{g(b)}f(x-b)\overline{f(x-a)}\mathrm{e}^{-\mathrm{i}(a-b)\omega}\mathrm{d}a\,\mathrm{d}b=|V_f^g(x,\omega)|^2$$

由式(4.4-1)可以看出，谱图可看作对 WVD 进行平滑处理的结果。平滑处理可以有效抑制交叉项的影响，增强 WVD 对多分量信号的表征能力，也减弱了时频聚集性。

为了提高时频聚集性，Auger 等人将局部能量分布 $W_g(\tau,\eta)W_f(x-\tau,\omega-\eta)$视为质量分布，将谱图中的每个点$(x,\omega)$移动到能量分布的质心，即$(\breve{x}_f(x,\omega),\breve{\omega}_f(x,\omega))$处。对给定的信号 $f(t)\in L^2(\mathbb{R})$，**谱图的质心**(也称为重分配算子)定义为

$$\breve{\omega}_f(x,\omega)=\omega-\frac{\displaystyle\int_{\mathbb{R}}\int_{\mathbb{R}}\eta W_g(\tau,\eta)W_f(x-\tau,\omega-\eta)\mathrm{d}\tau\mathrm{d}\eta}{\displaystyle\int_{\mathbb{R}}\int_{\mathbb{R}}W_g(\tau,\eta)W_f(x-\tau,\omega-\eta)\mathrm{d}\tau\mathrm{d}\eta} \tag{4.4-2}$$

$$\breve{x}_f(x, \omega)=x-\frac{\int_{\mathbb{R}}\int_{\mathbb{R}}\tau W_g(\tau, \eta)W_f(x-\tau, \omega-\eta)\mathrm{d}\tau\mathrm{d}\eta}{\int_{\mathbb{R}}\int_{\mathbb{R}}W_g(\tau, \eta)W_f(x-\tau, \omega-\eta)\mathrm{d}\tau\mathrm{d}\eta} \tag{4.4-3}$$

可以看出，重分配算子使用了 STFT 的相位信息。因此，对于满足 $V_f(x, \omega)\neq 0$ 的所有点(x, ω)，谱图的重分配算子又可以表示为

$$\breve{\omega}_f(x, \omega)=\omega+\partial_x\{\arg[V_f^g(x, \omega)]\} \tag{4.4-4}$$

$$\breve{x}_f(x, \omega)=-\partial_\omega\{\arg[V_f^g(x, \omega)]\} \tag{4.4-5}$$

其中，∂_x 和∂_ω 分别表示函数对于变量 x 和 ω 的偏导。

实际上，通常使用一种更为有效的重分配算子，即

$$\breve{\omega}_f(x, \omega)=\omega+\mathrm{Im}\left[\frac{V_f^{g'}(x, \omega)}{V_f^g(x, \omega)}\right] \tag{4.4-6}$$

$$\breve{x}_f(x, \omega)=x-\mathrm{Re}\left[\frac{V_f^{xg}(x, \omega)}{V_f^g(x, \omega)}\right] \tag{4.4-7}$$

其中，$V_f^{g'}(x, \omega)$和 $V_f^{xg}(x, \omega)$分别表示采用窗函数 g'和 xg 计算得到的 STFT；$\mathrm{Im}(z)$和 $\mathrm{Re}(z)$分别表示复数 z 的虚部和实部。

下面简要证明式(4.4-4)～式(4.4-7)之间的关系。由上述 STFT 与 WVD 之间的关系可知：

$$V_f^g(x, \omega)\overline{V_f^h(x, \omega)}=\frac{1}{2\pi}\int_{\mathbb{R}}\int_{\mathbb{R}}W_{g,h}(\tau, \eta)W_f(x-\tau, \omega-\eta)\mathrm{d}\tau\mathrm{d}\eta \tag{4.4-8}$$

于是，可以得到

$$\mathrm{Re}[V_f^{xg}(x, \omega)\overline{V_f^g(x, \omega)}]=\mathrm{Re}\left[\frac{1}{2\pi}\int_{\mathbb{R}}\int_{\mathbb{R}}W_{xg,g}(\tau, \eta)W_f(x-\tau, \omega-\eta)\mathrm{d}\tau\mathrm{d}\eta\right] \tag{4.4-9}$$

其中，$xg(x)$和 $g(x)$的互 WVD 可以表示为

$$\begin{aligned}W_{xg,g}(\tau, \eta)&=\int_{-\infty}^{\infty}\left(\tau+\frac{t}{2}\right)g\left(\tau+\frac{t}{2}\right)\overline{g\left(\tau-\frac{t}{2}\right)}\mathrm{e}^{-\mathrm{i}t\eta}\mathrm{d}t\\&=\tau W_g(\tau, \eta)+\int_{-\infty}^{\infty}\frac{t}{2}g\left(\tau+\frac{t}{2}\right)\overline{g\left(\tau-\frac{t}{2}\right)}\mathrm{e}^{-\mathrm{i}t\eta}\mathrm{d}t\end{aligned} \tag{4.4-10}$$

由 WVD 的性质可知，$\tau W_g(\tau, \eta)$是实函数，而被积函数$\frac{t}{2}g\left(\tau+\frac{t}{2}\right)\overline{g\left(\tau-\frac{t}{2}\right)}\mathrm{e}^{-\mathrm{i}t\eta}$ 是关于t 的共轭反对称函数，所以其积分值为 0。因此，可以得到

$$\{V_f^{xg}(x, \omega)\overline{V_f^g(x, \omega)}\}=\tau W_g(\tau, \eta) \tag{4.4-11}$$

进一步得到

$$\breve{x}_f(x, \omega)=x-\frac{\int_{\mathbb{R}}\int_{\mathbb{R}}\tau W_g(\tau, \eta)W_f(x-\tau, \omega-\eta)\mathrm{d}\tau\mathrm{d}\eta}{\int_{\mathbb{R}}\int_{\mathbb{R}}W_g(\tau, \eta)W_f(x-\tau, \omega-\eta)\mathrm{d}\tau\mathrm{d}\eta}$$

$$=x-\mathrm{Re}\left[\frac{V_f^{xg}(x, \omega)\overline{V_f^g(x, \omega)}}{|V_f^g(x, \omega)|^2}\right]$$

$$=x-\mathrm{Re}\left[\frac{V_f^{xg}(x, \omega)}{V_f^g(x, \omega)}\right]$$

类似地，可得

$$\breve{\omega}_f(x, \omega)=\omega+\mathrm{Im}\left[\frac{V_f^{g'}(x, \omega)}{V_f^g(x, \omega)}\right]$$

将复函数 $V_f^g(x, \omega)$写成 $A_f(x, \omega)\mathrm{e}^{\mathrm{i}\varphi_f(x, w)}$，并对 ω 求偏导，可得

$$\begin{aligned}\partial_\omega[V_f^g(x, \omega)]&=\partial_\omega[A_f(x, \omega)\mathrm{e}^{\mathrm{i}\varphi_f(x, w)}]\\&=[\partial_\omega A_f(x, \omega)]\mathrm{e}^{\mathrm{i}\varphi_f(x, w)}+\mathrm{i}\partial_\omega[\varphi_f(x, w)]V_f^g(x, \omega)\\&=\mathrm{i}V_f^{xg}(x, \omega)-\mathrm{i}xV_f^g(x, \omega)\end{aligned}$$

上式两边同时除以 $\mathrm{i}V_f^g(x, \omega)$，再取实部，可以发现式(4.4-5)和式(4.4-7)等价。同样地，也可以用类似的方法证明式(4.4-4)和式(4.4-6)等价。

最后，给出时频重排的定义。

定义 4.4.1　时频重排： 对于信号 $f(x)\in L^2(\mathbb{R})$，其谱图的时频重排定义为

$$\Theta_f(t, \xi)=\int_{\mathbb{R}}\int_{\mathbb{R}}|V_f^g(x, \omega)|^2\delta[t-\breve{x}_f(x, \omega)]\delta[\xi-\breve{\omega}_f(x, \omega)]\mathrm{d}x\mathrm{d}\omega \tag{4.4-12}$$

其中，(t, ξ)为重排后的时频坐标对。

下面介绍谱图时频重排的性质。

(1) **非双线性。**

由于重排后时频分布上每个点的值都通过式(4.4-2)和式(4.4-3)定义的重排算子来分配，而重排算子与信号本身有很大关系，导致双线性丢失。因此，重排之后的时频分布不再属于 Cohen 类，也不能进行信号的重构。

(2) **时频平移性。**

当对原信号进行时移或频移时，重排的结果也会进行相应的移动。对于 $y(x)=f(x-x_1)\mathrm{e}^{\mathrm{i}\omega_1 x}$，根据 WVD 的性质，可以得出

$$W_y(x, \omega)=W_f(x-x_1, \omega-\omega_1)$$

由重分配算子，可以得到

$$\breve{x}_y(x, \omega)=\breve{x}_f(x-x_1, \omega-\omega_1)+x_1$$
$$\breve{\omega}_y(x, \omega)=\breve{\omega}_f(x-x_1, \omega-\omega_1)+\omega_1$$

从而得到 $y(x)$的时频重排结果为

$$\Theta_y(t, \xi)=\Theta_f(t-x_1, \xi-\omega_1) \tag{4.4-13}$$

(3) **能量守恒。**

如果对平滑核函数进行能量归一，即满足：

$$\frac{1}{2\pi}\int_{\mathbb{R}}\int_{\mathbb{R}} W_g(x, \omega)\,\mathrm{d}x\,\mathrm{d}\omega=1$$

那么，存在如下能量守恒关系：

$$\frac{1}{2\pi}\iint\Theta_f(t, \xi)\,\mathrm{d}t\,\mathrm{d}\xi=\int|f(x)|^2\mathrm{d}x \tag{4.4-14}$$

(4) **信号局部化。**

利用时频重排，可以对线性调频信号和脉冲信号进行完美的局部化。例如，对于线性调频信号：

$$f(x)=A\mathrm{e}^{\mathrm{i}(\omega_1 x+\alpha x^2/2)}$$

其 WVD 可表示为

$$W_f(x, \omega)=2\pi A^2\delta(\omega-\omega_1-\alpha x)$$

从而得到重分配算子为

$$\breve{\omega}_f(x, \omega)=\omega_1+\alpha\breve{x}_f(x, \omega)$$

那么，时频重排结果为

$$\Theta_f(t, \xi)=\int_{\mathbb{R}}\int_{\mathbb{R}}|V_f^g(x, \omega)|^2\delta[t-\breve{x}_f(x, \omega)]\delta(\xi-\alpha t-\omega_1)\,\mathrm{d}x\,\mathrm{d}\omega \tag{4.4-15}$$

可以看出，时频重排对线性调频信号具有良好的处理结果。图 4.4－1 所示为两分量线性调频信号的时频重排结果。

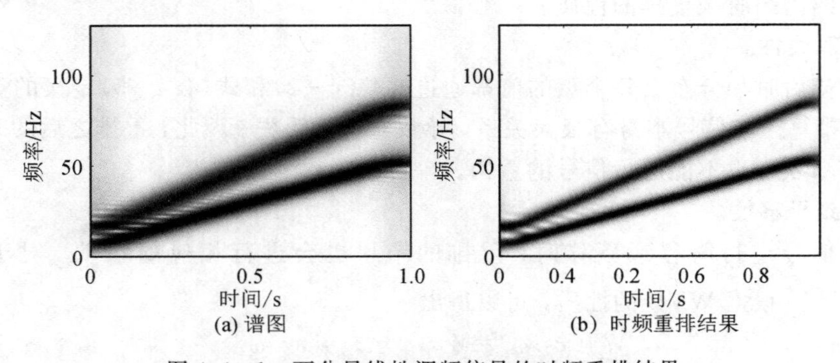

图 4.4－1　两分量线性调频信号的时频重排结果

4.4.2　时频聚集性评价方法

为了提高时频分布的能量聚集性，抑制交叉项干扰，并实现精确的瞬时频率估计，上述章节介绍了各种时频分布及其改进方法。如何客观评估时频分布的优劣，具有非常重要的理论意义和应用价值。

假设信号 $f(t)$ 的时频分布为 $D_f(x, \omega)$，且满足：

$$\frac{1}{2\pi}\int_{-\infty}^{\infty}\int_{-\infty}^{\infty} D_f(x, \omega)\mathrm{d}x\,\mathrm{d}\omega = E_f \tag{4.4-16}$$

其中，E_f 为信号能量。

假设当 $(x, \omega)\in \mathbf{A}_f$ 时，有 $P_f(x, \omega)\neq 0$，对于足够大的幂次 p，定义

$$\begin{cases} M_p = \int_{-\infty}^{\infty}\int_{-\infty}^{\infty} \mid P_f(x, \omega) \mid^{1/p} \mathrm{d}x\,\mathrm{d}\omega \\ S_f = \iint_{D_f(x, \omega)} 1\mathrm{d}x\,\mathrm{d}\omega \end{cases} \tag{4.4-17}$$

因此，可以将 M_p 和 S_f 作为时频图聚集性评价的量化标准。

对于信号 $s(t)$，当 $t\in[t_1, t_2]$ 时，$s(t)\neq 0$。设信号持续时间为 $d=t_2-t_1$，则满足

$$d = \lim_{p\to\infty}\int_{-\infty}^{\infty} \mid x(t) \mid^{1/p} \mathrm{d}t$$

考虑时频分布 $D_s(x, \omega)$ 的离散形式为 $D_s(n, k)$，定义如下时频聚集性准则：

$$\mu(D_s) \triangleq M_p^p = \left(\sum_{n=1}^{N}\sum_{k=1}^{K} \mid D_s(n, k) \mid^{1/p}\right)^p \tag{4.4-18}$$

其中，$p>1$，且 $D_s(n, k)$ 满足标准化无偏能量条件，即

$$\sum_{n=1}^{N}\sum_{k=1}^{K} D_s(n, k) = 1$$

假设 $D_s(n, k)>0$，当 $P_s(n, k)=1/(NK)$ 时，$\mu(D_s)$ 最大；当 $D_f(n, k)=\delta(n-n_0, k-k_0)$ 时，$\mu(D_s)$ 最小。显然，当分布近似为均匀分布时，时频聚集性最差；而当分布近似为冲激函数时，时频聚集性最好。

注意到，当 $p>1$ 时，$\mu(D_s)$ 并不是 $D_s(n, k)$ 的范数，不满足三角不等式。然而，当 $p<1$ 时，三角不等式成立，此时 $\mu(D_s)$ 的值越大代表时频聚集性越好。但是对于时频图存在交叉项干扰的情况，此时 $\mu(D_s)$ 将会变大，无法正确评价时频聚集性的优劣。

瑞利熵(Rényi entropy) 是实际应用中常见的一种时频聚集性评价方法。对于信号 $s(t)$ 和时频分布 $D_s(n, k)$，瑞利熵表示为

$$R_\alpha = \frac{1}{1-\alpha}\mathrm{lb}\left(\sum_{n=1}^{N}\sum_{k=1}^{K} \mid D_s(n, k) \mid^{\alpha}\right) \tag{4.4-19}$$

其中，α 为预先设定的参数，一般取 $\alpha\geqslant 2$。

当 $\alpha=2$ 时，时频分布中的交叉项会导致能量增加，从而得到聚集度高的错误结论。当 $\alpha=3$ 时，可能无法检测到交叉项的存在。因此，引入了**标准化瑞利熵**，即

$$R_{\alpha}^{E}=\frac{1}{1-\alpha}\mathrm{lb}\left(\frac{\sum_{n=1}^{N}\sum_{k=1}^{K}|D_s(n,k)|^{\alpha}}{\sum_{n=1}^{N}\sum_{k=1}^{K}|D_s(n,k)|}\right) \tag{4.4-20}$$

可以看出，式(4.4-20)利用信号能量对瑞利熵进行标准化，即归一化。这种归一化在各种时频分布存在能量偏差的情况下非常有效。

另外一种与瑞利熵非常类似的方法，是引入时频分布的范数。例如，用时频分布的 L_4 范数除以 L_2 范数的平方，即

$$M_{JP}=\frac{\sum_{n=1}^{N}\sum_{k=1}^{K}[D_s(n,k)]^{2}}{\left\{\sum_{n=1}^{N}\sum_{k=1}^{K}[D_s(n,k)]^{2}\right\}^{2}} \tag{4.4-21}$$

这种范数与统计学中的“峰度”类似。

本章小结

与前面章节的短时傅里叶变换和小波变换相比，时频分布一般要求具有真边缘特性，即对时频分布沿着频率或时间进行边缘积分，应分别等于原信号时域和频域能量分布。因此，时频分布又称为时频能量密度分布。本章首先介绍了二阶时频分布，包括 WVD、模糊函数和一般的 Cohen 类时频分布，重点讨论了二阶时频分布的性质。其次，针对类似高阶多项式相位的复杂非平稳信号，为了进一步抑制交叉项干扰并提升时频聚集性，介绍了高阶时频分布，包括 L 类 WVD 和复延迟时频分布，详细分析了交叉项抑制原理。最后，介绍了一种时频图后处理技术，即时频重排，通过对时频图中每一点的能量进行重新分配，显著提高了时频聚集性；同时，给出了时频聚集性评价的参考准则，为不同时频分布方法的性能评价提供了依据。

第 5 章　自适应时频分析

5.1　引　　言

在第 2 章中，根据不确定性原理，短时傅里叶变换的时间-频率二维分辨率取决于窗函数的选择，在整个时频平面都是固定的。在第 3 章中我们指出，小波变换在一定程度上解决了短时傅里叶变换存在的时间-频率二维分辨率单一的问题，提供了多尺度和多分辨分析方法，可以根据时频平面的特点，自适应地改变时频局部窗的大小，从而更好地针对低频和高频分量进行近似和重构。

然而，当窗函数或小波函数固定后，短时傅里叶变换和小波变换在整个时频平面的表示特性和能力也就确定了，无法适应非平稳信号自身的时频变化特性。以图 5.1－1 中的二分量正弦频率调制信号为例，图中给出了合成信号的实际波形和各个分量的真实瞬时频率。

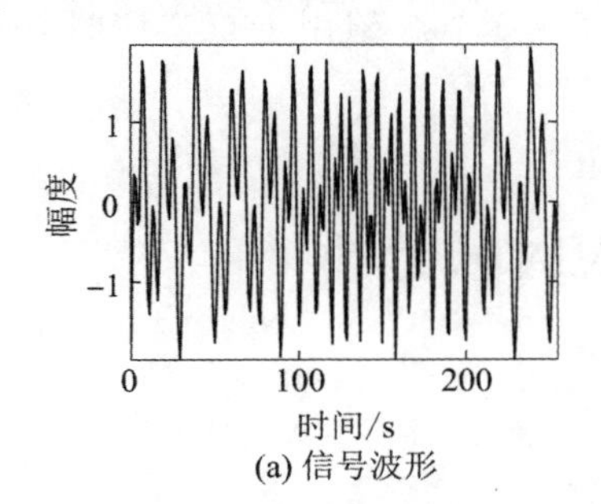

(a) 信号波形

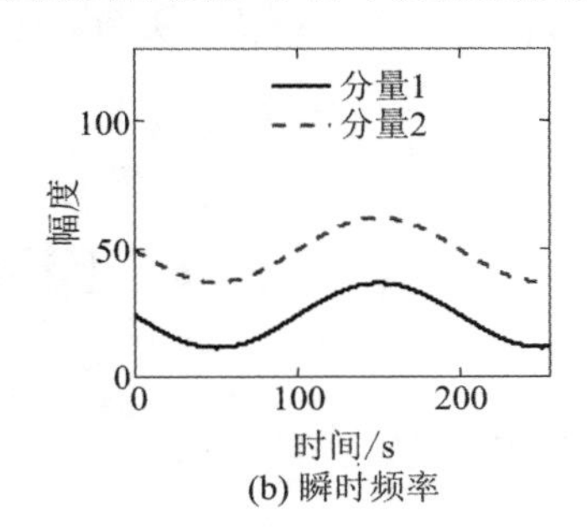

(b) 瞬时频率

图 5.1－1　二分量正弦频率调制信号示意图

采用第 3 章的 Morlet's 小波对该信号进行分析。这里，小波的傅里叶变换表达式为

$$\hat{\psi}(\xi)=\mathrm{e}^{-2\pi^2\sigma^2(\xi-\mu)^2}-\mathrm{e}^{-2\pi^2\sigma^2(\xi^2+\mu^2)} \tag{5.1-1}$$

其中，$\sigma>0$ 用于控制窗口宽度，$\mu>0$ 为位置参数。注意到，与式(3.4－9)不同的是，这里令 $\omega=2\pi\xi$，$\omega_0=2\pi\mu$。图 5.1－2 给出了上面二分量正弦频率调制信号的连续小波变换

(CWT)结果。其中，令位置参数 $\mu=\pi$ 为常数，考虑不同参数 σ 下的小波变换结果。

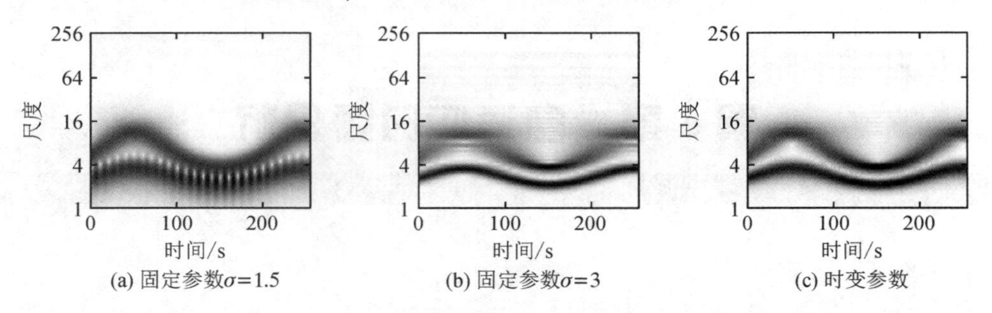

图 5.1-2　二分量正弦频率调制信号的连续小波变换结果示意图

从图中可以看出，若使用固定参数 $\sigma=1.5$，则对信号分量 1(频率较低分量，即上面曲线部分)具有较好的表示效果，但二分量产生了重叠现象；若使用固定参数 $\sigma=3$，则对信号分量 2(频率较高分量，即下面曲线部分)具有较好的表示效果，但分量 1 出现了模糊现象。实际上，对于复杂非平稳信号，无法找到一个固定的 σ，使得其对各个信号分量或信号的高低频部分，在各个时刻都具有清晰的表示。因此，可以考虑采用时变参数，即 $\sigma=\sigma(t)$，$\sigma(t)$应与信号局部瞬时频率变化相适应，从而提高整个时频平面的能量聚集性和分辨性能，如图 5.1-2(c) 所示。

本章主要内容安排如下：5.2 节介绍自适应时频分析，包括自适应小波变换和自适应短时傅里叶变换。5.3 节介绍自适应同步压缩变换，包括自适应同步压缩小波变换和自适应同步压缩短时傅里叶变换。为了进一步提升对非平稳信号的时频聚集性，5.4 节介绍二阶同步压缩变换和自适应二阶同步压缩。最后，5.5 节介绍用于自适应时频分析的时变参数估计方法。

5.2　自适应时频分析

5.2.1　自适应小波变换

针对非平稳多分量信号，母小波参数的选择(如上述 Morlet's 小波参数 σ)会直接影响 CWT 的时频聚集性。实际上，高频信号需要较窄的窗宽，即较小的 σ；相反，低频信号需要较大的窗宽，即较大的 σ。对于同一信号的高频段和低频段的分析和处理，其规律也是如此，以适应信号频率变化和时频能量聚集性的要求。很难找到一个合适的固定参数，使得信号在低频段和高频段的能量聚集性同时达到最好的效果。因此，本节介绍基于时变参数的连续小波变换，即**自适应连续小波变换**，简称为**自适应小波变换**。

本章仍以式(5.1－1)给出的 Morlet's 小波为例。可以看出，当 $\sigma=1$，$\mu=1$ 时，$e^{-2\sigma^2\pi^2(\xi^2+\mu^2)}\leqslant e^{-2\pi^2}=2.6753\times10^{-9}$。所以，在实际应用中第二项可以忽略。为了讨论方便，本书考虑使用简化的 Morlet's 小波形式，即

$$\psi_\sigma(t)=\frac{1}{\sigma}g\left(\frac{t}{\sigma}\right)e^{i2\pi\mu t} \tag{5.2-1}$$

其中，$g(t)$为标准高斯窗函数，即

$$g(t)=\frac{1}{\sqrt{2\pi}}e^{-\frac{t^2}{2}} \tag{5.2-2}$$

在实际中，将 $\psi_\sigma(t)$近似为解析小波，其傅里叶变换表示为

$$\hat{\psi}_\sigma(\xi)=\begin{cases}\hat{g}[\sigma(\xi-\mu)],\ \xi>0\\0,\ \xi\leqslant0\end{cases} \tag{5.2-3}$$

考虑时变参数，即 $\sigma=\sigma(t)$，信号 $x(t)$在时变参数 $\sigma(t)$下的 CWT 称为**自适应 CWT**，定义为

$$\begin{aligned}\widetilde{W}_x(a,b)=W_x[a,b,\sigma(b)]&=\int_{-\infty}^{\infty}x(t)\,\frac{1}{a}\overline{\psi_{\sigma(b)}\left(\frac{t-b}{a}\right)}\,dt\\&=\int_{-\infty}^{\infty}x(b+at)\,\frac{1}{\sigma(b)}\overline{g\left[\frac{t}{\sigma(b)}\right]}\,e^{-i2\pi\mu t}\,dt\end{aligned} \tag{5.2-4}$$

其中，$\sigma(b)$为正数。

自适应 CWT 在频域可表示为

$$\widetilde{W}_x(a,b)=\int_{-\infty}^{\infty}\hat{x}(\xi)\overline{\hat{\psi}_{\sigma(b)}(a\xi)}e^{i2\pi b\xi}d\xi \tag{5.2-5}$$

其中，傅里叶变换定义为

$$\hat{x}(\xi)=\int_{-\infty}^{\infty}x(t)e^{-i2\pi\xi t}dt \tag{5.2-6}$$

如果 $x(t)$为解析信号，对于 $a>0$，可得

$$\widetilde{W}_x(a,b)=\int_0^{\infty}\hat{x}(\xi)\overline{\hat{\psi}_{\sigma(b)}(a\xi)}e^{i2\pi b\xi}d\xi \tag{5.2-7}$$

对 $\widetilde{W}_x(a,b)$关于 a 进行积分，可得

$$\begin{aligned}\int_0^{\infty}\widetilde{W}_x(a,b)\frac{da}{a}&=\int_0^{\infty}\int_0^{\infty}\hat{x}(\xi)\overline{\hat{\psi}_{(b)}(a\xi)}e^{i2\pi b\xi}d\xi\frac{da}{a}=\int_0^{\infty}\hat{x}(\xi)e^{i2\pi b\xi}\int_0^{\infty}\overline{\hat{\psi}_{(b)}(a\xi)}\frac{da}{a}d\xi\\&=\int_0^{\infty}\hat{x}(\xi)e^{i2\pi b\xi}d\xi\int_0^{\infty}\overline{\hat{\psi}_{(b)}(a\xi)}\frac{da}{a}=\int_0^{\infty}\overline{\hat{\psi}_{(b)}(a)}\frac{da}{a}\int_0^{\infty}\hat{x}(\xi)e^{i2\pi b\xi}d\xi\\&=C_\psi(b)x(b)\end{aligned} \tag{5.2-8}$$

所以，信号 $x(t)$(也写为 $x(b)$)的重构公式为

$$x(b)=\frac{1}{C_{\psi}(b)}\int_{0}^{\infty}\widetilde{W}_{x}(a,\ b)\frac{\mathrm{d}a}{a} \tag{5.2-9}$$

其中，$C_{\psi}(b)$表示为

$$C_{\psi}(b)=\int_{0}^{\infty}\overline{\hat{\psi}_{\sigma(b)}(\xi)}\frac{\mathrm{d}\xi}{\xi} \tag{5.2-10}$$

如果 $x(t)$是实信号，则有 $\overline{\hat{x}(\xi)}=\hat{x}(-\xi)$，因此

$$\int_{-\infty}^{0}\hat{x}(\xi)\mathrm{e}^{\mathrm{i}2\pi b\xi}\mathrm{d}\xi=\int_{0}^{\infty}\hat{x}(-\xi)\mathrm{e}^{-\mathrm{i}2\pi b\xi}\mathrm{d}\xi=\overline{\int_{0}^{\infty}\hat{x}(\xi)\mathrm{e}^{\mathrm{i}2\pi b\xi}\mathrm{d}\xi} \tag{5.2-11}$$

所以

$$\begin{aligned}x(b)&=\int_{-\infty}^{\infty}\hat{x}(\xi)\mathrm{e}^{\mathrm{i}2\pi b\xi}\mathrm{d}\xi=\int_{0}^{\infty}\hat{x}(\xi)\mathrm{e}^{\mathrm{i}2\pi b\xi}\mathrm{d}\xi+\int_{-\infty}^{0}\hat{x}(\xi)\mathrm{e}^{\mathrm{i}2\pi b\xi}\mathrm{d}\xi\\&=2\mathrm{Re}\left[\int_{0}^{\infty}\hat{x}(\xi)\mathrm{e}^{\mathrm{i}2\pi b\xi}\mathrm{d}\xi\right]\end{aligned} \tag{5.2-12}$$

再根据式(5.2-8)和式(5.2-12)，可得

$$x(b)=\mathrm{Re}\left[\frac{2}{C_{\psi}(b)}\int_{0}^{\infty}\widetilde{W}_{x}(a,\ b)\frac{\mathrm{d}a}{a}\right] \tag{5.2-13}$$

基于自适应 CWT，式(5.2-9)和式(5.2-13)分别给出了解析信号和实信号的还原公式。

5.2.2 自适应短时傅里叶变换

对于信号 $x(t)\in L^{1}(\mathbb{R})$，在窗函数 $g(t)\in L^{2}(\mathbb{R})$下的 STFT 定义为

$$V_{x}(t,\ \xi)=\int_{\mathbb{R}}[x(\tau+t)g(\tau)]\mathrm{e}^{-\mathrm{i}2\pi\xi\tau}\mathrm{d}\tau \tag{5.2-14}$$

STFT 也可通过频域进行计算，即

$$V_{x}(t,\ \xi)=\int_{\mathbb{R}}\hat{x}(\eta)\hat{g}(\xi-\eta)\mathrm{e}^{\mathrm{i}2\pi\eta t}\mathrm{d}\eta \tag{5.2-15}$$

由 2.3 节中的不确定性原理可知，时频分析无法同时在时间和频率上达到任意的分辨精度，因此，将时宽与带宽的乘积作为衡量窗函数性能的重要指标。为了简化分析，本节同样以高斯窗函数为例。注意到，高斯窗函数具有最小的时宽带宽积，即最优的时频分辨性能。

对于式(5.2-2)中的标准高斯函数 $g(t)$，定义如下通用高斯窗函数：

$$g_{\sigma}(t)=\frac{1}{\sigma}g\left(\frac{t}{\sigma}\right) \tag{5.2-16}$$

其中，$\sigma>0$ 是控制窗函数宽度的参数。假设 $g(t)$的窗宽为 Δ_{g}，则 $g_{\sigma}(t)$的窗宽为 $\Delta_{g_{\sigma}}=\sigma\Delta_{g}$。

于是，对于信号 $x(t)\in L^1(\mathbb{R})$，其**自适应短时傅里叶变换(自适应 STFT)**定义为

$$\widetilde{V}_x(t,\xi)=V_x[t,\xi,\sigma(t)]=\int_{\mathbb{R}} s(t+\tau)g_{\sigma(t)}(\tau)\mathrm{e}^{-\mathrm{i}2\pi\xi\tau}\mathrm{d}\tau \tag{5.2-17}$$

其中，$\sigma(t)$是关于时间 t 的函数。

基于式(5.2－6)中的傅里叶变换，上述自适应 STFT 可在频域表示为，

$$\begin{aligned}\widetilde{V}_x(t,\xi)&=\int_{\mathbb{R}} \hat{x}(\eta)\hat{g}_{\sigma(t)}(\xi-\eta)\mathrm{e}^{\mathrm{i}2\pi\xi\eta}\mathrm{d}\eta\\&=\int_{\mathbb{R}} \hat{x}(\eta)\hat{g}[\sigma(t)\xi-\eta]\mathrm{e}^{\mathrm{i}2\pi\xi\eta}\mathrm{d}\eta\end{aligned} \tag{5.2-18}$$

与自适应 CWT 类似，可以由自适应 STFT 恢复原信号 $x(t)$。针对复解析信号和实信号的还原公式分别表示为

$$x(t)=\frac{1}{g(0)}\int_{-\infty}^{\infty}\widetilde{V}_x(t,\xi)\mathrm{d}\xi \tag{5.2-19}$$

$$x(t)=\frac{2\sigma(t)}{g(0)}\mathrm{Re}\left[\int_{0}^{\infty}\widetilde{V}_x(t,\xi)\mathrm{d}\xi\right] \tag{5.2-20}$$

5.3　自适应同步压缩变换

5.3.1　自适应同步压缩小波变换

首先，回顾小波变换的定义，利用 Parseval 公式，信号 $s(t)$的小波变换可以表示为

$$W_s(a,b)=\int_{-\infty}^{\infty}\hat{s}(\xi)\overline{\hat{\psi}(a\xi)}\mathrm{e}^{\mathrm{i}2\pi b\xi}\mathrm{d}\xi \tag{5.3-1}$$

其中，$\hat{s}(\xi)$和 $\hat{\psi}(\xi)$分别是信号 $s(t)$和小波函数 $\psi(t)$的傅里叶变换。

以单频信号 $s(t)=A\mathrm{e}^{\mathrm{i}2\pi ct}$ 为例，其 CWT 的结果为

$$W_s(a,b)=\int_{-\infty}^{\infty}\hat{s}(\xi)\overline{\hat{\psi}(a\xi)}\mathrm{e}^{\mathrm{i}2\pi b\xi}\mathrm{d}\xi=A\overline{\hat{\psi}(ac)}\mathrm{e}^{\mathrm{i}2\pi bc} \tag{5.3-2}$$

其中，常数 $c\neq 0$ 为信号 $s(t)$的频率。如果 $\hat{\psi}(\xi)$集中在其分布中心 $\xi=\xi_0$ 附近，那么小波变换结果 $W_s(a,b)$就会集中在时间-尺度平面 $a=\frac{\xi_0}{c}$附近。结合式(5.3－2)，可以得到

$$\omega_s(a,b)=-\mathrm{i}\frac{\partial}{\partial b}W_s(a,b)[2\pi W_s(a,b)]^{-1}=c$$

其中，$\omega_s(a,b)$称为 CWT 的相位变换或参考频率。可以看出，对于单频信号，其参考频率正好等于信号的频率 c，与坐标(a,b)无关。

因此，考虑将时间-尺度平面上的点映射到时频平面上，即$(b, a)\to(b, \omega_s(a, b))$，从而极大地提高时频分析的能量聚集性。

结合上述分析，对于任意信号$s(t)$，**参考频率**定义为

$$\omega_s(a, b)=-\mathrm{i}[2\pi W_s(a, b)]^{-1}\frac{\partial}{\partial b}W_s(a, b), W_s(a, b)\neq 0 \tag{5.3-3}$$

进一步，**同步压缩变换(synchrosqueezing transform，SST)**定义为

$$T_s(\xi, b)=\int_{\{a\in\mathbb{R}_+: W_s(a, b)\neq 0\}} W_s(a, b)\delta[\omega_s(a, b)-\xi]\frac{\mathrm{d}a}{a} \tag{5.3-4}$$

其中，δ(·)为冲激函数。

从算法实现的角度出发，利用一个快速衰减函数$h(\cdot)$代替冲激函数δ(·)，可得到同步压缩变换的另一种形式，即

$$T_s(\xi, b)=\int_{\{a\in\mathbb{R}_+: W_s(a, b)\neq 0\}} W_s(a, b)h[\omega_s(a, b)-\xi]\frac{\mathrm{d}a}{a} \tag{5.3-5}$$

其中，$h(\cdot)$为偶函数，$h(0)\geqslant|h(t)|$且$\int_{\mathbb{R}}h(t)\mathrm{d}t=1$。

对式(5.3-1)给出的CWT进行如下积分运算：

$$\begin{aligned}\int_0^\infty W_s(a, b)a^{-1}\mathrm{d}a&=\int_{-\infty}^\infty\int_0^\infty \hat{s}(\xi)\overline{\hat{\psi}(a\xi)}\mathrm{e}^{\mathrm{i}2\pi b\xi}a^{-1}\mathrm{d}a\,\mathrm{d}\xi\\&=\int_0^\infty\int_0^\infty \hat{s}(\xi)\overline{\hat{\psi}(a\xi)}\mathrm{e}^{\mathrm{i}2\pi b\xi}a^{-1}\mathrm{d}a\,\mathrm{d}\xi\\&=\int_0^\infty\overline{\hat{\psi}(\xi)}\xi^{-1}\mathrm{d}\xi\cdot\int_0^\infty\hat{s}(\zeta)\mathrm{e}^{\mathrm{i}2\pi b\zeta}\mathrm{d}\zeta\end{aligned} \tag{5.3-6}$$

假设$C_\psi=\int_0^\infty\overline{\hat{\psi}(\xi)}\xi^{-1}\mathrm{d}\xi$，可以得到

$$s(b)=\frac{1}{C_\psi}\int_0^\infty W_s(a, b)a^{-1}\mathrm{d}a \tag{5.3-7}$$

结合式(5.3-4)和式(5.3-7)，可得

$$s(b)=\frac{1}{C_\psi}\int_0^\infty T_x(\xi, b)\mathrm{d}\xi \tag{5.3-8}$$

可以看出，信号$s(t)$可由SST重构得到。换言之，与CWT类似，SST具有反变换，可以由其恢复出原始信号。

接下来，考虑多分量信号模型。为了方便后续分析，这里给出一种本征模式类函数(IMF)和多分量信号模型的数学定义。

定义5.3.1 本征模式类函数：对于满足$f:\mathbb{R}\to\mathbb{C}$，$f\in L^\infty(\mathbb{R})$的连续函数$f(t)=A(t)\mathrm{e}^{\mathrm{i}2\pi\varphi(t)}$，如果$f(t)$的幅度$A$和相位$\varphi$符合以下条件：

$$
\begin{cases}
A(t)\in C^1(\mathbb{R})\cap L_\infty(\mathbb{R}),\ A(t)>0,\ t\in\mathbb{R} \\
\varphi\in C^2(\mathbb{R}),\ \inf\limits_{t\in\mathbb{R}}\varphi'(t)>0,\ \sup\limits_{t\in\mathbb{R}}\varphi'(t)<\infty \\
|A(t+\tau)-A(t)|\leqslant\varepsilon_1|\tau|A(t),\ \varepsilon_1>0 \\
|\varphi''(t)|\leqslant\varepsilon_2,\ \varepsilon_2>0
\end{cases}
\tag{5.3-9}
$$

其中，ε_1 和 ε_2 为大于零的常数。那么，称 $f(t)$ 为本征模式类函数。

当 ε_1 和 ε_2 足够小时，相对于信号 $f(t)$ 本身，其瞬时幅度 $A(t)$ 和瞬时频率 $\varphi'(t)$ 都是缓慢变化的函数。基于上述本征模式类函数的定义，构造**多分量信号(multi-component signal，MCS)模型**如下：

$$
f(t)=\sum_{k=1}^{K}f_k(t)=\sum_{k=1}^{K}A_k(t)\mathrm{e}^{\mathrm{i}\varphi_k(t)}
\tag{5.3-10}
$$

其中，每个信号分量 $f_k(t)$，$k=1, 2, \cdots, K$，均满足上述本征模式类函数的定义，且满足 $\varphi'_{k+1}(t)>\varphi'_k(t)$，$k=1, 2, \cdots, K-1$。

定义 5.3.1 保证了每个信号分量都是“窄带”信号。这些信号分量的瞬时频率不存在交叉现象，且满足良好可分条件。在此基础上，同步压缩变换对每个信号分量都具有较高的时频能量聚集性。关于良好可分的条件、多分量信号还原和相关证明将在第 6 章进行详细论述。

下面以二分量单频信号 $r(t)$ 为例，分析其参考频率和同步压缩结果，其信号表达式为

$$
r(t)=r_1(t)+r_2(t)=\cos\left[(2\pi(5t)\right]+2\cos\left[2\pi(25t)\right]
$$

图 5.3-1 给出了该信号的 CWT、参考频率 $\omega_r(a, b)$ 和 SST 结果。这里采用 Morlet's 小波，参数为 $\sigma=1$，$\mu=1$。可以看出，图 5.3-1 (a)中，从左到右两个区域分别代表 $r_1(t)$ 和 $r_2(t)$ 的 CWT，具有较好的分离性。通过图 5.3-1(b)中估计的参考频率，对图 5.3-1(a)所示的 CWT 进行同步压缩，可以得到如图 5.3-1(c)所示的 SST 结果。从图中可以看出，SST 的结果具有优异的时频聚集性。

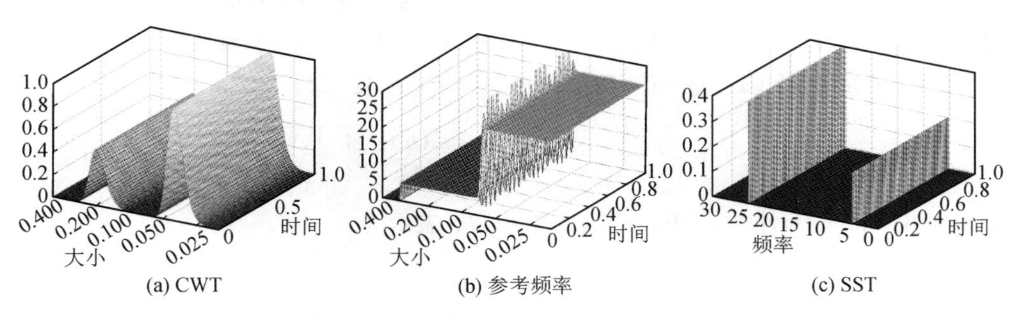

图 5.3-1　二分量信号的同步压缩小波变换示意图

接下来，在上述自适应小波变换和同步压缩小波变换的基础上，定义自适应同步压缩小波。首先，考虑使用如下窗函数：

$$g_2(t)=tg'(t) \tag{5.3-11}$$

其中，$g'(t)$为$g(t)$的导数。

用$g_2(t)$代替式(5.2-4)自适应小波变换中的$g(t)$，可得如下小波变换：

$$\begin{aligned}\widetilde{W}_x^{g_2}(a, b)&=\int_{-\infty}^{\infty} x(b+at)\frac{1}{\sigma(b)}\overline{g_2\left[\frac{t}{\sigma(b)}\right]}\mathrm{e}^{-\mathrm{i}2\pi\mu t}\mathrm{d}t\\&=\int_{-\infty}^{\infty} x(b+at)\frac{t}{\sigma^2(b)}\overline{g'\left[\frac{t}{\sigma(b)}\right]}\mathrm{e}^{-\mathrm{i}2\pi\mu t}\mathrm{d}t\end{aligned} \tag{5.3-12}$$

可以看出，与小波变换$\widetilde{W}_x^{g_2}(a, b)$对应的小波函数为

$$\psi_\sigma(t)=\frac{t}{\sigma^2}g'\left(\frac{t}{\sigma}\right)\mathrm{e}^{\mathrm{i}2\pi\mu t} \tag{5.3-13}$$

接下来，考虑单频信号$x(t)=A\mathrm{e}^{\mathrm{i}2\pi ct}$，其自适应CWT为

$$\widetilde{W}_x(a, b)=\int_{-\infty}^{\infty} x(b+at)\overline{\psi_{\sigma(b)}(t)}\mathrm{d}t=A\int_{-\infty}^{\infty}\mathrm{e}^{\mathrm{i}2\pi c(b+at)}\frac{1}{\sigma(b)}\overline{g\left[\frac{t}{\sigma(b)}\right]}\mathrm{e}^{-\mathrm{i}2\pi\mu t}\mathrm{d}t \tag{5.3-14}$$

对式(5.3-14)两边求偏导，并结合式(5.2-4)和式(5.3-12)，可得

$$\partial_b\widetilde{W}_x(a, b)=\mathrm{i}2\pi c\widetilde{W}_x(a, b)-\frac{\sigma'(b)}{\sigma(b)}\widetilde{W}_x(a, b)-\frac{\sigma'(b)}{\sigma(b)}\widetilde{W}_x^{g_2}(a, b) \tag{5.3-15}$$

如果$\widetilde{W}_x(a, b)\neq 0$，可得

$$\frac{\partial_b\widetilde{W}_x(a, b)}{\mathrm{i}2\pi\widetilde{W}_x(a, b)}=c-\frac{\sigma'(b)}{\mathrm{i}2\pi\sigma(b)}-\frac{\sigma'(b)}{\sigma(b)}\frac{\widetilde{W}_x^{g_2}(a, b)}{\mathrm{i}2\pi\widetilde{W}_x(a, b)} \tag{5.3-16}$$

对式(5.3-16)进行整理，可得

$$c=\mathrm{Re}\left[\frac{\partial_b\widetilde{W}_x(a, b)}{\mathrm{i}2\pi\widetilde{W}_x(a, b)}\right]+\frac{\sigma'(b)}{\sigma(b)}\mathrm{Re}\left[\frac{\widetilde{W}_x^{g_2}(a, b)}{\mathrm{i}2\pi\widetilde{W}_x(a, b)}\right] \tag{5.3-17}$$

可以看出，式(5.3-17)的右侧c正好是信号的$x(t)=A\mathrm{e}^{\mathrm{i}2\pi ct}$的真实IF。因此，对于一般的信号$s(t)$，如果$W_s(a, b)\neq 0$，**相位变换**$\omega_s^{\mathrm{adp}}(a, b)$定义为

$$\omega_s^{\mathrm{adp}}(a, b)=\mathrm{Re}\left[\frac{\partial_b\widetilde{W}_x(a, b)}{\mathrm{i}2\pi\widetilde{W}_x(a, b)}\right]+\frac{\sigma'(b)}{\sigma(b)}\mathrm{Re}\left[\frac{\widetilde{W}_x^{g_2}(a, b)}{\mathrm{i}2\pi\widetilde{W}_x(a, b)}\right] \tag{5.3-18}$$

如果采用Morlet's小波，即$g(t)$为高斯函数，表示为

$$g(t)=\frac{1}{\sqrt{2\pi}}\mathrm{e}^{-\frac{t^2}{2}} \tag{5.3-19}$$

那么，由式(5.3-12)和式(5.3-13)，可得

$$\widetilde{W}_s^{g_2}(a, b)=A[4\pi^2\sigma^2(b)(ac-\mu)^2-1]\mathrm{e}^{-2\pi^2\mu^2(b)(\xi-\mu)^2}\mathrm{e}^{\mathrm{i}2\pi bc}$$
$$=[4\pi^2\sigma^2(b)(ac-\mu)^2-1]\widetilde{W}_x(a, b) \tag{5.3-20}$$

因此

$$\frac{\widetilde{W}_s^{g_2}(a, b)}{\mathrm{i}2\pi\widetilde{W}_s(a, b)}=\frac{1}{\mathrm{i}2\pi}[4\pi^2\sigma^2(b)(ac-\mu)^2-1] \tag{5.3-21}$$

由此可知，式(5.3-18)中的第二项为 0，所以，**相位变换**可以改写为

$$\omega_s^{\mathrm{adp}}(a, b)=\mathrm{Re}\left[\frac{\partial_b W_s(a, b)}{\mathrm{i}2\pi W_s(a, b)}\right] \tag{5.3-22}$$

于是，信号 $s(t)$的**自适应同步压缩变换(自适应 SST)**定义为

$$T_s^{\mathrm{adp}}(\xi, b)=T_s[\xi, b, \sigma(b)]:=\int_{\{a\in\mathbb{R}_+:\widetilde{W}_s(a, b)\neq 0\}}\widetilde{W}_s(a, b)\delta[\omega_s^{\mathrm{adp}}(a, b)-\xi]\frac{\mathrm{d}a}{a} \tag{5.3-23}$$

与自适应 SST 对应的**信号还原公式**为

$$s(b)=\frac{1}{C_\psi(b)}\int_0^\infty T_s^{\mathrm{adp}}(\xi, b)\mathrm{d}\xi \tag{5.3-24}$$

对于多分量信号，第 k 个分量 $s_k(b)$的还原公式为

$$s_k(b)\approx\mathrm{Re}\left[\frac{2}{C_\psi(b)}\int_{|\xi-\varphi_k'(b)|<\Gamma_2}T_s^{\mathrm{adp}}(\xi, b)\mathrm{d}\xi\right] \tag{5.3-25}$$

其中，$\Gamma_2>0$。

5.3.2 自适应同步压缩短时傅里叶变换

同步压缩变换适合于各类线性时频变换，除了小波变换外，也可以应用于短时傅里叶变换(STFT)、S 变换等。对于给定的信号 $s(t)\in L^1(\mathbb{R})$和窗函数 $g(t)\in L^2(\mathbb{R})$，$s(t)$的 STFT 定义为

$$V_s(t, \eta)=\int_{-\infty}^{\infty}s(\tau)g(\tau-t)\mathrm{e}^{-\mathrm{i}2\pi\eta(\tau-t)}\mathrm{d}\tau=\int_{-\infty}^{\infty}s(t+\tau)g(\tau)\mathrm{e}^{-\mathrm{i}2\pi\eta\tau}\mathrm{d}\tau \tag{5.3-26}$$

其中，t 和 η 分别为时间和频率变量。

与上述 SST 类似，这里给出同步压缩短时傅里叶变换的定义。首先，对于信号 $s(t)\in L^1(\mathbb{R})$，如果 $V_s(t, \eta)\neq 0$，那么 $s(t)$的**参考频率(或相位变换)**定义为

$$\omega_s(t, \eta)=-\mathrm{i}\frac{1}{2\pi V_s(t, \eta)}\frac{\partial}{\partial t}V_s(t, \eta) \tag{5.3-27}$$

于是，**同步压缩短时傅里叶变换(STFT-based synchrosqueezing transform，FSST)**定义为

$$R_s(t, \xi)=\int_{\{\zeta:V_s(t, \zeta)\neq 0\}}V_s(t, \zeta)\delta[\omega_s(t, \zeta)-\xi]\mathrm{d}\zeta \tag{5.3-28}$$

其中，t 和 ξ 分别为时间和频率变量。

为了便于理解，给定一个固定时刻 t_1，如果 $\omega_s(t_1, \xi_1)=\omega_s(t_1, \xi_2)=\cdots=\omega_s(t_1, \xi_n)=a$，那么

$$R_s(t, a)=V_s(t_1, \xi_1)+V_s(t_1, \xi_2)+\cdots+V_s(t_1, \xi_n)$$

遍历所有时刻，得到的集合即为 FSST 的结果。

由式(5.3-26)和式(5.3-28)可知，信号 $s(t)$ 也可以由其 FSST 进行还原。对于 $s(t)\in L^2(\mathbb{R})$，假设 $g(t)\in L^2(\mathbb{R})$，且 $g(0)\neq 0$，则有

$$s(t)=\frac{1}{g(0)}\int_{-\infty}^{\infty} R_s(t, \xi)\mathrm{d}\xi \tag{5.3-29}$$

如果 $s(t)$ 和 $g(t)$ 均为实值函数，那么上面的还原公式可以改写为

$$s(t)=\frac{2}{g(0)}\mathrm{Re}\left[\int_0^{\infty} R_s(t, \xi)\mathrm{d}\xi\right] \tag{5.3-30}$$

设 $h(t)\in L^1(\mathbb{R})$ 是一个能量归一化函数，在 $\mathbb{R}$ 上连续且紧支撑，$h(\cdot)$ 为偶函数，$h(0)\geqslant|h(t)|$，$h(t)\geqslant 0$。考虑到噪声，以及多分量信号之间的相互干扰，给定阈值 $\gamma>0$ 和精度 $\lambda>0$，信号 $s(t)$ 的**同步压缩短时傅里叶变换**也可以表示为

$$R_s^{\lambda,\gamma}(t, \xi)=\int_{\{\zeta:\ |V_s(t,\zeta)|>\gamma\}} V_s(t, \zeta)\frac{1}{\lambda}h\left[\frac{\xi-\omega_s(t, \zeta)}{\lambda}\right]\mathrm{d}\zeta \tag{5.3-31}$$

可以看出，当 $\gamma\to 0$，$\lambda\to 0$ 时，式(5.3-31)和式(5.3-28)是等价的。

根据 5.2 节中自适应 STFT 的定义，对于单频信号 $x(t)=A\mathrm{e}^{\mathrm{i}2\pi ct}$，幅度 A 和频率 c 为常数，其自适应 STFT 可表示为

$$\begin{aligned}\widetilde{V}_x(t, \xi)&=\int_{\mathbb{R}} x(\tau+t)g_{\sigma(t)}(\tau)\mathrm{e}^{-\mathrm{i}2\pi\xi\tau}\mathrm{d}\tau\\&=\int_{\mathbb{R}} A\mathrm{e}^{\mathrm{i}2\pi c(\tau+t)}\frac{1}{\sigma(t)}g\left[\frac{\tau}{\sigma(t)}\right]\mathrm{e}^{-\mathrm{i}2\pi\xi\tau}\mathrm{d}\tau\end{aligned} \tag{5.3-32}$$

两端分别对 t 求偏导，可得

$$\partial_t\widetilde{V}_x(t, \xi)=\mathrm{i}2\pi c\widetilde{V}_x(t, \xi)-\frac{\sigma'(t)}{\sigma(t)}\widetilde{V}_x(t, \xi)-\frac{\sigma'(t)}{\sigma(t)}\widetilde{V_x^{g_2}}(t, \xi) \tag{5.3-33}$$

其中，$\widetilde{V_x^{g_2}}(t, \xi)$ 表示信号 $x(t)$ 在窗函数 $g_2(t)=\frac{\tau}{\sigma^2(t)}g'\left[\frac{\tau}{\sigma(t)}\right]$ 下的自适应 STFT。

如果 $\widetilde{V}_x(t, \xi)\neq 0$，那么式(5.3-33)可以改写为

$$\frac{\partial_t\widetilde{V}_x(t, \xi)}{2\pi\mathrm{i}\widetilde{V}_x(t, \xi)}=c-\frac{\sigma'(t)}{2\pi\mathrm{i}\sigma(t)}-\frac{\sigma'(t)}{\sigma(t)}\frac{\widetilde{V_x^{g_2}}(t, \xi)}{2\pi\mathrm{i}\widetilde{V}_x(t, \xi)} \tag{5.3-34}$$

于是，信号 $x(t)$ 的瞬时频率可以表示为

$$c=\mathrm{Re}\left[\frac{\partial_t\widetilde{V}_x(t, \xi)}{2\pi\mathrm{i}\widetilde{V}_x(t, \xi)}\right]+\frac{\sigma'(t)}{\sigma(t)}\mathrm{Re}\left[\frac{\widetilde{V_x^{g_2}}(t, \xi)}{2\pi\mathrm{i}\widetilde{V}_x(t, \xi)}\right] \tag{5.3-35}$$

因此，对于一般信号 $s(t)\in L^1(\mathbb{R})$，可以利用式(5.3-35)估计信号参考频率，即

$$\omega_s^{\text{adp}}(t,\xi)=\text{Re}\left[\frac{\partial_t\widetilde{V}_s(t,\xi)}{2\pi\text{i}\widetilde{V}_s(t,\xi)}\right]+\frac{\sigma'(t)}{\sigma(t)}\text{Re}\left[\frac{\widetilde{V_s^{g_2}}(t,\xi)}{2\pi\text{i}\widetilde{V}_s(t,\xi)}\right],\ V_s(t,\xi)\neq 0 \quad (5.3-36)$$

基于上述推导，信号 $s(t)$ 的**自适应同步压缩短时傅里叶变换(自适应 FSST)**定义为

$$R_s^{\text{adp}}(t,\xi)=\int_{\{\xi:\widetilde{V}_s(t,\xi)\neq 0\}}\widetilde{V}_s(t,\xi)\delta[\omega_s(t,\xi)-\omega]\text{d}\xi \quad (5.3-37)$$

同理，与**自适应 FSST** 对应的**信号还原公式**为

$$s(t)=\frac{\sigma(t)}{g(0)}\int_0^{\infty}R_s^{\text{adp}}(t,\xi)\text{d}\xi \quad (5.3-38)$$

对于多分量信号，第 k 个分量 $s_k(t)$ 的还原公式为

$$s_k(t)\approx\frac{\sigma(t)}{g(0)}\int_{\{\xi:|\xi-\omega_s(t,\xi)|<d\}}R_s^{\text{adp}}(t,\xi)\text{d}\xi \quad (5.3-39)$$

其中，$d>0$ 为预先设置的检测门限。

5.4　自适应二阶同步压缩变换

5.4.1　二阶同步压缩变换

从 5.3 节的推导可以看出，式(5.3-14)和式(5.3-32)均是基于单频信号 $x(t)=A\text{e}^{\text{i}2\pi ct}$ 的假设。因此，上述同步压缩变换，包括 SST、FSST、自适应 SST 和自适应 FSST，其参考频率(或相位变换)的计算基于**局部单频信号模型**(将信号任意局部时刻近似为单频信号)。对于单频信号或频率缓慢变化信号，由同步压缩变换可以得到优良的时频聚集性。

上述“局部近似”与小波变换或短时傅里叶变换的窗函数时域宽度直接相关，即在设定时域宽度内将信号近似为单频信号模型。针对频率快速变化信号，为了进一步提高时频聚集性，可采用**局部线性调频模型**进行近似，即**二阶同步压缩变换**。二阶同步压缩变换引入二阶局部复调制算子，在一阶参考频率公式的基础上，定义二阶参考频率。本节首先介绍**二阶同步压缩连续小波变换(SST2)**，然后给出**二阶同步压缩短时傅里叶变换(FSST2)**。

对于信号 $s(t)$，SST2 首先定义一种新的相位变换 $\omega_s^{\text{2nd}}(a,b)$，即二阶参考频率。这里考虑线性调频信号 $s(t)$，表示为

$$s(t)=A(t)^{\text{i}2\pi\varphi(t)}=A\text{e}^{pt+qt^2/2}\text{e}^{\text{i}2\pi(ct+rt^2/2)} \quad (5.4-1)$$

其中，信号 $s(t)$ 的相位函数为 $\varphi(t)=ct+\dfrac{rt^2}{2}$，其中 c 和 r 为常数；瞬时频率为 $\varphi'(t)=c+rt$；

调频斜率为 $\varphi''(t)=r$；瞬时幅度为 $A(t)=A\exp\left(pt+\frac{qt^2}{2}\right)$，其中 p 和 q 是实数，并且 $|p|$ 和 $|q|$ 远小于 c。

下面给出 $\omega_s^{2\text{nd}}(a, b)$ 的具体推导公式。对于给定的连续小波函数 $\psi(t)$，$W_s(a, b)=W_s^{\psi}(a, b)$。定义新的小波 $\psi_1(t)=t\psi(t)$，则 $W_s^{\psi_1}(a, b)$ 表示信号 $s(t)$ 在小波 $\psi_1(t)$ 下的 CWT。

对上述 LFM 信号 $s(t)$ 求导，可得

$$s'(t)=[(p+qt+\mathrm{i}2\pi(c+\mathrm{d}t)]s(t)$$

考虑到

$$W_s(a, b)=\int_{-\infty}^{\infty}s(b+at)\overline{\psi(t)}\mathrm{d}t$$

两边关于 b 求偏导，可得

$$\begin{aligned}\partial_b W_s(a, b)&=\int_{-\infty}^{\infty}s'(b+at)\overline{\psi(t)}\mathrm{d}t\\&=\int_{-\infty}^{\infty}[p+q(b+at)+\mathrm{i}2\pi(c+rb+rat)]s(b+at)\overline{\psi(t)}\mathrm{d}t\\&=[p+qb+\mathrm{i}2\pi(c+rb)]W_s(a, b)+(q+\mathrm{i}2\pi r)aW_s^{\psi_1}(a, b)\end{aligned}$$

假设 $W_s(a, b)\neq 0$，则上式可以改写为

$$\frac{\partial_b W_s(a, b)}{W_s(a, b)}=[p+qb+\mathrm{i}2\pi(c+rb)]+(q+\mathrm{i}2\pi r)a\frac{W_s^{\psi_1}(a, b)}{W_s(a, b)} \tag{5.4-2}$$

式(5.4-2)两边分别关于 a 求偏导，可得

$$\partial_a\left[\frac{\partial_b W_s(a, b)}{W_s(a, b)}\right]=(q+\mathrm{i}2\pi r)U(a, b) \tag{5.4-3}$$

其中

$$U(a, b)=\partial_a\left[\frac{aW_s^{\psi_1}(a, b)}{W_s(a, b)}\right]=\frac{W_s^{\psi_1}(a, b)}{W_s(a, b)}+a\partial_a\left[\frac{W_s^{\psi_1}(a, b)}{W_s(a, b)}\right] \tag{5.4-4}$$

如果 $U(a, b)\neq 0$，那么

$$q+\mathrm{i}2\pi r=\frac{1}{U(a, b)}\partial_a\left[\frac{\partial_b W_s(a, b)}{W_s(a, b)}\right] \tag{5.4-5}$$

联合式(5.4-2)，可得

$$\frac{\partial_b W_s(a, b)}{W_s(a, b)}=[p+qb+\mathrm{i}2\pi(c+rb)]+a\frac{W_s^{\psi_1}(a, b)}{W_s(a, b)U(a, b)}\partial_a\left[\frac{\partial_b W_s(a, b)}{W_s(a, b)}\right] \tag{5.4-6}$$

于是，瞬时频率函数可以表示为

$$\varphi'(b)=c+rb=\operatorname{Re}\left[\frac{\partial_b W_x(a,b)}{\mathrm{i}2\pi W_x(a,b)}\right]-a\operatorname{Re}\left\{\frac{W_x^{\psi_1}(a,b)}{W_x(a,b)U(a,b)}\partial_a\left[\frac{\partial_b W_x(a,b)}{\mathrm{i}2\pi W_x(a,b)}\right]\right\} \tag{5.4-7}$$

基于上述推导，如果 $W_s(a,b)\neq 0$，$U(a,b)\neq 0$，**二阶参考频率(相位变换)**定义为

$$\omega_s^{2\mathrm{nd}}(a,b)=\operatorname{Re}\left[\frac{\partial_b W_s(a,b)}{\mathrm{i}2\pi W_s(a,b)}\right]-a\operatorname{Re}\left\{\frac{W_s^{\psi_1}(a,b)}{W_s(a,b)U(a,b)}\partial_a\left[\frac{\partial_b W_s(a,b)}{\mathrm{i}2\pi W_s(a,b)}\right]\right\} \tag{5.4-8}$$

结合上述理论分析，可以看出，如果 $s(t)$ 为 LFM 信号，则二阶参考频率 $\omega_s^{2\mathrm{nd}}(a,b)$ 正好等于信号的真实瞬时频率 $\varphi'(b)$。

在二阶参考频率 $\omega_s^{2\mathrm{nd}}(a,b)$ 基础上，信号 $s(t)$ 的**二阶同步压缩变换(SST2)**定义为

$$T_s^{2\mathrm{nd}}(\xi,b):=\int_{\{a\in\mathbb{R}_+:\,W_s(a,b)\neq 0\}} W_s(a,b)\delta[\omega_s^{2\mathrm{nd}}(a,b)-\xi]\,\frac{\mathrm{d}a}{a} \tag{5.4-9}$$

接下来，介绍**二阶同步压缩短时傅里叶变换(FSST2)**。与 SST2 类似，为提高对频率快速变化信号的分析性能，FSST2 引入二阶局部复调制算子，在 FSST 的基础上，定义了二阶参考频率公式。此时，可以通过上述类似推导过程，给出 FSST2 的二阶参考频率的计算公式。

为了简化推导，假设 LFM 信号 $s(t)=A\mathrm{e}^{\mathrm{i}2\pi(ct+rt^2/2)}$，其 STFT 可表示为

$$V_s(t,\xi)=\int_{\mathbb{R}} s(\tau+t)g(\tau)\mathrm{e}^{-\mathrm{i}2\pi\xi\tau}\,\mathrm{d}\tau \tag{5.4-10}$$

两边关于 t 求偏导，可得

$$\begin{aligned}\partial_t V_s(t,\xi)&=\int_{-\infty}^{\infty} s'(\tau+t)g(\tau)\mathrm{e}^{-\mathrm{i}2\pi\xi\tau}\,\mathrm{d}\tau\\&=\int_{-\infty}^{\infty}\mathrm{i}2\pi(c+r\tau+rt)s(\tau+t)g(\tau)\mathrm{e}^{-\mathrm{i}2\pi\xi\tau}\,\mathrm{d}\tau\\&=\mathrm{i}2\pi(c+rt)V_s(t,\xi)+\mathrm{i}2\pi rV_s^{g_1}(t,\xi)\end{aligned} \tag{5.4-11}$$

其中，$V_s^{g_1}(t,\xi)$ 表示以 $g_1(\tau)=\tau g(\tau)$ 为窗函数的短时傅里叶变换。

假设 $V_s(t,\xi)\neq 0$，则式(5.4-11)可以改写为

$$\frac{\partial_t V_s(t,\xi)}{\mathrm{i}2\pi V_s(t,\xi)}=(c+rt)+\frac{rV_s^{g_1}(t,\xi)}{V_s(t,\xi)} \tag{5.4-12}$$

上式两边分别关于 ξ 求偏导，可得

$$\partial_\xi\left[\frac{\partial_t V_s(t,\xi)}{\mathrm{i}2\pi V_s(t,\xi)}\right]=r\partial_\xi\left[\frac{V_s^{g_1}(t,\xi)}{V_s(t,\xi)}\right]=rU(t,\xi) \tag{5.4-13}$$

如果 $U(t,\xi)\neq 0$，那么

$$r=\frac{1}{U(t,\ \xi)}\partial_{\xi}\left[\frac{\partial_t V_s(t,\ \xi)}{\mathrm{i}2\pi V_s(t,\ \xi)}\right] \tag{5.4-14}$$

于是，瞬时频率函数可以表示为

$$\varphi'(t)=c+rt=\mathrm{Re}\left[\frac{\partial_t V_s(t,\ \xi)}{\mathrm{i}2\pi V_s(t,\ \xi)}\right]-\mathrm{Re}\left\{\frac{1}{U(t,\ \xi)}\partial_{\xi}\left[\frac{\partial_t V_s(t,\ \xi)}{\mathrm{i}2\pi V_s(t,\ \xi)}\right]\frac{V_s^{g_1}(t,\ \xi)}{V_s(t,\ \xi)}\right\} \tag{5.4-15}$$

基于上述推导，对于任意信号 $s(t)$，定义其**二阶参考频率**为

$$\omega_s^{2\mathrm{nd}}(t,\ \xi)=\begin{cases}\mathrm{Re}\left[\frac{\partial_t V_s(t,\ \xi)}{\mathrm{i}2\pi V_s(t,\ \xi)}\right]-\mathrm{Re}\left\{\frac{V_s^{g_1}(t,\ \xi)}{V_s(t,\ \xi)U(t,\ \xi)}\partial_{\xi}\left[\frac{\partial_t V_s(t,\ \xi)}{\mathrm{i}2\pi V_s(t,\ \xi)}\right]\right\},\ V_s(t,\ \xi)\neq 0,\ U(t,\ \xi)\neq 0\\ \mathrm{Re}\left[\frac{\partial_t V_s(t,\ \xi)}{\mathrm{i}2\pi V_s(t,\ \xi)}\right],\ V_s(t,\ \xi)\neq 0,\ U(t,\ \xi)=0\end{cases} \tag{5.4-16}$$

其中，$U(t,\ \xi)=\partial_{\xi}\left[\frac{V_s^{g_1}(t,\ \xi)}{V_s(t,\ \xi)}\right]$。

结合上述理论分析，可以看出，如果 $s(t)$ 为 LFM 信号，则二阶参考频率 $\omega_s^{2\mathrm{nd}}(t,\ \xi)$ 正好等于信号的真实瞬时频率 $\varphi'(t)$。

在二阶参考频率 $\omega_s^{2\mathrm{nd}}(t,\ \xi)$ 的基础上，信号 $s(t)$ 的**二阶同步压缩短时傅里叶变换(FSST2)**定义为

$$R_s^{2\mathrm{nd}}(t,\ \xi):=\int_{\{\eta\in\mathbb{R}_+:\ V_s(t,\ \eta)\neq 0\}}V_s(t,\ \eta)\delta\left[\omega_s^{2\mathrm{nd}}(t,\ \eta)-\xi\right]\mathrm{d}\eta \tag{5.4-17}$$

5.4.2 自适应二阶同步压缩

类似 5.2 节中自适应时频分析和 5.3 节中的自适应同步压缩变换，本节在二阶同步压缩变换和二阶同步压缩短时傅里叶变换的基础上，分别给出**自适应二阶同步压缩变换(自适应 SST2)**和**自适应二阶同步压缩短时傅里叶变换(自适应 FSST2)**，利用时变窗函数更好地适应信号的局部变化，提升时频能量聚集性。

首先，考虑 5.2 节中的 Morlet's 小波，表示为

$$\psi_{\sigma}(t)=\frac{1}{\sigma}g\left(\frac{t}{\sigma}\right)\mathrm{e}^{\mathrm{i}2\pi\mu t}$$

在此基础上，定义如下小波函数：

$$\psi_{\sigma}^{1}(t)=\frac{t}{\sigma}\psi_{\sigma}(t)=\frac{t}{\sigma^2}g\left(\frac{t}{\sigma}\right)\mathrm{e}^{\mathrm{i}2\pi\mu t} \tag{5.4-18}$$

其傅里叶变换为

$$\hat{\psi}_\sigma^1(\xi)=\frac{i}{2\pi}(\hat{g})'[\sigma(\xi-\mu)] \tag{5.4-19}$$

于是，可得修正型 Morlet's 小波，表示为

$$\hat{\psi}_\sigma^1(\xi)=-\mathrm{i}2\pi\sigma(\xi-\mu)\mathrm{e}^{-2\pi^2\sigma^2(\xi-\mu)^2} \tag{5.4-20}$$

与前文中自适应小波变换类似，信号 $x(t)$ 在时变参数 $\sigma(t)$ 和小波函数 $\psi_\sigma^1(t)$ 下的自适应 CWT 可表示为

$$\begin{aligned}\widetilde{W}_x^{[1]}(a, b) &:= W_x[a, b, \sigma(b)]=\int_{-\infty}^{\infty} x(t)\,\frac{1}{a}\overline{\psi_{\sigma(b)}^1\left(\frac{t-b}{a}\right)}\,\mathrm{d}t \\ &=\int_{-\infty}^{\infty} x(b+at)\,\frac{t}{\sigma^2(b)}\overline{g\left[\frac{t}{\sigma(b)}\right]}\,\mathrm{e}^{-\mathrm{i}2\pi\mu t}\,\mathrm{d}t\end{aligned} \tag{5.4-21}$$

此外，回顾式(5.3-12)，定义 $\widetilde{W}_x^{[2]}(a, b)$：

$$\widetilde{W}_x^{[2]}(a, b)=\int_{-\infty}^{\infty} x(b+at)\,\frac{t}{\sigma^2(b)}\overline{g'\left[\frac{t}{\sigma(b)}\right]}\,\mathrm{e}^{-\mathrm{i}2\pi\mu t}\,\mathrm{d}t \tag{5.4-22}$$

考虑 LFM 信号模型 $x(t)=A\mathrm{e}^{pt+qt^2/2}\mathrm{e}^{\mathrm{i}2\pi(ct+rt^2/2)}$，其自适应 CWT 可表示为

$$\widetilde{W}_x(a, b)=\int_{-\infty}^{\infty} x(b+at)\,\frac{1}{\sigma(b)}\overline{g\left[\frac{t}{\sigma(b)}\right]}\,\mathrm{e}^{-\mathrm{i}2\pi\mu t}\,\mathrm{d}t$$

上式两边关于 b 求偏导，可得

$$\begin{aligned}\partial_b\widetilde{W}_x(a, b) &=\int_{-\infty}^{\infty} x'(b+at)\,\frac{1}{\sigma(b)}\overline{g\left[\frac{t}{\sigma(b)}\right]}\,\mathrm{e}^{-\mathrm{i}2\pi\mu t}\,\mathrm{d}t\,+ \\ &\quad\int_{-\infty}^{\infty} x(b+at)\left[-\frac{\sigma'(b)}{\sigma^2(b)}\right]\overline{g\left[\frac{t}{\sigma(b)}\right]}\cdot\mathrm{e}^{-\mathrm{i}2\pi\mu t}\,\mathrm{d}t\,+ \\ &\quad\int_{-\infty}^{\infty} x(b+at)\left[-\frac{\sigma'(b)t}{\sigma^3(b)}\right]\overline{g'\left[\frac{t}{\sigma(b)}\right]}\,\mathrm{e}^{-\mathrm{i}2\pi\mu t}\,\mathrm{d}t \\ &=[p+qb+\mathrm{i}2\pi(c+rb)]\widetilde{W}_x(a, b)+(q+\mathrm{i}2\pi r)a\sigma(b)\widetilde{W}_x^{[1]}(a, b)\,- \\ &\quad\frac{\sigma'(b)}{\sigma(b)}\widetilde{W}_x(a, b)-\frac{\sigma'(b)}{\sigma(b)}\widetilde{W}_x^{[2]}(a, b)\end{aligned} \tag{5.4-23}$$

如果 $\widetilde{W}_x^{[1]}(a, b)\neq 0$，那么式(5.4-23)可以改写为

$$\begin{aligned}\frac{\partial_b\widetilde{W}_x(a, b)}{\widetilde{W}_x(a, b)} &=p+qb+\mathrm{i}2\pi(c+rb)+(q+\mathrm{i}2\pi r)a\sigma(b)\,\frac{\widetilde{W}_x^{[1]}(a, b)}{\widetilde{W}_x(a, b)}\,- \\ &\quad\frac{\sigma'(b)}{\sigma(b)}-\frac{\sigma'(b)}{\sigma(b)}\,\frac{\widetilde{W}_x^{[2]}(a, b)}{\widetilde{W}_x(a, b)}\end{aligned} \tag{5.4-24}$$

两边再对尺度 a 求偏导，可得

$$\partial_a\left[\frac{\partial_b \widetilde{W}_x(a,b)}{\widetilde{W}_x(a,b)}\right]=(q+\mathrm{i}2\pi r)\sigma(b)\partial_a\left[a\frac{\widetilde{W}_x^{[1]}(a,b)}{\widetilde{W}_x(a,b)}\right]-\frac{\sigma'(b)}{\sigma(b)}\partial_a\left[\frac{\widetilde{W}_x^{[2]}(a,b)}{\widetilde{W}_x(a,b)}\right] \quad (5.4-25)$$

假设$\partial_a\left[\dfrac{a\widetilde{W}_x^{[1]}(a,b)}{\widetilde{W}_x(a,b)}\right]\neq 0$，令 $R_0(a,b)=(q+\mathrm{i}2\pi r)\sigma(b)$，则可得

$$R_0(a,b)=\left\{\partial_a\left[a\frac{\widetilde{W}_x^{[1]}(a,b)}{\widetilde{W}_x(a,b)}\right]\right\}^{-1}\left\{\partial_a\left[\frac{\partial_b\widetilde{W}_x(a,b)}{\widetilde{W}_x(a,b)}\right]+\frac{\sigma'(b)}{\sigma(b)}\partial_a\left[\frac{\widetilde{W}_x^{[2]}(a,b)}{\widetilde{W}_x(a,b)}\right]\right\} \quad (5.4-26)$$

综合上述分析，LFM 信号 $x(t)$的瞬时频率可以表示为

$$\begin{aligned}\varphi'(b)&=c+rb\\&=\mathrm{Re}\left[\frac{\partial_b\widetilde{W}_x(a,b)}{\mathrm{i}2\pi\widetilde{W}_x(a,b)}\right]-a\,\mathrm{Re}\left[\frac{\widetilde{W}_x^{[1]}(a,b)}{\mathrm{i}2\pi\widetilde{W}_x(a,b)}R_0(a,b)\right]+\\&\quad\frac{\sigma'(b)}{\sigma(b)}\mathrm{Re}\left[\frac{\widetilde{W}_x^{[2]}(a,b)}{\mathrm{i}2\pi\widetilde{W}_x(a,b)}\right]\end{aligned} \quad (5.4-27)$$

因此，类似于 5.3 节中自适应 SST 的一阶参考频率，对于一般信号 $s(t)$，在局部 LFM 模型近似条件下，**二阶参考频率**定义为

$$\begin{aligned}\omega_s^{\mathrm{adp,\,2nd}}(a,b)=&\mathrm{Re}\left[\frac{\partial_b\widetilde{W}_s(a,b)}{\mathrm{i}2\pi\widetilde{W}_s(a,b)}\right]+\frac{\sigma'(b)}{\sigma(b)}\mathrm{Re}\left[\frac{\widetilde{W}_s^{[2]}(a,b)}{\mathrm{i}2\pi\widetilde{W}_s(a,b)}\right]-\\&a\,\mathrm{Re}\left[\frac{\widetilde{W}_s^{[1]}(a,b)}{\mathrm{i}2\pi\widetilde{W}_s(a,b)}R_0(a,b)\right]\end{aligned} \quad (5.4-28)$$

其中，$\widetilde{W}_s(a,b)\neq 0$，且$\partial_a\left[\dfrac{a\widetilde{W}_s^{[1]}(a,b)}{\widetilde{W}_s(a,b)}\right]\neq 0$。

基于上述二阶参考频率 $\omega_s^{\mathrm{adp,\,2nd}}(a,b)$，信号 $s(t)$的**自适应二阶同步压缩变换(自适应 SST2)**定义为

$$T_s^{\mathrm{adp,\,2nd}}(\xi,b):=\int_{\{a\in\mathbb{R}_+:\,\widetilde{W}_s(a,b)\neq 0\}}\widetilde{W}_s(a,b)\delta\left[\omega_s^{\mathrm{adp,\,2nd}}(a,b)-\xi\right]\frac{\mathrm{d}a}{a} \quad (5.4-29)$$

类似式(5.3-24)和式(5.3-25)，可通过将 $T_s^{\mathrm{adp}}(\xi,b)$替换为 $T_s^{\mathrm{adp,\,2nd}}(\xi,b)$，来重构信号 $s(b)$和 $s_k(b)$。

与上述自适应 SST2 类似，下面给出自适应二阶同步压缩短时傅里叶变换的推导过程。为了简化推导，假设 LFM 信号 $s(t)=A\mathrm{e}^{\mathrm{i}2\pi(d+ct+rt^2/2)}$，其中，$A$，$d$，$c$ 和 r 均为常数。则信号 $s(t)$的自适应 STFT 为

$$\widetilde{V}_s(t, \xi)=\int_{\mathbb{R}} s(t+\tau)\frac{1}{\sigma(t)}g\left[\frac{\tau}{\sigma(t)}\right]\mathrm{e}^{-\mathrm{i}2\pi\xi\tau}\mathrm{d}\tau \tag{5.4-30}$$

上式两边分别对 t 求偏导，经化简，可得

$$\frac{\partial_t\widetilde{V}_s(t, \xi)}{2\pi\mathrm{i}\widetilde{V}_s(t, \xi)}=c+rt+r\frac{\widetilde{V}_s^{[1]}(t, \xi)}{\widetilde{V}_s(t, \xi)}-\frac{\sigma'(t)}{2\pi\mathrm{i}\sigma(t)}-\frac{\sigma'(t)}{\sigma(t)}\frac{\widetilde{V}_s^{[2]}(t, \xi)}{2\pi\mathrm{i}\widetilde{V}_s(t, \xi)} \tag{5.4-31}$$

其中，$\widetilde{V}_s^{[1]}(t, \xi)$和 $\widetilde{V}_s^{[2]}(t, \xi)$分别表示信号 $s(t)$在 $g_1(t)=\frac{\tau}{\sigma(t)}g\left[\frac{\tau}{\sigma(t)}\right]$和 $g_2(t)=\frac{\tau}{\sigma^2(t)}\cdot g'\left[\frac{\tau}{\sigma(t)}\right]$下的自适应 STFT。

再对式(5.4-31)两边分别关于 ξ 求偏导，经化简，可得

$$\partial_\xi\left[\frac{\partial_t\widetilde{V}_s(t, \xi)}{2\pi\mathrm{i}\widetilde{V}_s(t, \xi)}\right]=r\partial_\xi\left[\frac{\widetilde{V}_s^{[1]}(t, \xi)}{\widetilde{V}_s(t, \xi)}\right]-\frac{\sigma'(t)}{\sigma(t)}\partial_\xi\left[\frac{\widetilde{V}_s^{[2]}(t, \xi)}{2\pi\mathrm{i}\widetilde{V}_s(t, \xi)}\right] \tag{5.4-32}$$

综合上述分析，对于一般信号 $s(t)$，在局部 LFM 模型近似条件下，定义如下**二阶参考频率**：

$$\omega_s^{\mathrm{adp, 2nd}}(t, \xi)=\mathrm{Re}\left[\frac{\partial_t\widetilde{V}_s(t, \xi)}{2\pi\mathrm{i}\widetilde{V}_s(t, \xi)}\right]+\frac{\sigma'(t)}{\sigma(t)}\mathrm{Re}\left[\frac{\widetilde{V}_s^{[2]}(t, \xi)}{2\pi\mathrm{i}\widetilde{V}_s(t, \xi)}\right]-\mathrm{Re}\left[\frac{\widetilde{V}_s^{[1]}(t, \xi)}{\widetilde{V}_s(t, \xi)}P_0(t, \xi)\right] \tag{5.4-33}$$

其中：

$$P_0(t, \xi)=\left\{\partial_\xi\left[\frac{\widetilde{V}_s^{[1]}(t, \xi)}{\widetilde{V}_s(t, \xi)}\right]\right\}^{-1}\left\{\partial_\xi\left[\frac{\partial_t\widetilde{V}_s(t, \xi)}{2\pi\mathrm{i}\widetilde{V}_s(t, \xi)}\right]+\frac{\sigma'(t)}{\sigma(t)}\partial_\xi\left[\frac{\widetilde{V}_s^{[2]}(t, \xi)}{2\pi\mathrm{i}\widetilde{V}_s(t, \xi)}\right]\right\}$$

且满足 $\widetilde{V}_s(t, \xi)\neq 0$ 和$\partial_\xi\left[\frac{\widetilde{V}_s^{[1]}(t, \xi)}{\widetilde{V}_s(t, \xi)}\right]\neq 0$。

最后，基于上述二阶参考频率 $\omega_s^{\mathrm{adp, 2nd}}(t, \xi)$，信号 $s(t)$的**自适应二阶同步压缩短时傅里叶变换(自适应 FSST2)**定义为

$$R_s^{\mathrm{adp, 2nd}}(t, \xi)=\int_{\{\eta: \widetilde{V}_s(t, \eta)\neq 0\}}\widetilde{V}_s(t, \eta)\delta\left[\omega_s^{\mathrm{adp, 2nd}}(t, \eta)-\xi\right]\mathrm{d}\eta \tag{5.4-34}$$

例 5.4.1　二分量 LFM 信号的自适应时频分析。

考虑二分量 LFM 信号，表示为

$$s(t)=s_1(t)+s_2(t)=\cos\left[2\pi(12t+25t^2)+\varphi_1\right]+\cos\left[2\pi(34t+32t^2)+\varphi_2\right], \ t\in[0, 1]$$

其中，φ_1 和 φ_2 是在$[0, 2\pi]$内均匀分布的随机变量。可知 $s_1(t)$和 $s_2(t)$的瞬时频率分别为 $\varphi_1'(t)=12+50t$ 和 $\varphi_2'(t)=34+64t$。$s(t)$的信号波形及其各分量的瞬时频率如图 5.4-1 所示。下面采用各种自适应时频分析方法对 $s(t)$进行分析。

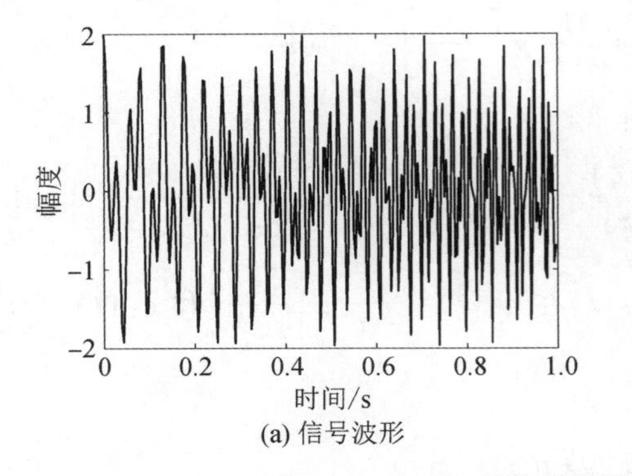

(a) 信号波形

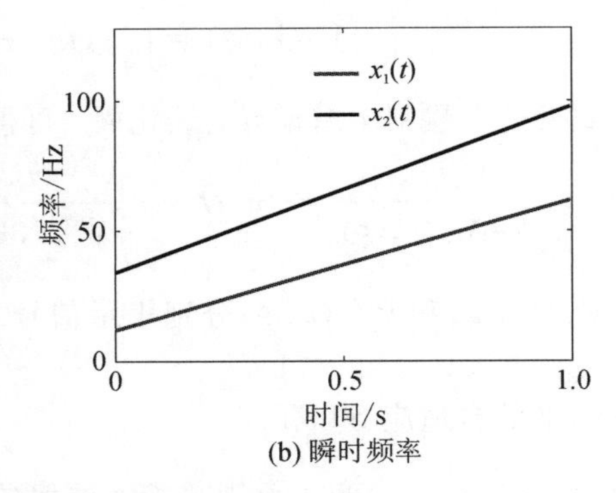

(b) 瞬时频率

图 5.4-1　$s(t)$的信号波形及其各分量的瞬时频率图

图 5.4-2～图 5.4-4 分别给出了该二分量 LFM 信号的 CWT、SST 和 SST2，以及相对应的自适应 CWT、自适应 SST 和自适应 SST2。从图中可以看出，自适应 CWT 可以很好地适应信号的瞬时频率变化，在低频和高频处都可以聚集较高的时频能量。在此基础上，自适应 SST 和自适应 SST2 明显优于传统方法，可以获得更为准确的瞬时频率估计。

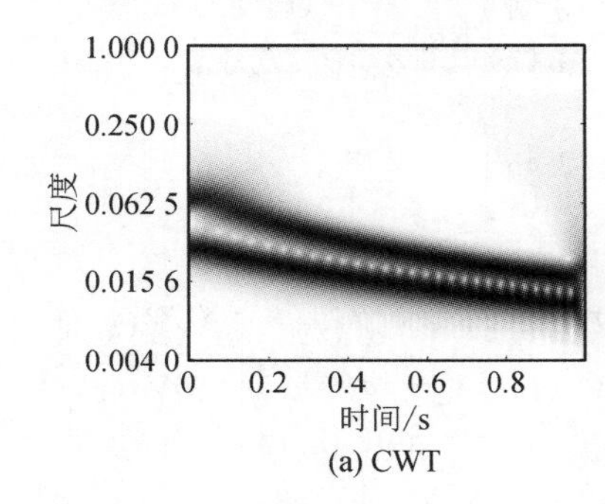

(a) CWT

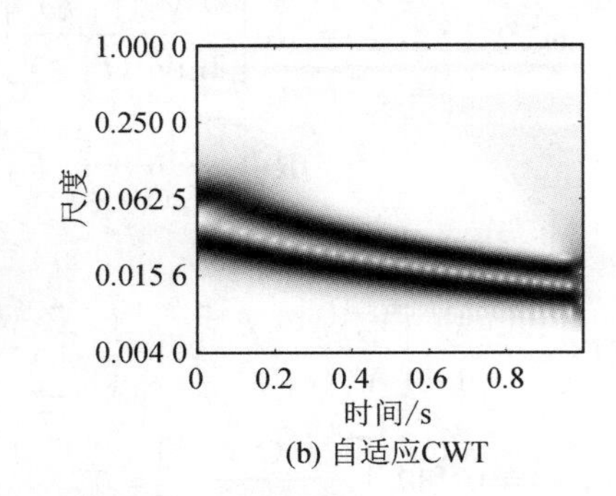

(b) 自适应CWT

图 5.4-2　二分量 LFM 信号的 CWT 和自适应 CWT

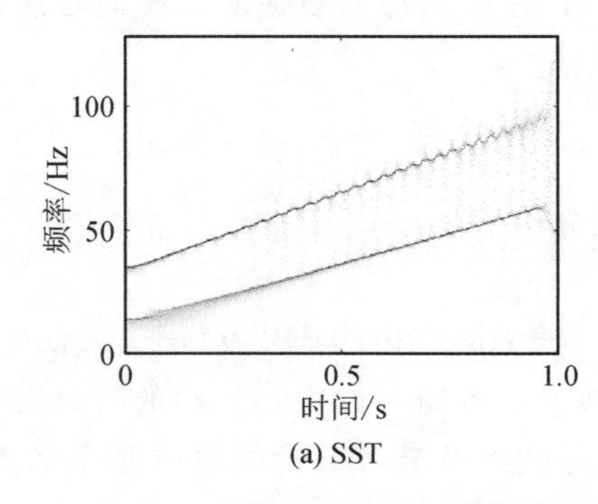

(a) SST

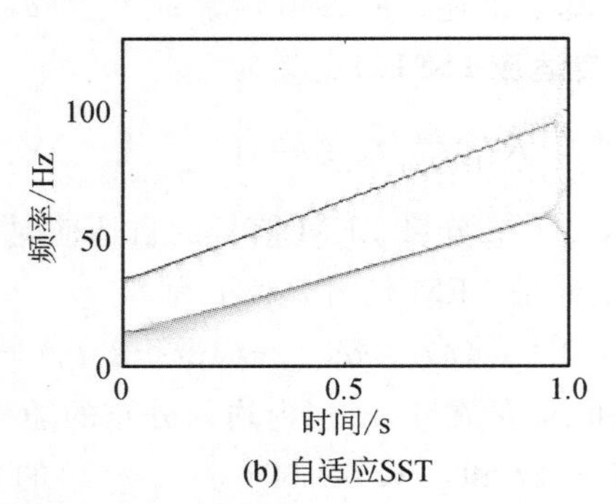

(b) 自适应SST

图 5.4-3　二分量 LFM 信号的 SST 和自适应 SST

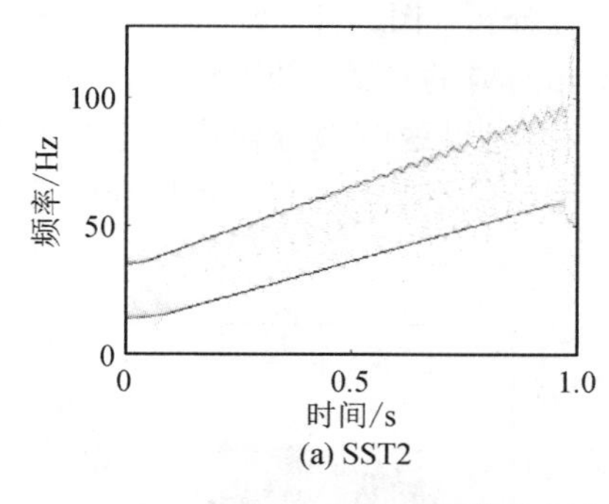

(a) SST2

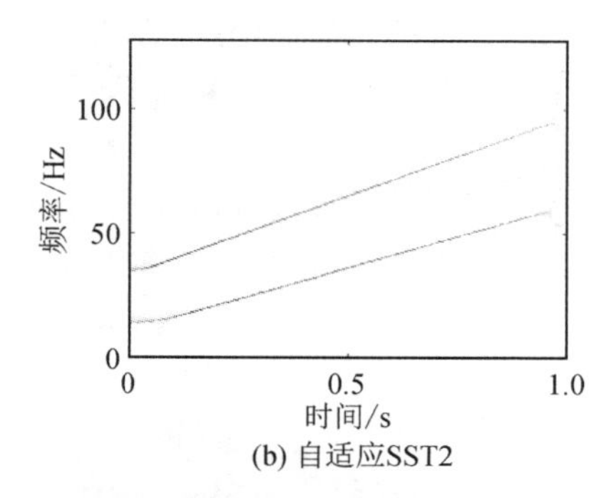

(b) 自适应SST2

图 5.4-4　二分量 LFM 信号的 SST2 和自适应 SST2

例 5.4.2　三分量非平稳信号的自适应时频分析。

考虑三分量非平稳信号 $x(t)$，表示为

$$x(t)=x_1(t)+x_2(t)+x_3(t)$$

其中：

$$x_1(t)=\cos\left[118\pi\left(t-\frac{1}{2}\right)+100\pi\left(t-\frac{1}{2}\right)^2\right],\ t\in\left[\frac{1}{2},\ 1\right]$$

$$x_2(t)=\cos\left[94\pi t+13\cos\ \left(4\pi t-\frac{\pi}{2}\right)+110\pi t^2\right],\ t\in[0,\ 1]$$

$$x_3(t)=\cos[194\pi t+112\pi t^2],\ t\in\left[0,\ \frac{3}{4}\right]$$

注意到，三个分量 $x_1(t)$、$x_2(t)$ 和 $x_3(t)$ 的支撑区间各不相同。这里采样频率为 512 Hz，三个分量的瞬时频率分别为 $\varphi_1'(t)=59+100\left(t-\frac{1}{2}\right)$，$\varphi_2'(t)=47-26\sin\left(4\pi t-\frac{\pi}{2}\right)+110t$ 和 $\varphi_3'(t)=97+112t$。$x(t)$ 的信号波形及其各分量的瞬时频率如图 5.4-5 所示。

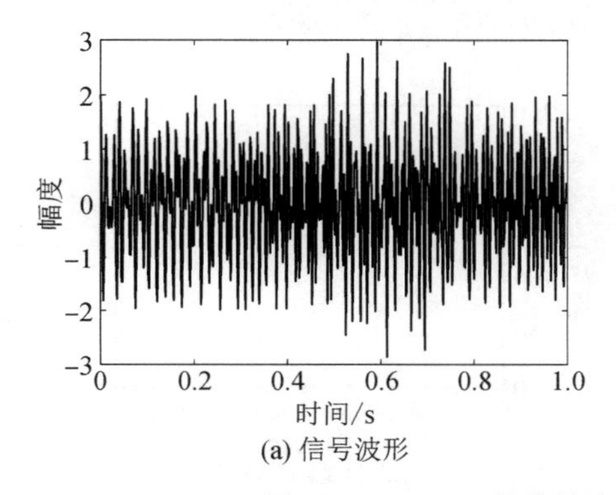

(a) 信号波形

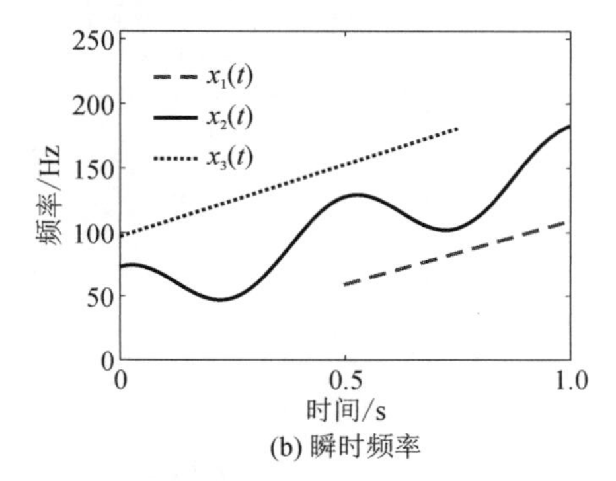

(b) 瞬时频率

图 5.4-5　$x(t)$ 的信号波形及其各分量的瞬时频率图

下面采用各种自适应时频分析方法对 $x(t)$进行分析。图 5.4-6～图 5.4-8 分别给出了该三分量信号的 STFT、FSST 和 FSST2，以及相对应的自适应 STFT、自适应 FSST 和自适应 FSST2。从图中可以看出，自适应 STFT 具有时变的时频分辨率，可以很好地适应信号的瞬时频率变化。在此基础上，自适应 SST2 明显优于其他方法，可以获得非常清晰的时频表示，从而获得准确的瞬时频率估计。

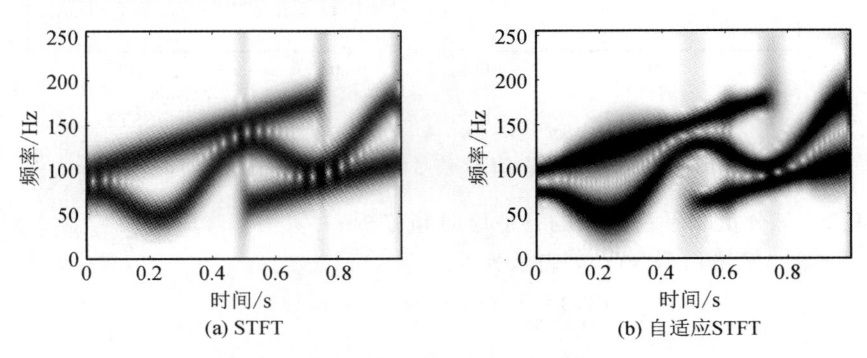

图 5.4-6　三分量信号 $x(t)$的 STFT 和自适应 STFT

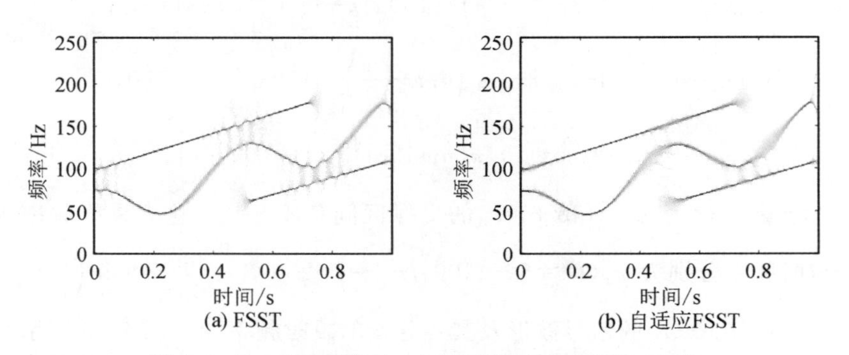

图 5.4-7　三分量信号 $x(t)$的 FSST 和自适应 FSST

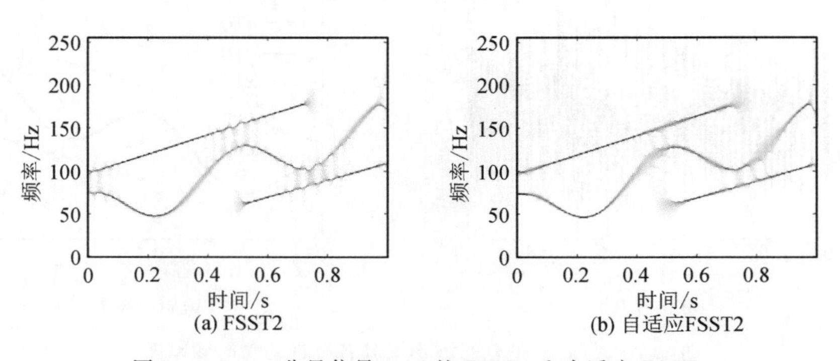

图 5.4-8　三分量信号 $x(t)$的 FSST2 和自适应 FSST2

5.5　自适应参数选择

在 5.2、5.3 和 5.4 节中，分别介绍了自适应时频分析、自适应同步压缩变换和自适应二阶同步压缩变换。这些新型线性时频分析方法的核心在于，采用时变的窗函数或小波函数，自适应地适应信号的局部变化，从而得到能量聚集性和时频分辨率更高的信号时频表示。因此，如何确定时变参数是一个关键问题。

下面以自适应 CWT、自适应 SST 和自适应 SST2 为例，介绍如何确定时变参数 $\sigma(t)$。首先，定义 CWT 的**支撑区间**，在此基础上，给出**最优的**时变参数 $\sigma(t)$。

对于某一窗函数 $h(t)$，其傅里叶变换为

$$\hat{h}(\xi)=\int_{-\infty}^{\infty} h(t)\mathrm{e}^{-\mathrm{i}2\pi\xi t}\,\mathrm{d}t \tag{5.5-1}$$

通常 $\hat{h}(\xi)$不满足紧支撑性，因此，有必要给出窗函数的有效支撑区间。假设 $\hat{h}(\xi)$为偶函数，给定门限 $\tau(0<\tau<1)$，当$|\xi|>\xi_0>0$ 时，有

$$\frac{|\hat{h}(\xi)|}{\max_{\xi}\hat{h}(\xi)}<\tau \tag{5.5-2}$$

则满足上述条件的最小区间$[-\xi_0, \xi_0]$称为 $\hat{h}(\xi)$的**支撑区间**。

特别地，对于高斯函数 $\hat{g}(\xi)=\mathrm{e}^{-2\pi^2(\xi-\mu)^2}$，令 $\hat{g}(\mu+\alpha)=\tau$，可以得到

$$\alpha=\frac{1}{2\pi}\sqrt{2\ln\left(\frac{1}{\tau}\right)} \tag{5.5-3}$$

在区间$[\mu-\alpha, \mu+\alpha]$之外，满足 $\hat{g}(\xi)=0$。因此，$\hat{g}(\xi)$的支撑区间为$[\mu-\alpha, \mu+\alpha]$。

下面使用 $L_{\hat{g}}$ 来代表**支撑区间的宽度**，令 $L_{\hat{g}}=2\alpha$。因此，对于 Morlet's 小波，有

$$\psi_\sigma(t)=\frac{1}{\sigma}g\left(\frac{t}{\sigma}\right)\mathrm{e}^{\mathrm{i}2\pi\mu t} \tag{5.5-4}$$

可以求得 $\hat{\psi}_\sigma(\xi)$的支撑区间为$\left[\mu-\frac{\alpha}{\sigma}, \mu+\frac{\alpha}{\sigma}\right]$，宽度为

$$L_{\hat{\psi}_\sigma}=\frac{2\alpha}{\sigma} \tag{5.5-5}$$

其中，α 与门限 τ 有关(见式(5.5-3))。

在实际应用中，一般希望 $\hat{\psi}_\sigma(\xi)$是解析的，即满足当 $\xi<0$ 时，$\hat{\psi}_\sigma(\xi)=0$。因此，$\mu-\frac{\alpha}{\sigma}\geqslant 0$。

在下面的推导中，均假设 $\mu\geqslant\frac{\alpha}{\sigma}$。

与前文类似，首先考虑单频信号 $x(t)=A\mathrm{e}^{\mathrm{i}2\pi ct}$，其 CWT 为

$$W_x(a,b)=\int_{-\infty}^{\infty}\hat{x}(\xi)\overline{\hat{\psi}(a\xi)}\mathrm{e}^{\mathrm{i}2\pi b\xi}\mathrm{d}\xi=\frac{1}{2}A\overline{\hat{\psi}(ac)}\mathrm{e}^{\mathrm{i}2\pi bc} \tag{5.5-6}$$

由上述定义可知，$\hat{\psi}_\sigma(ac)$的支撑区间为 $\mu-\frac{\alpha}{\sigma}\leqslant ac\leqslant\mu+\frac{\alpha}{\sigma}$。因此，在任意时刻 b，小波变换 $W_x(a,b)$的能量分布中心为 $a=\frac{\mu}{c}$，尺度支撑区间为

$$\frac{\mu-\frac{\alpha}{\sigma}}{c}\leqslant a\leqslant\frac{\mu+\frac{\alpha}{\sigma}}{c} \tag{5.5-7}$$

其次，考虑线性调频信号 $s(t)=A\exp\left[\mathrm{i}2\pi\left(ct+\frac{rt^2}{2}\right)\right]$，假设信号瞬时频率为正值，即 $\varphi'(t)=c+rt>0$。于是，信号 $s(t)$的 CWT 为

$$\begin{aligned}W_s(a,b)&=\int_{-\infty}^{\infty}s(t)\overline{\psi_\sigma[(t-b)/a]}\frac{\mathrm{d}t}{t}=\int_{-\infty}^{\infty}s(b+a\tau)\overline{\psi_\sigma(\tau)}\mathrm{d}\tau\\&=\int_{-\infty}^{\infty}\frac{A}{\sigma\sqrt{2\pi}}\mathrm{e}^{\mathrm{i}2\pi\left[c(b+a\tau)+\frac{r}{2}(b+a\tau)^2\right]}\mathrm{e}^{-\frac{\tau^2}{2\sigma^2}}\mathrm{e}^{-\mathrm{i}2\pi\mu\tau}\mathrm{d}\tau\\&=\frac{A}{\sigma\sqrt{2\pi}}\mathrm{e}^{\mathrm{i}2\pi(cb+rb^2/2)}\int_{-\infty}^{\infty}\mathrm{e}^{-\frac{\tau^2}{2\sigma^2}+i\pi ra^2r^2+\mathrm{i}2\pi a(c+rb-\mu/a)\tau}\mathrm{d}\tau\\&=\frac{A}{\sigma\sqrt{2\pi}}\sqrt{\frac{\pi}{\frac{1}{2\sigma^2}-\mathrm{i}\pi ra^2}}\mathrm{e}^{\mathrm{i}2\pi(cb+rb^2/2)}\mathrm{e}^{-2\pi^2(a\sigma)^2(c+rb-\mu/a)^2\frac{1}{1-\mathrm{i}2\pi\sigma^2ra^2}}\\&=\frac{A}{\sqrt{1-\mathrm{i}2\pi\sigma^2a^2r}}\mathrm{e}^{\mathrm{i}2\pi(cb+rb^2/2)}\mathrm{e}^{-\frac{2\pi^2(a\sigma)^2}{1+(2\pi\sigma^2a^2r)^2}(c+rb-\mu/a)^2(1+\mathrm{i}2\pi\sigma^2a^2r)}\end{aligned} \tag{5.5-8}$$

令

$$h(\xi)=\mathrm{e}^{-\frac{2\pi^2(a\sigma)^2}{1+(2\pi ra^2\sigma^2)^2}(\xi-\mu/a)^2(1+\mathrm{i}2\pi a^2\sigma^2r)} \tag{5.5-9}$$

可以得到

$$W_s(a,b)=\frac{A}{\sqrt{1-\mathrm{i}2\pi\sigma^2a^2r}}\mathrm{e}^{\mathrm{i}2\pi(cb+rb^2/2)}h(c+rb) \tag{5.5-10}$$

注意到，$|h(\xi)|$是一个高斯函数，其支撑宽度为

$$L_{|h|}=2\alpha\sqrt{\frac{1+(2\pi ra^2\sigma^2)^2}{(a\sigma)^2}}=2\alpha\sqrt{(a\sigma)^{-2}+(2\pi ra\sigma)^2} \tag{5.5-11}$$

因此，$W_s(a,b)$的能量集中在曲线 $c+rb=\frac{\mu}{a}$附近，并且其时间-尺度支撑区间为

$$-\frac{1}{2}L_{|h|}\leqslant c+rb-\frac{\mu}{a}\leqslant\frac{1}{2}L_{|h|} \tag{5.5-12}$$

当$(a\sigma)^{-2}=(2\pi ra\sigma)^2$时，支撑宽度$L_{|h|}$最小，可得

$$\sigma=\frac{1}{a\sqrt{2\pi|r|}}=\frac{1}{a\sqrt{2\pi|\varphi''(b)|}} \tag{5.5-13}$$

于是可得，$L_{|h|}=4\alpha\sqrt{\pi|r|}$，$W_s(a, b)$的支撑区间为

$$c+rb-2\alpha\sqrt{\pi|r|}\leqslant\frac{\mu}{a}\leqslant c+rb+2\alpha\sqrt{\pi|r|} \tag{5.5-14}$$

此时，信号的**时频聚集性达到最优**，对应的**最优时变参数**为

$$\sigma(b)=\frac{1}{a\sqrt{2\pi|\varphi''(b)|}} \tag{5.5-15}$$

回顾 5.4 节，二阶 SST 从线性调频信号模型出发，可以得到更为优越的时频压缩效果。在这里，同样考虑多分量 LFM 信号$x(t)$，表示为

$$x(t)=\sum_{k=1}^{K}x_k(t)=\sum_{k=1}^{K}A_k\mathrm{e}^{\mathrm{i}2\pi(c_kt+r_kt^2/2)} \tag{5.5-16}$$

其中，信号分量$x_k(t)$的相位为$\varphi_k(t)=c_kt+\frac{r_kt^2}{2}$，各信号分量的瞬时频率满足：

$$\varphi'_{k-1}(t)<\varphi'_k(t), k=2, 3, \cdots, K \tag{5.5-17}$$

于是，第k个分量$x_k(t)$的 CWT 在时间-尺度平面上的支撑区间为

$$c_k+r_kb-\alpha\sqrt{(a\sigma)^{-2}+(2\pi r_ka\sigma)^2}\leqslant\frac{\mu}{a}\leqslant c_k+r_kb+\alpha\sqrt{(a\sigma)^{-2}+(2\pi r_ka\sigma)^2} \tag{5.5-18}$$

式(5.5-18)两边取等号，可以得出支撑区间的上界$u_k(b)$和下界$l_k(b)$。

图 5.5-1 给出了信号分量$x_{k-1}(t)$和$x_k(t)$在时间-尺度平面上的支撑区间。对任意的$k=2, 3, \cdots, K$，当$u_k(b)$和$l_k(b)$满足$u_k(b)\leqslant l_{k-1}(b)$时，各信号分量$x_k(t)$在时间-尺度平面上互不重叠，即良好可分，可方便进行下一步的信号滤波、信号分离等处理。

针对式(5.5-18)中的$\sqrt{(a\sigma)^{-2}+(2\pi r_ka\sigma)^2}$，考虑采用$\frac{1}{a\sigma}+2\pi|\varphi''_k(b)|a\sigma$对其近似，从而得到一个更大的支撑区间，满足各信号分量$x_k(t)$在时间-尺度平面上良好可分。于是，式(5.5-18)可改写为

$$\varphi'_k(b)-\alpha\left(\frac{1}{a\sigma}+2\pi|\varphi''_k(b)|a\sigma\right)\leqslant\frac{\mu}{a}\leqslant\varphi'_k(b)+\alpha\left(\frac{1}{a\sigma}+2\pi|\varphi''_k(b)|a\sigma\right) \tag{5.5-19}$$

于是，可以得到如下方程组：

$$\begin{cases}\mu+a\alpha\left[\frac{1}{a\sigma}+2\pi|\varphi''_k(b)|a\sigma\right]=a\varphi'_k(b)\\ \mu-a\alpha\left[\frac{1}{a\sigma}+2\pi|\varphi''_k(b)|a\sigma\right]=a\varphi'_k(b)\end{cases} \tag{5.5-20}$$

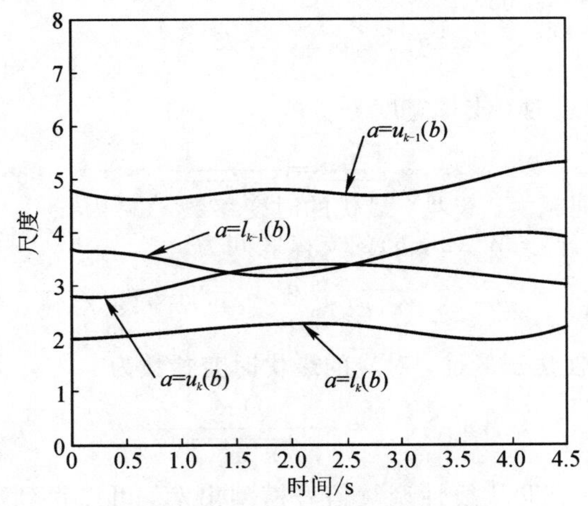

图 5.5-1 $W_{x_k}(a,b)$和$W_{x_{k-1}}(a,b)$在时间-尺度平面上的支撑区间

可以分别得到支撑区间边界 $a=u_k$ 和 $a=l_k$，表示为

$$u_k=u_k(b)=\frac{2\left(\mu+\dfrac{\alpha}{\sigma}\right)}{\varphi'_k(b)+\sqrt{\varphi'_k(b)^2-8\pi\alpha(\mu\sigma+\alpha)|\varphi''_k(b)|}} \tag{5.5-21}$$

$$l_k=l_k(b)=\frac{2\left(\mu-\dfrac{\alpha}{\sigma}\right)}{\varphi'_k(b)+\sqrt{\varphi'_k(b)^2+8\pi\alpha(\mu\sigma+\alpha)|\varphi''_k(b)|}} \tag{5.5-22}$$

如果要求 $W_{x_k}(a,b)$和 $W_{x_{k-1}}(a,b)$在时间-尺度平面上良好可分，则要求 $u_k(b)\leqslant l_{k-1}(b)$成立。于是，结合式(5.5-21)和式(5.5-22)，可得如下不等式：

$$\alpha_k(b)\sigma^2-\beta_k(b)\sigma+\gamma_k(b)\leqslant 0 \tag{5.5-23}$$

其中：

$$\alpha_k(b)=2\pi\alpha\mu(|\varphi''_k(b)|+|\varphi''_{k-1}(b)|)^2$$

$$\beta_k(b)=[\varphi'_k(b)|\varphi''_{k-1}(b)|+\varphi'_{k-1}(b)|\varphi''_k(b)|][\varphi'_k(b)-\varphi'_{k-1}(b)]+4\pi\alpha^2[\varphi''_k(b)^2-\varphi''_{k-1}(b)^2]$$

$$\gamma_k(b)=\frac{\alpha}{\mu}\{[\varphi'_k(b)|\varphi''_{k-1}(b)|+\varphi'_{k-1}(b)|\varphi''_k(b)|][\varphi'_k(b)+\varphi'_{k-1}(b)]+2\pi\alpha^2[|\varphi''_k(b)|-|\varphi''_{k-1}(b)|]^2\}$$

因此，如果有

$$\Upsilon_k(b)=\beta_k(b)^2-4\alpha_k(b)\gamma_k(b)\geqslant 0 \tag{5.5-24}$$

那么，式(5.5-23)有解。此时，时变参数 $\sigma(b)$需满足：

$$\frac{\beta_k(b)-\sqrt{\Upsilon_k(b)}}{2\alpha_k(b)}\leqslant\sigma(b)\leqslant\frac{\beta_k(b)+\sqrt{\Upsilon_k(b)}}{2\alpha_k(b)} \tag{5.5-25}$$

需要注意的是，如果 $\Upsilon_k(b)<0$，则代表式(5.5-23)无解，即没有参数 σ 符合条件，意味着信号分量 $x_{k-1}(t)$ 和 $x_k(t)$ 在时间-尺度平面上无法分开。通过上述推导，得到在局部 LFM 近似条件下 CWT 的良好可分条件，即满足条件的自适应时变参数 $\sigma(t)$。

可以证明：**在多分量信号良好可分的条件下，$\sigma(t)$ 越小，时频同步压缩的效果越好。** $\sigma(t)$ 越小，表明支撑区间越大。于是，最优的时变参数 $\sigma(t)$ 为

$$\sigma(t)=\frac{\beta_k(t)-\sqrt{\Upsilon_k(t)}}{2\alpha_k(t)} \tag{5.5-26}$$

式(5.5-26)中的 $\sigma(t)$ 应使得任意两个相邻的信号分量良好可分，即对于任意的 $2\leqslant k\leqslant K$，$\sigma(t)$ 应满足式(5.5-25)。因此，局部 LFM 近似条件下的**最优时变参数** $\sigma(t)$ 定义为

$$\sigma(t)=\max_{2\leqslant k\leqslant K}\left\{\frac{\beta_k(t)-\sqrt{\Upsilon_k(t)}}{2\alpha_k(t)}\right\} \tag{5.5-27}$$

实际中，对于未知全盲信号，没有任何先验信息，找到一个合适的时变参数 $\sigma(t)$ 是一个难题。

可以从时频能量聚集性度量的角度出发，选择合适的时变参数 $\sigma(t)$，使得非平稳多分量信号的时频聚集性最好。利用该时变参数 $\sigma(t)$ 作为上述最优参数的估计，可得到更优的时频同步压缩效果。

下面以 **Rényi 熵**为例进行分析。Rényi 熵是一种描述时频聚集性的重要评价指标，定义为

$$R_D=\frac{1}{1-l}\mathrm{lb}\frac{\int_{-\infty}^{\infty}\int_{-\infty}^{\infty}|D(t,\xi)|^{2l}\mathrm{d}t\,\mathrm{d}\xi}{\left[\int_{-\infty}^{\infty}\int_{-\infty}^{\infty}|D(t,\xi)|^{2}\mathrm{d}t\,\mathrm{d}\xi\right]^{l}} \tag{5.5-28}$$

其中，$D(t,\xi)$ 为某一给定的时频描述，l 为预设的参数，一般取 $l>2$。R_D 越小，表示 $D(t,\xi)$ 的能量聚集性越好，时频分辨率越高。

注意到 R_D 仅能评价时频表示 $D(t,\xi)$ 的整体性能，无法表示局部时频分辨特性。于是，定义如下**局部 Rényi 熵**：

$$R_D(t)=\frac{1}{1-l}\mathrm{lb}\frac{\int_{-\infty}^{\infty}\int_{t-\varepsilon}^{t+\varepsilon}|D(b,\xi)|^{2l}\mathrm{d}b\,\mathrm{d}\xi}{\left[\int_{-\infty}^{\infty}\int_{t-\varepsilon}^{t+\varepsilon}|D(b,\xi)|^{2}\mathrm{d}b\,\mathrm{d}\xi\right]^{l}} \tag{5.5-29}$$

其中，$\varepsilon>0$ 为常量，$[t-\varepsilon, t+\varepsilon]$ 是关于 t 的一个局部积分区间。ε 的大小反映了对信号局部特性刻画的精细程度。

这里考虑时变参数 $\sigma(t)$ 下的 CWT，记为 $W^{\sigma}(a,b)$。于是，其局部 Rényi 熵表示为

$$R_W^{\sigma}(t)=\frac{1}{1-l}\mathrm{lb}\frac{\int_{-\infty}^{\infty}\int_{t-\varepsilon}^{t+\varepsilon}|W^{\sigma}(a,b)|^{2l}\mathrm{d}b\,\mathrm{d}a}{\left[\int_{-\infty}^{\infty}\int_{t-\varepsilon}^{t+\varepsilon}|W^{\sigma}(a,b)|^{2}\mathrm{d}b\,\mathrm{d}a\right]^{l}} \tag{5.5-30}$$

因此，**基于局部 Rényi 熵的最优时变参数**定义为

$$\sigma(t)=\arg\min_{\sigma} R_W^{\sigma}(t) \tag{5.5-31}$$

基于上述理论分析，同样可以给出自适应 STFT、自适应 FSST 和自适应 FSST2 的最优窗宽参数，这里不再赘述。

本章小结

窗函数的选取是短时傅里叶变换、小波变换等线性时频分析算法的核心问题。针对基于固定窗函数、短时傅里叶变换的时间-频率二维分辨率在整个时频平面都是固定的；小波分析虽然提供了多尺度和多分辨近似，仍然无法适应非平稳信号自身的时频变化特性。基于此，本章重点介绍了自适应时频分析方法，使得时频分析与信号局部瞬时频率变化相适应，从而提高整个时频平面的能量聚集性和分辨性能；在自适应小波变换和自适应短时傅里叶变换的基础上，提出了自适应同步压缩小波变换和自适应同步压缩短时傅里叶变换，以及自适应二阶同步压缩连续小波变换和自适应二阶同步压缩短时傅里叶变换。需要注意的是，非平稳信号的局部近似是自适应时频分析的关键，同步压缩变换基于局部单频信号模型，而二阶同步压缩变换基于局部线性调频模型。另外，自适应参数的选择是自适应时频分析的核心，已经证明：在多分量信号良好可分的条件下，$\sigma(t)$越小，时频同步压缩的效果越好。

第 6 章　信号分离与重构

6.1 引　　言

在雷达、通信、声呐、地震、机械振动等实际工程领域中，由于系统内部、外部多种因素的综合作用，测量得到的信号一般包含多个频率成分，称为多分量信号。近年来，非平稳多分量信号的信息获取与处理分析，是信号处理领域的一个研究热点。一般将非平稳多分量信号模型表示为多个幅度-频率调制(amplitude modulation - frequency modulation，AM - FM)分量的叠加。

定义 6.1.1　非平稳多分量信号：一个非平稳多分量信号可以表示为

$$f(t)=\sum_{k=1}^{K}f_k(t)=\sum_{k=1}^{K}A_k(t)\mathrm{e}^{\mathrm{i}2\pi\varphi_k(t)} \tag{6.1-1}$$

其中，$A_k(t)$和 $\varphi_k(t)$分别表示第 k 个分量的瞬时幅度和瞬时相位，$k=1, 2, \cdots, K$，K 为信号分量个数。如果不考虑各分量瞬时频率相互交叉的情况，上述非平稳多分量信号(MCS)一般需满足条件：$A_k(t)>0$，$\varphi'_k(t)>0$，$\varphi'_{k+1}(t)>\varphi'_k(t)$，$k=1, 2, \cdots, K-1$。其中，$\varphi'_k(t)$为第 k 个分量的瞬时频率。

理论上，当多分量信号的各个分量良好可分时，即 $\varphi'_{k+1}(t)-\varphi'_k(t)>d[\varphi'_{k+1}(t)+\varphi'_k(t)]$，$0<d<1$ 为某一常数，那么该 MCS 的时频图可以写为

$$\mathrm{TF}_\zeta(t, \eta)=\sum_{k=1}^{K}A_k(t)^\zeta\delta[\eta-\varphi'_k(t)] \tag{6.1-2}$$

其中，ζ 与时频分析的阶次有关，例如 $\zeta=1$ 和 $\zeta=2$ 分别对应线性和二次时频分析方法。然而，由于实际信号的频率变化复杂，且多分量信号的瞬时频率可能存在交叉的情况，信号分离与重构难度增加。

本章首先介绍经典的盲源分离模型和基本理论，给出独立分量分析和非负矩阵分解两种盲源分离算法。6.2 节介绍盲源分离算法，盲源分离需要多个观测向量，因此，主要针对

多传感器测量数据。6.3 节介绍经验模式分解算法，主要针对单个传感器(单通道)测量数据。由于经验模式分解算法缺乏数学基础，因此存在模式混淆、边界效应、虚假分量等问题，6.4 节介绍基于线性时频分析的信号分离算法。6.5 节介绍一种直接信号分离算法，同时基于局部线性调频近似可进一步提高信号还原精度。此外，针对多分量信号的瞬时频率交叉的问题，介绍一种基于时间-频率-调频斜率的信号表示方法，既可以估计信号分量的瞬时频率，又可以还原信号分量。

6.2 盲源分离算法

在式(6.1-1)中，多分量信号(multiple component signal，MCS)模型考虑的是单通道(单个传感器)观测数据。作为对比分析，本章首先介绍盲源分离算法。盲源分离(blind source separation，BSS)由 Herault 和 Jutten 于 1985 年提出，是解决“鸡尾酒会问题”的利器之一，其目的是要从观测得到的混合信号中分离出各个源信号。盲源分离算法已经在生物医学信号处理、阵列信号处理、语音信号识别、图像处理以及移动通信等领域得到了广泛的应用。

假设有 m 个统计独立的源信号和 n 个传感器，观测信号模型可以表示为

$$\boldsymbol{X}=\boldsymbol{AS}+\boldsymbol{E} \tag{6.2-1}$$

其中，$\boldsymbol{X}=[\boldsymbol{x}_1, \boldsymbol{x}_2, \cdots, \boldsymbol{x}_n]^{\mathrm{T}}$ 是由 n 个信号向量组成的观测信号矩阵，各个观测信号矢量记作$\boldsymbol{x}_k=[x_{k1}, x_{k2}, \cdots, x_{kL}]$，$(1\leqslant k\leqslant n)$，$L$ 为信号的采样点数；$\boldsymbol{S}=[\boldsymbol{s}_1, \boldsymbol{s}_2, \cdots, \boldsymbol{s}_m]^{\mathrm{T}}$ 表示由 m 个未知信号组成的源信号矩阵，每一个源信号矢量记作$\boldsymbol{s}_l=[s_{l1}, s_{l2}, \cdots, s_{lL}]$，$(1\leqslant l\leqslant m)$；$\boldsymbol{A}$ 为未知的混合矩阵，大小为 $n\times m$；$\boldsymbol{E}$ 表示传感器和信道的加性观测噪声矩阵，大小为 $n\times L$。

如果不考虑噪声信号的影响，观测信号的数学模型可以改写为

$$\boldsymbol{X}=\boldsymbol{AS} \tag{6.2-2}$$

盲源分离问题的本质是求分离矩阵 $\boldsymbol{B}$，从而恢复出源信号 $\boldsymbol{S}$，即

$$\boldsymbol{Y}=\boldsymbol{BX} \tag{6.2-3}$$

其中，$\boldsymbol{Y}$ 表示源信号的估计矩阵。盲源分离的目标是通过计算矩阵 $\boldsymbol{B}$，使矩阵 $\boldsymbol{Y}$ 尽量接近源信号矩阵 $\boldsymbol{S}$。对于瞬时混合盲源分离问题，如果要求完全精确分离或恢复源信号，那么须满足 $\boldsymbol{B}=\boldsymbol{A}^{-1}$。

实际中，由于源信号 $\boldsymbol{S}$ 和混合矩阵 $\boldsymbol{A}$ 是未知的，因此盲源分离问题的解存在不确定性，包括幅值不确定性和次序不确定性。但是在处理盲源分离问题时，以上两个不确定性一般是可以接受的。根据瞬时线性混合模型的不同，盲源分离可以分为以下三种情况：

(1) 源信号数目 m 与观测信号数目 n 相等，即 $m=n$，称为**正定盲源分离**。这时混合矩阵 $\boldsymbol{A}$ 是可逆的，求出分离矩阵 $\boldsymbol{B}$ 就能得到源信号的估计。

(2) 源信号的数目 m 小于观测信号的数目 n，即 $m<n$，称为**超定盲源分离**。这时混合模型为超定混合模型，观测信号矩阵是冗余的，可以转换为正定混合模型。

(3) 源信号数目 m 大于观测信号数目 n，即 $m>n$，称为**欠定盲源分离**。这时混合矩阵是不可逆的，采用传统的方法难以实现多源信号分离。

盲源分离问题的求解方法主要包括独立分量分析(independent component analysis, ICA)、稀疏分量分析(sparse component analysis, SCA)、非负矩阵分解(non - negative matrix factorization, NMF)等。ICA 方法利用信号的独立性实现盲源分离，经典 ICA 算法通常不适用于欠定盲源分离。SCA 方法利用信号的稀疏性实现盲源分离，但对于非稀疏信号的性能不佳。NMF 方法利用数据矩阵的非负性，实现信号分解，对分解信号的独立性和稀疏性没有要求。下面主要介绍独立分量分析和非负矩阵分解。

6.2.1　独立分量分析

独立分量分析的目标是寻找一个线性变换矩阵，使得变换后的输出分量尽可能相互统计独立。对于式(6.2-1)和式(6.2-2)的瞬时线性混合模型，假设源信号之间相互统计独立，并且最多只有一个信号是高斯信号。ICA 方法基于观测信号 $\boldsymbol{X}=[\boldsymbol{x}_1, \boldsymbol{x}_2, \cdots, \boldsymbol{x}_n]^{\mathrm{T}}$，寻找一个 $m\times n$ 的解混合矩阵 $\boldsymbol{W}$，使得估计信号 $\boldsymbol{Y}=\boldsymbol{W}\boldsymbol{X}$，且 $\boldsymbol{Y}$ 的各个分量 $\boldsymbol{y}_1, \boldsymbol{y}_2, \cdots, \boldsymbol{y}_m$ 之间统计独立。

对于特定时刻 t，假设随机变量序列 $s_1(t), s_2(t), \cdots, s_m(t)$ 相互独立，且具有相同的数学期望 μ 和方差 σ^2。由中心极限定理可知，当 m 充分大时，序列和 $s(t)=s_1(t)+s_2(t)+\cdots+s_m(t)$ 近似服从高斯分布。可以看出，序列和 $s(t)$ 比任何一个分量 $s_l(t)$, $l=1, 2, \cdots, m$ 都更接近高斯分布。因此，可以根据分离信号的高斯性来判断各个分量 $\boldsymbol{y}_1, \boldsymbol{y}_2, \cdots, \boldsymbol{y}_m$ 之间的统计独立性。换言之，$\boldsymbol{y}_l$ 的高斯性越小，说明 $\boldsymbol{y}_l$ 与其他分量之间的统计独立性越高。在盲源分离过程中，要求 $\boldsymbol{Y}=\boldsymbol{W}\boldsymbol{X}$ 的各个分量统计独立，所以，可以用非高斯性来评价分离结果，使得分离结果具有较强的非高斯性。

ICA 模型估计通常先选择一个合适的目标函数，然后对其进行最小化或最大化处理。因此，经典 ICA 方法一般包括目标函数的选取和最优化算法的选择两个方面。目标函数的选取决定了 ICA 方法的统计特性，如一致性、渐变性、鲁棒性。最优化算法的选择则决定了算法的处理效能，如收敛速度、内存要求和稳定性等。

与传统的滤波方法和累加平均方法相比，ICA 在消除噪声的同时，对信号的细节几乎没有破坏，且抑噪性能也往往优于传统的滤波方法。与基于特征分析，如奇异值分解

(SVD)、主分量分析(PCA)等传统信号分离方法相比，ICA是基于高阶统计特性的分析方法。在很多应用中，对高阶统计特性的分析更符合实际，如图6.2-1所示。

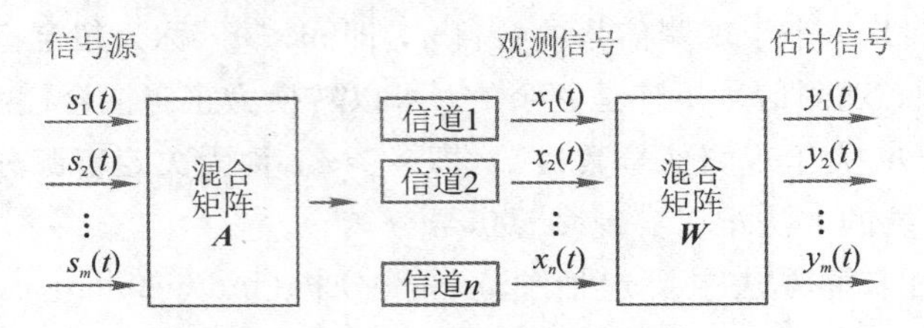

图6.2-1 ICA算法示意图

Fast-ICA算法由Hyvarien等人提出，基于非高斯性最大化原理，使用固定点迭代理论寻找$\boldsymbol{Y}=\boldsymbol{W}\boldsymbol{X}$的非高斯性最大值。该算法采用牛顿迭代算法对测量变量$\boldsymbol{X}$的大量采样点进行批处理，每次从观测信号中分离出一个独立分量，是ICA的一种快速算法。

求解ICA的第一步是对观测信号$\boldsymbol{X}=[\boldsymbol{x}_1, \boldsymbol{x}_2, \cdots, \boldsymbol{x}_n]^{\mathrm{T}}$进行白化处理，得到互不相关的列数据，表示为

$$\tilde{\boldsymbol{X}}=\boldsymbol{E}\boldsymbol{D}^{-1/2}\boldsymbol{E}^{\mathrm{T}}\boldsymbol{X} \tag{6.2-4}$$

其中，$\boldsymbol{E}$和$\boldsymbol{D}$由$\boldsymbol{X}$的特征值分解得到，即$\boldsymbol{X}\boldsymbol{X}^{\mathrm{T}}=\boldsymbol{E}\boldsymbol{D}\boldsymbol{E}^{\mathrm{T}}$。信号白化处理一般通过PCA来实现。白化的一个重要作用在于，得到的$\tilde{\boldsymbol{X}}$是一个正交矩阵，即每个维度都是线性无关的。白化处理使得需要学习的参数减少了一半，因为正交矩阵的自由度是$n(n-1)/2$，而原始矩阵的自由度是n^2。

经过白化处理后，需要找到一个最优方向$\boldsymbol{W}$，使得该方向的非高斯性最大，即

$$\max J(\boldsymbol{W}\tilde{\boldsymbol{X}}) \tag{6.2-5}$$

其中，J为目标函数。这里可以选用负熵来衡量非高斯性，即

$$J(\boldsymbol{Y})=H(\boldsymbol{Y}_{\mathrm{gauss}})-H(\boldsymbol{Y}) \tag{6.2-6}$$

其中，$\boldsymbol{Y}_{\mathrm{gauss}}$服从高斯分布，与$\boldsymbol{Y}$具有相同的协方差矩阵。$H(\boldsymbol{Y})$定义为

$$H(\boldsymbol{Y})=\int p(y)\log[p(y)]\,\mathrm{d}y \tag{6.2-7}$$

其中，$p(y)$为$\boldsymbol{Y}$的概率分布。

由式(6.2-7)可以看出，计算负熵需要已知信号的概率密度函数，一般很难准确获得。因此，常采用近似形式，例如，采用高阶矩。Fast-ICA算法一般采用如下形式：

$$J_G(\boldsymbol{W})=\{E[G(\boldsymbol{W}^{\mathrm{T}}\tilde{\boldsymbol{X}}]\}^2 \tag{6.2-8}$$

其中，$E[(\boldsymbol{W}^{\mathrm{T}}\tilde{\boldsymbol{X}})^2]=E(\boldsymbol{W}^{\mathrm{T}}\tilde{\boldsymbol{X}}\tilde{\boldsymbol{X}}^{\mathrm{T}}\boldsymbol{W})=E(\boldsymbol{W}^{\mathrm{T}}\boldsymbol{W})=\|\boldsymbol{W}\|^2=1$为约束条件。$G$为某一预设的非线性函数。例如：

$$G(u)=\frac{1}{a_1}\log\cosh(a_1u)$$

$$G'(u)=\tanh(a_1 u)$$

经过推导，Fast - ICA 算法最终的迭代公式可表示为

$$\begin{cases} \boldsymbol{W}_{k+1}=E[\widetilde{\boldsymbol{X}}G'(\boldsymbol{W}_k^{\mathrm{T}}\widetilde{\boldsymbol{X}})]-E[G''(\boldsymbol{W}_k^{\mathrm{T}}\widetilde{\boldsymbol{X}})]\boldsymbol{W}_k \\ \boldsymbol{W}_{k+1}=\dfrac{\boldsymbol{W}_{k+1}}{\|\boldsymbol{W}_{k+1}\|^2} \end{cases} \tag{6.2-9}$$

例 6.2.1　利用 Fast - ICA 对语音信号进行分离。

首先，利用实际采集得到的 3 段语音信号和随机混合矩阵 **A**，构造 3 通道观测混合信号模型，如图 6.2 - 2 和图 6.2 - 3 所示。然后，由 ICA 还原得到的源信号估计结果，如图 6.2 - 4 所示。从图中可以看出，虽然存在幅值不确定性和次序不确定性，但是还原信号（估计信号）与源信号的波形形状几乎一致。

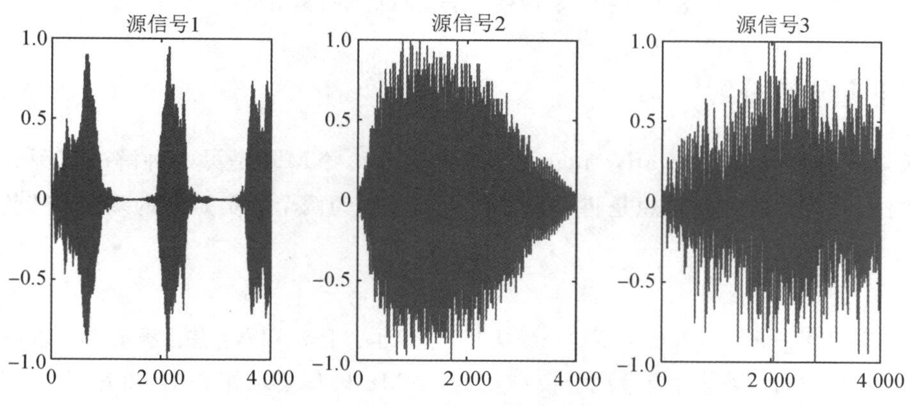

图 6.2 - 2　实际采集的语音信号

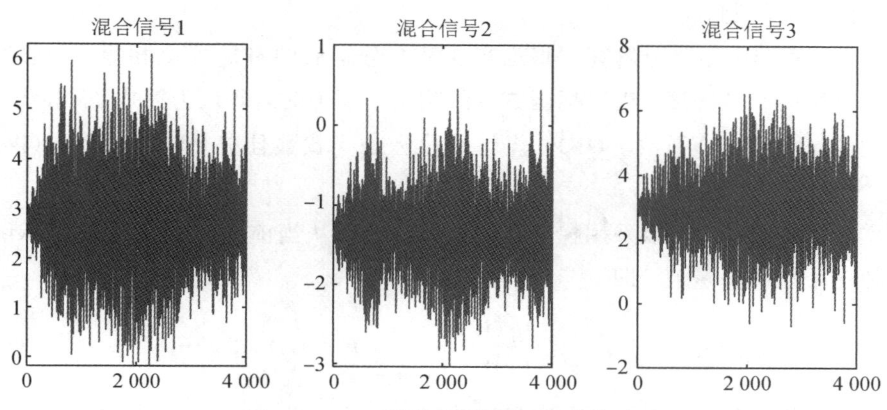

图 6.2 - 3　3 通道观测信号（混合信号）

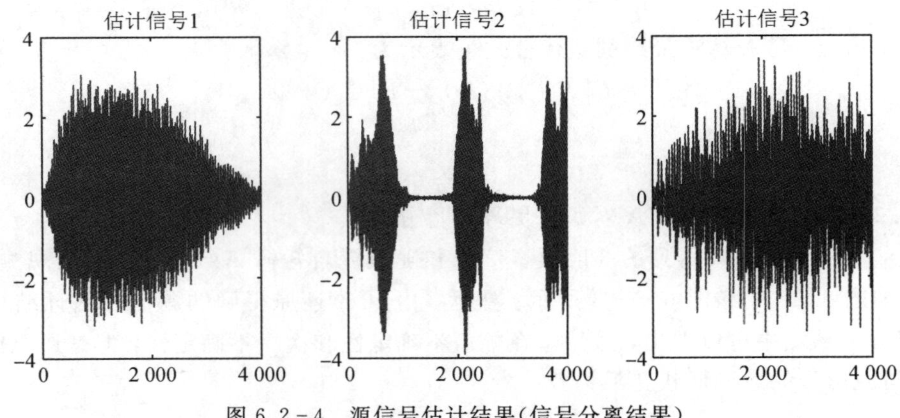

图 6.2-4　源信号估计结果(信号分离结果)

6.2.2　非负矩阵分解

非负矩阵分解(non-negative matrix factorization, NMF)是另一种解决盲源分离问题的有效方法。NMF 的主要思想是将一个非负矩阵分解为两个非负矩阵的乘积，其数学模型表示为

$$\boldsymbol{V}=\boldsymbol{W}\boldsymbol{H} \tag{6.2-10}$$

其中，$\boldsymbol{V}\in\boldsymbol{R}^{m\times N}$，$\boldsymbol{W}\in\boldsymbol{R}^{m\times n}$，$\boldsymbol{H}\in\boldsymbol{R}^{n\times N}$。一般情况下，$n$ 远小于 m 和 N，并且满足$(m+N)n<mN$。

与式(6.2-2)盲源分离信号混合模型相比，NMF 模型要求矩阵 $\boldsymbol{W}$ 和 $\boldsymbol{H}$ 中的所有元素都是非负的。从数学角度来看，当观测到的混合信号矩阵为正值时，非负矩阵分解方法才可以解决盲源分离问题。

实际中，采用非负矩阵分解算法很难实现 $\boldsymbol{V}$ 与分解后的 $\boldsymbol{W}\boldsymbol{H}$ 完全相等。一般选取目标函数来衡量算法的收敛程度，当目标函数收敛到某一阈值时，即认为完成了 NMF。考虑一个最优化问题，引入代价函数 $g(\boldsymbol{W})$，优化的目标是寻找最佳矢量$\boldsymbol{W}_{\text{opt}}$ 使得 $g(\boldsymbol{W})$达到极值点。

为了实现这个目的，可以采用梯度算法，每一次都从当前的矢量值沿着目标函数的梯度方向减掉一个小的矢量值，即

$$\boldsymbol{W}_{k+1}=\boldsymbol{W}_k-\eta_k\left.\frac{\partial g(\boldsymbol{W})}{\partial \boldsymbol{W}}\right|_{\boldsymbol{W}=\boldsymbol{W}_k},\ k=0,1,2,\cdots \tag{6.2-11}$$

其中，k 表示迭代次数，η_k 表示第 k 次迭代的步长。

从几何意义上来讲，由于梯度总是指向函数最快衰减的方向，因此式(6.2-11)所描述

的迭代过程沿着目标函数曲面最陡的方向逐步收敛，最终达到距离初始矢量最近的一个局部极小值点。最陡下降法的收敛是线性的，其收敛速度取决于目标函数的 Hessian 矩阵和对应的步长 η_k。如果目标函数固定不变，迭代过程的稳定性和收敛性则仅由迭代步长的大小决定。迭代步长太小则收敛速度慢，迭代步长太大则可能会使算法不稳定。

计算矩阵梯度需要进行矩阵求逆运算。为了简化运算，一般采用相对梯度和自然梯度两种算法。

(1) 相对梯度算法：假设 $g(\boldsymbol{W})$ 是矩阵 $\boldsymbol{W}$ 的目标函数，需要找到一个最小化方向，使得目标函数 $g(\boldsymbol{W})$ 以较小的增量 $\Delta\boldsymbol{W}$ 逐渐达到最小化。因此，将 $g(\boldsymbol{W}+\Delta\boldsymbol{W})$ 以泰勒级数的形式进行展开，即

$$g(\boldsymbol{W}+\Delta\boldsymbol{W})=g(\boldsymbol{W})+\mathrm{trace}\left[\left(\frac{\partial g(\boldsymbol{W})}{\partial\boldsymbol{W}}\right)^{\mathrm{T}}\Delta\boldsymbol{W}\right]+\cdots \tag{6.2-12}$$

其中，增量矩阵 $\Delta\boldsymbol{W}$ 与 $\boldsymbol{W}$ 成比例。因此，式(6.2-12)可以改写为

$$g(\boldsymbol{W}+\Delta\boldsymbol{W})=g(\boldsymbol{W})+\mathrm{trace}\left[\left(\frac{\partial g(\boldsymbol{W})}{\partial\boldsymbol{W}}\boldsymbol{W}^{\mathrm{T}}\right)^{\mathrm{T}}\boldsymbol{D}\right]+\cdots \tag{6.2-13}$$

其中，$\boldsymbol{D}$ 表示比例因子矩阵，且满足 $\boldsymbol{D}\boldsymbol{W}=\Delta\boldsymbol{W}$。可以看出，当 $\boldsymbol{D}$ 正比于 $-\frac{\partial g}{\partial\boldsymbol{W}}\boldsymbol{W}^{\mathrm{T}}$ 时，梯度下降得较快。因此，相对梯度定义为

$$\Delta\boldsymbol{W}=-\left(\frac{\partial g}{\partial\boldsymbol{W}}\boldsymbol{W}^{\mathrm{T}}\right)\boldsymbol{W} \tag{6.2-14}$$

(2) 自然梯度算法：定义在黎曼几何结构上的一种梯度算法，在欧氏正交坐标系统中，函数的梯度指向最陡方向，即通常的梯度下降算法。但是参数空间并不一定是欧氏空间，有时是黎曼几何结构，此时的最陡方向就不是通常的梯度方向，而是自然梯度的方向。

上述增量矩阵 $\Delta\boldsymbol{W}$ 的范数可以用内积表示为

$$\|\Delta\boldsymbol{W}\|^2=\langle\Delta\boldsymbol{W},\Delta\boldsymbol{W}\rangle_{\boldsymbol{W}} \tag{6.2-15}$$

而且有

$$\langle\Delta\boldsymbol{W},\Delta\boldsymbol{W}\rangle_{\boldsymbol{W}}=\sum_{i,j}(\Delta w_{ij})^2=\mathrm{trace}[\Delta\boldsymbol{W}^{\mathrm{T}}\Delta\boldsymbol{W}] \tag{6.2-16}$$

由黎曼几何性质，有

$$\langle\Delta\boldsymbol{W},\Delta\boldsymbol{W}\rangle_{\boldsymbol{W}}=\langle\Delta\boldsymbol{W}\boldsymbol{A},\Delta\boldsymbol{W}\boldsymbol{A}\rangle_{\boldsymbol{W}\boldsymbol{A}}$$

由此可得

$$\langle\Delta\boldsymbol{W},\Delta\boldsymbol{W}\rangle_{\boldsymbol{W}}=\langle\Delta\boldsymbol{W}\boldsymbol{W}^{-1},\Delta\boldsymbol{W}\boldsymbol{W}^{-1}\rangle_{\boldsymbol{I}}=\mathrm{trace}[(\boldsymbol{W}^{\mathrm{T}})^{-1}\Delta\boldsymbol{W}^{\mathrm{T}}\Delta\boldsymbol{W}\boldsymbol{W}^{-1}]$$

于是，最大自然梯度方向为 $\frac{\partial g(\boldsymbol{W})}{\partial\boldsymbol{W}}\boldsymbol{W}^{\mathrm{T}}\boldsymbol{W}$。

6.3 经验模式分解算法

6.2 节介绍的盲源分离算法采用多通道信号模型，通过相互独立的多通道观测信号对源信号进行分离。在雷达、通信等应用中，由于各种条件的限制，大多数情况下得到的信号是单通道的，此时 ICA、NMF 等传统盲源分离算法将无法有效分离多分量信号。

经验模式分解(empirical mode decomposition，EMD)算法是近年来发展起来的一种新型的基于数据驱动的信号时频分析方法，它依据信号自身的特点，自动地抽取信号内在的固有模式函数，是一种适用于分析实际非线性非平稳信号的有效方法。EMD 算法被认为是对以线性和平稳假设为基础的傅里叶分析和小波变换等传统时频分析方法的重大突破。然而，由于缺乏严格的理论证明，该方法在边界效应、模式混淆、可靠性等方面依然存在很多不足之处。

6.3.1 EMD 算法简介

经验模式分解是希尔波特-黄变换(Hilbert-Huang transform，HHT)的核心算法，由 Huang 等人于 1998 年提出。通过 EMD 可以将多分量信号分解为有限个固有模式函数(intrinsic mode function，IMF)分量。每个 IMF 经过希尔伯特变换得到的瞬时频率都具有实际的物理意义。

EMD 突破了傅里叶变换理论的限制，是一种局部的、完全基于数据的自适应分析方法。IMF 是信号中的关键信息，需满足以下两个条件：

(1) 整个信号中，零点数与极点数最多相差 1。

(2) 信号中任一点，由局部极大值点和局部极小值点分别确定的上下包络均值为零，即信号关于时间轴局部对称。

EMD 的筛选步骤如下：

(1) 对于信号 $s(t)$，首先提取其所有极大值点和极小值点，并分别用三次样条函数进行拟合，得到信号的上包络和下包络，记为 $u(t)$和 $l(t)$。

(2) 令 $m(t)$为上、下包络的平均值，即 $m(t)=\dfrac{u(t)-l(t)}{2}$，并令 $h(t)=s(t)-m(t)$。

(3) 将 $h(t)$看作新的 $s(t)$，重复上述操作，直到 $h(t)$满足 IMF 条件，记为信号的第一阶 IMF，即 $c_1(t)=h(t)$。

(4) 令残余分量 $r(t)=s(t)-h(t)$，判断 $r(t)$是否满足筛选停止条件，如果满足，停止迭代；如果不满足，则将 $r(t)$视为输入信号，重复以上步骤，逐次得到信号的各阶 IMF

和最终的残余函数 $r(t)$。

从以上分解过程可以看出，EMD 从信号本身出发，得到了一组信号的自适应基，基函数是一系列零均值 AM - FM 信号。而傅里叶变换的基函数、小波函数簇等都是预先设定的，其信号分解结果无法适应信号在不同时间处的尺度变化。EMD 得到的固有模式分量满足局部正交性，但在全局上并不一定正交。EMD 本质上是一种基于信号的自适应滤波器组，在筛选过程中首先得到的是变化最快的（频率最高的）IMF，进而依次从高频到低频得到信号的各阶 IMF 分量。

经过第一次筛选，信号 $s(t)$ 可表示为

$$s(t)=r_1(t)+c_1(t) \tag{6.3-1}$$

其中，$c_1(t)$ 代表信号的一阶 IMF 分量，它是信号中的高频分量，$r_1(t)$ 是信号中相对于 $c_1(t)$ 的低频部分。对信号的低频部分继续筛选，最终可得

$$s(t)=r_K(t)+\sum_{i=1}^{K}c_i(t) \tag{6.3-2}$$

其中，$r_K(t)$ 代表信号的残余分量，$c_i(t)$，$i=1, 2, \cdots, K$ 是信号的 K 个 IMF 分量。在整个分解过程中，$c_i(t)$ 具有与 $r_{i-1}(t)$ 相似的频率特性，极值点个数相同。

例 6.3.1 利用 EMD 对三分量信号进行分解。

图 6.3 - 1(a) 所示为仿真产生的一个三分量信号，其中，$s(t)$ 为合成信号的波形，$s1$、$s2$ 和 $s3$ 分别为信号的三个分量。对于该信号，三个分量的信号模型不同，且在频域相互混叠，因此，在没有任何先验知识的情况下，直接使用传统的傅里叶变换或其他方法很难获得三个分量的精确估计。这里采用 EMD 方法，可以准确分解得到三个信号分量，残余分量几乎为零，如图 6.3 - 1(b) 所示。

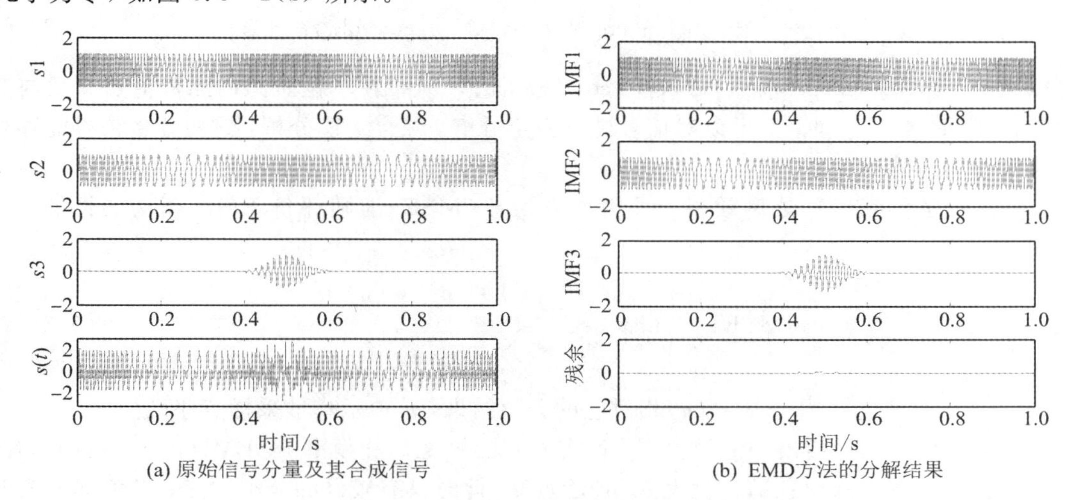

(a) 原始信号分量及其合成信号　　(b) EMD方法的分解结果

图 6.3 - 1 三分量信号及其 EMD 分解结果

虽然 EMD 已经在许多工程应用中表现出了明显的有效性，但是其理论研究一直比较缓慢。研究表明，EMD 对于多分量信号的可分解条件与信号的极值点密切相关。以两个不同频率分量的合成信号为例，表示为

$$x(t)=a_1\cos[2\pi\varphi_1(t)]+a_2\cos[2\pi\varphi_2(t)] \tag{6.3-3}$$

其中，a_1 和 a_2 分别为两信号的幅度；对于 $\varphi_1(t)$ 和 $\varphi_2(t)$，$\varphi_1'(t)$ 和 $\varphi_2'(t)$ 为瞬时频率。一般情况下，在两个信号幅度相当时，EMD 可以充分分解的条件是：在同一时刻，较高频率分量信号的频率至少为另一分量信号的 2 倍，即 $\varphi_2'(t)\geqslant 2\varphi_1'(t)$。

上述分解条件是在大量实验的基础上总结得到的，缺乏严格的理论证明。实际上，如果合成信号中有一个分量的幅度和频率远大于其他分量，那么合成信号的极值点的位置也就是该分量信号的极值点位置，因而可以首先将该分量信号准确地分解出来。而当多个分量信号的幅度或频率接近时，极值点位置难以确定，会出现模式混叠、虚假信号分量等问题。

针对式(6.3-3)，考虑一种简单的信号模型

$$x(t)=\cos(2\pi t)+a\cos(2\pi ft+\varphi) \tag{6.3-4}$$

其中，幅度 $a>0$，频率 $f\in(0,1)$。式(6.3-4)中，两个分量均为单频信号，第一项为高频分量，第二项为低频分量。由于 $\cos(2\pi t)$ 的幅度和频率均为 1，因此，a 和 f 也可以分别看作两信号的幅度和频率之比。

在极值点 $t=t_0$ 处，$x(t)$ 的一阶和二阶导数分别为

$$\left.\frac{\partial x(t)}{\partial t}\right|_{t=t_0}=2\pi\sin 2\pi t_0+2\pi af\sin(2\pi ft_0+\varphi)=0 \tag{6.3-5}$$

$$\left.\frac{\partial^2 x(t)}{\partial t^2}\right|_{t=t_0}=4\pi^2\cos 2\pi t_0+4\pi^2 af^2\cos(2\pi ft_0+\varphi) \tag{6.3-6}$$

可以证明，当 $|af^2\cos(2\pi ct_0+\varphi)|<|\cos 2\pi t_0|$ 时，$x(t)$ 在单位时间内的极值点个数与高频分量相同，此时，理论上可以对信号进行完全分解。综合上述分析，该两分量信号能够被完全分解的条件是 $af<1$。

为了描述实际信号分离效果，采用均方误差(MSE)准则评价 EMD 算法的性能，定义为

$$\text{MSE}=\max_{i=1,2,\cdots,K}\left\{\frac{\sum_n|c_i(n)-s_i(n)|^2}{\sum_n|s_i(n)|^2}\right\} \tag{6.3-7}$$

其中，$c_i(n)$ 代表与信号分量 $s_i(n)$ 相对应的分解结果，n 表示离散采样点序列。

针对式(6.3-4)给出的信号模型，设定不同的幅度 a 和频率 f，EMD 的分解性能如图 6.3-2 所示。图中灰白色部分代表 MSE 趋近 0，此时具有较好的分解性能，黑色部分表明由 EMD 无法得到合成信号的两个分量，算法失效。从图中可以看出，该两分量信号可分解

区域基本满足条件 $af<1$，与前文推导一致。

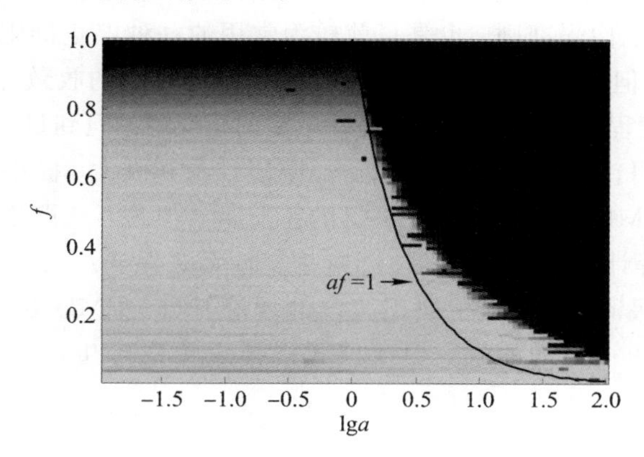

图 6.3 - 2　EMD 分解性能

6.3.2　EMD 性能分析

6.3.1 节给出了 EMD 算法的基本原理和分解过程。可以看出，信号筛选的迭代过程是 EMD 算法的核心，具体步骤如下：

(1) 初始化，令 $r_1(t)=x(t)$，　$i=1$，　$k=1$。

(2) 计算第 i 个 IMF。

① 令 $h_k(t)=r_i(t)$。

② 提取 $h_k(t)$的所有极大值和极小值点。

③ 通过三次样条插值函数，对极大值点进行拟合，得到上包络线 $u(t)$；对极小值点进行拟合，得到下包络线 $l(t)$。

④ 计算包络均值 $m_k(t)=\dfrac{u(t)+l(t)}{2}$。

⑤ 令 $k=k+1$，$h_k(t)=h_{k-1}(t)-m_{k-1}(t)$。

⑥ 计算误差 $\delta_{\mathrm{SD}}=\dfrac{\sum\limits_k[h_k(t)-h_{k-1}(t)]^2}{\sum\limits_k[h_{k-1}(t)]^2}$。

⑦ 判断 δ_{SD} 是否大于给定的门限 θ：如果 $\delta_{\mathrm{SD}}>\theta$，返回②；否则令 $c_i(t)=h_k(t)$。

(3) 令 $r_{i+1}(t)=r_i(t)-c_i(t)$，判断 $r_{k+1}(t)$是否满足停止条件。如果满足，则整个 EMD 分解过程结束；如果不满足，令 $i=i+1$，返回(2)。

在 EMD 筛选过程中，合理的停止准则是非常重要的。Huang 最初提出了 SD 误差准则，如步骤(2)⑥所示，并且指出门限 θ 的经验值一般在 0.2～0.3 之间。SD 准则与 IMF 的条件无关，不能保证分解结果的合理性，而且一般需要人工确定。考虑到 IMF 的局部对称性，SD 的改进方法是三门限准则，也是目前较为常用的一种停止准则。三门限准则的基本思想与 SD 准则类似，但在一定程度上保证了 EMD 筛选过程的收敛性。

从 EMD 分解的过程来看，IMF 之间具有一定的正交性。但到目前为止，在理论上还没有给出严格的数学证明。由于每个 IMF 都是由原信号及其极大、极小值包络的局部均值之差获得的，因此这些 IMF 在局部上具有一定的正交性。但是，从严格意义上讲，由于存在曲线拟合、端点延拓等计算误差，IMF 之间的正交性无法保证。

除了正交性无法保证之外，由于缺乏统一的理论基础，EMD 在包络拟合、端点延拓、停止准则等方面都存在一定的问题，导致模式混淆现象的产生，从而严重影响信号正确分离。

1. 端点效应问题

在对信号进行 EMD 分解的过程中，端点效应是一个十分棘手的问题。产生端点效应的原因在于，求原信号的包络平均时，要通过使用样条函数来对原信号的极大值点和极小值点进行曲线拟合，进而求上下包络线的均值得到均值包络。在这一过程中，通常原信号的端点不是极值点，这样在样条插值时就会造成拟合误差，并且随着每次拟合产生的误差会不断积累，导致由第一个分解得到的 IMF 可能有较大的误差；而第二个 IMF 是在原信号减去第一个 IMF 的基础上筛分得到的。如此，随着筛选过程的不断继续，整个数据序列都会被“污染”。如果迭代次数过多，可能导致分解结果失去意义。

对于一个长时间信号来说，在进行 EMD 分解的过程中，可以通过不断抛弃两个端点的数据来削弱或消除端点效应。而对短信号而言，需要对原信号进行端点延拓以抑制端点效应。Huang 在提出 EMD 算法的同时，也提出了一种基于特征波的数据延拓方法，并证明该方法能够很好地改善由于三次样条拟合造成的端点效应。另外也有其他解决端点效应的方法，例如镜像延拓、线性预测、神经网络预测和 AR 模型预测等。

2. 模态混叠问题

多数情况下，由 EMD 分解得到的结果都符合人类的直观感觉，但当信号中存在着间断的跳跃性变化时，将直接导致 EMD 分解产生不期望的模态混叠现象。所谓的模态混叠，是指不能依据时频特征尺度有效地分离出不同的模态分量，使得原本不同的模态出现在一个模态中的现象。模态混叠现象一旦出现，将影响后续分解的分量，最终导致 EMD 的分解结果失去物理意义。

考虑到分解结果与残余分量的正交性，可以采用正交性准则，定义为

$$\mathrm{IO}=\left|\sum_{t}\frac{m(t)\cdot s(t)}{m(t)\cdot[s(t)-m(t)]}\right| \tag{6.3-8}$$

如果包络均值 $m(t)$ 可表示为 $m(t)=a\cdot s_i(t)$，$a(0<a<1)$ 称为比例因子，此时 IO>1，

分解结果具有较好的正交性。由于信号分量间的不相关性，$m(t)s(t)\approx m(t)s_i(t)$，则 $\mathrm{IO}\approx|a/(a-a^2)|=|1/(1-a)|>1$。如果 $m(t)$ 与信号各分量均完全不相关，则 IO=0。如果 $m(t)$ 包含虚假的信号分量，则有 IO<1。例如，若选取 IO≥1.05 作为迭代停止条件，则 $m(t)$ 可以看作某 IMF 的一部分，此时比例因子为 $a=\frac{1}{21}$。IO 准则保证了分解结果的正交性，有效地抑制了虚假信号分量的产生。

下面介绍一种改进的 EMD 包络拟合算法。假设多分量信号 $s(t)$ 包含 K 个 AM－FM 单分量信号，且满足 MCS 条件，根据上述 EMD 迭代过程，理想的筛选结果应该是 $c_i(t)=s_i(t)$，即需要满足：

$$[m_n(t)]_{\mathrm{opt}}=\sum_{i=n+1}^{K}s_i(t) \tag{6.3-9}$$

对于离散信号 $s(t)$，$t=1, 2, \cdots, N$，其一阶极大值点和极小值点分别记为 $u_1(t_k)$ 和 $l_1(t_k)$。相应地，$s(t)$ 的 n 阶极大值点和极小值点分别定义为 $u_{n-1}(t_k)$ 的极大值点和 $l_{n-1}(t_k)$ 的极小值点。显然，不同阶的极大值点和极小值点集合满足 $U_1\supset U_2\supset\cdots\supset U_n$ 和 $L_1\supset L_2\supset\cdots\supset L_n$。其中 U_i，$L_i(i=1, 2, \cdots, n)$ 分别表示第 i 阶极大值点和极小值点集合。于是，一种反向 EMD 滤波过程如下：

(1) 确定最大的极值点阶数 n。

(2) 分别计算第 n 阶极大值点和极小值点。

(3) 由三次样条插值分别得到第 n 阶的上包络 $u_n(t)$ 和下包络 $l_n(t)$。

(4) 计算包络均值 $m(t)$，并判断 $m(t)$ 是否满足给定的条件。如果满足，进入步骤(5)；否则停止。

(5) 令 $c_1(t)=c_1(t)+m(t)$，$s(t)=s(t)-m(t)$，重复以上步骤，直到 $m(t)$ 不满足该给定条件，得到最低频 IMF 分量，记为 $c_1(t)$。

(6) 令 $n=n-1$，重复步骤(1)至(6)，得到其他阶 IMF 分量，直到 $n=1$。

利用上面的反向 EMD 滤波结果，首先得到 IMF1(等于残余分量 $r(t)$)；再令 $s(t)=s(t)-r(t)$，重复以上滤波过程，可得到其他各阶 IMF 分量。

改进方法与经典 EMD 方法最大的区别在于最优包络均值的拟合过程。通常，最优包络均值是复杂的多分量、非平稳信号。经典 EMD 方法通过多次三次样条插值来拟合，而这里提出的反向 EMD 滤波方法考虑到信号多分量的特点，采用不同阶极值点来拟合该最优包络均值，有效地减小了估计误差，保证了筛选结果的正交性和合理性。

例 6.3.2　利用 EMD 算法分解实测脑电波(electroencephalogram，EEG)信号。

脑电波信号是脑神经细胞电生理活动在大脑皮层或头皮表面的总体反映。脑电波信号中包含了大量的生理与疾病信息，在临床医学方面，脑电信号处理不仅可为某些脑部疾病提供诊断依据，而且为某些脑部疾病提供了有效的治疗手段。图 6.3－3 所示为基于癫痫患者实测的 EEG 信号波形。

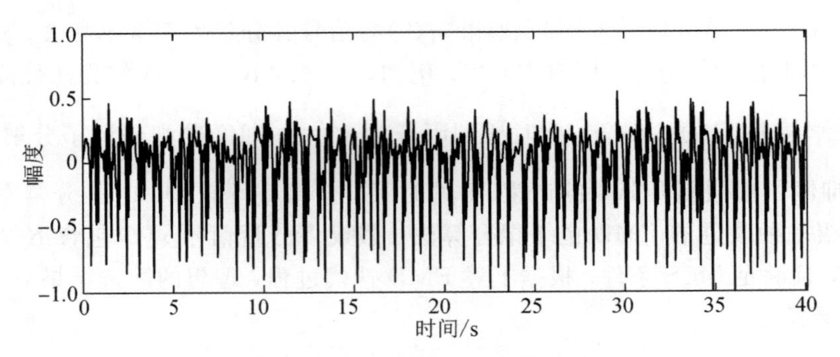

图 6.3-3 实测 EEG 信号波形

这个 EEG 信号主要包括 4 个基波信号，即 δ-波(1～4 Hz)、θ-波 (4～8 Hz)、α-波 (8～13 Hz) 和 β-波(13～30 Hz)，它们是信号最主要的特征。EEG 信号分解的主要目的是可靠地分离出基波信号，并由此辅助医生的诊断和治疗。由于 EEG 信号的复杂性，通常得到的 IMF 超过 10 个，而前几个 IMF 为重要的。图 6.3-4 所示为原信号及前 4 个 IMF 分量的功率谱密度。从图中可以看出，经典 EMD 的分解结果无法有效表示 EMD 的 4 个基波信号，且存在虚假信号(如 IMF2)和模态混叠(如 IMF1、双谱峰)现象。相反地，前文介绍的改进 EMD 算法可以有效地解决上述问题。

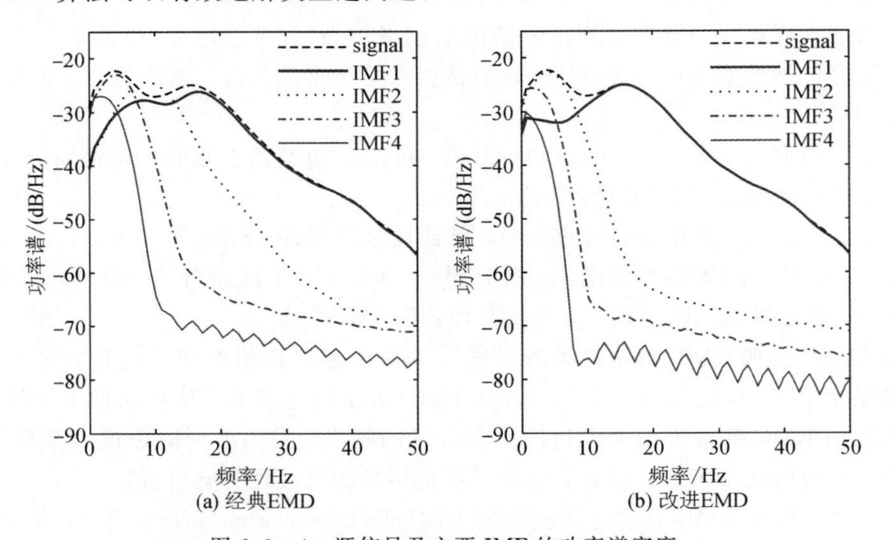

图 6.3-4 源信号及主要 IMF 的功率谱密度

6.4　基于线性时频分析的信号分离算法

由前面几章的论述可知，CWT 和 STFT 作为典型的线性变换，不存在交叉项干扰。但是，受不确定性原理限制，CWT 和 STFT 的时频能量聚集性较差，时频分辨率不高，对时频快速变化或复杂多分量信号分析存在一定的困难。WVD 具有较高时频能量聚集性，对线性调频信号具有最优的聚集性，但在进行多分量信号分析时会出现严重的交叉项干扰。时频重排通过对时间-频率二维平面进行重排处理，有效地提高了时频聚集性和频率分辨率。然而，时频重排算法无法对信号分量进行还原和重构。

同步压缩小波变换(SST)通过相位变换对 CWT 的尺度进行同步压缩处理，在提高时频能量聚集性的同时，很好地保留了信号重构特性。将 SST 扩展到 STFT，可得到同步压缩短时傅里叶变换(FSST)。SST 和 FSST 将 RM 的优势与线性时频分析的可逆性相结合，在尺度或频率方向上对时频分布进行压缩，提高了信号的时频聚集性。

下面以连续小波变换为例，介绍非平稳多分量信号的分离与重构。关于其他线性时频分析，例如短时傅里叶变换、S 变换等，读者可以参考连续小波变换进行分析，本书不再赘述。

对于非平稳多分量信号 $s(t)$：

$$s(t)=\sum_{k=1}^{K}s_k(t)=\sum_{k=1}^{K}A_k(t)\mathrm{e}^{\mathrm{i}2\pi\varphi_k(t)} \tag{6.4-1}$$

其中，$A_k(t)$和 $\varphi_k(t)$分别表示第 k 个分量的瞬时幅度和瞬时相位，$k=1, 2, \cdots, K$，K 为信号分量个数。

信号 $s(t)$的小波变换可以表示为

$$W_s(a, b)=\langle\hat{s}, \hat{\psi}_{a,b}\rangle=\frac{1}{2\pi}\int_{-\infty}^{\infty}\hat{s}(\xi)\overline{\hat{\psi}(a\xi)}\mathrm{e}^{ib\xi}\mathrm{d}\xi \tag{6.4-2}$$

其中，$\hat{s}(\xi)$和 $\hat{\psi}(\xi)$分别是信号 $s(t)$和小波函数 $\psi(t)$的傅里叶变换。

由第 5 章分析可知，信号 $s(t)$的重构公式为

$$s(b)=\frac{1}{C_\psi}\int_0^{\infty}W_s(a, b)\frac{\mathrm{d}a}{a} \tag{6.4-3}$$

其中，C_ψ 为常数，定义为

$$C_\psi=\int_0^{\infty}\frac{1}{\xi}\overline{\hat{\psi}(\xi)}\mathrm{d}\xi \tag{6.4-4}$$

如果 $s(t)$是实信号，则有

$$s(b)=\mathrm{Re}\left[\frac{2}{C_\psi}\int_0^{\infty}W_s(a, b)\frac{\mathrm{d}a}{a}\right] \tag{6.4-5}$$

上述信号重构公式可看作一种 CWT 反变换，一般可用于时频滤波处理，即在二维时间-尺度平面 $W_s(a, b)$上进行滤波，再通过反变换重构原信号。与传统的频域滤波处理相比，时间-频率二维滤波更适用于复杂非平稳信号分析。

在实际应用中，对各个信号分量 $s_k(t)$，$k=1, 2, \cdots, K$ 的精确还原或者可靠分离尤为重要。这些信号分量代表着观测信号内部蕴含的各种信息，表示复杂过程中各个因素的变化特征，对信号特征提取与分析、信号分类与识别等具有重要的意义。

如何从数学上给出单分量信号的严格定义是多分量信号分离与重构的前提。在第 5 章中，定义 5.3.1 给出了**本征模式类函数**的定义，从数学上规定了单分量信号应该具有窄带特性，同时相对于 $s_k(t)$的信号波形，其瞬时幅度 $A_k(t)$和瞬时频率 $\varphi'_k(t)$都是缓慢变化的。具体而言，如果 $s_k(t)=A_k(t)\mathrm{e}^{\mathrm{i}2\pi\varphi_k(t)}$ 为单分量信号，$s_k(t)\in L^{\infty}(\mathbb{R})$，其瞬时幅度应满足：

$$\begin{cases} A_k(t)\in C^1(\mathbb{R})\cap L_{\infty}(\mathbb{R}),\ A_k(t)>0,\ t\in\mathbb{R} \\ |A_k(t+\tau)-A_k(t)|\leqslant\varepsilon_1|\tau|A_k(t),\ \varepsilon_1>0 \end{cases} \tag{6.4-6}$$

同时，其瞬时相位和瞬时频率应满足：

$$\begin{cases} \varphi_k(t)\in C^2(\mathbb{R}),\ \inf\limits_{t\in\mathbb{R}}\varphi'_k(t)>0,\ \sup\limits_{t\in\mathbb{R}}\varphi'_k(t)<\infty \\ |\varphi''_k(t)|\leqslant\varepsilon_2,\ \varepsilon_2>0 \end{cases} \tag{6.4-7}$$

注意到，当 ε_1 和 ε_2 足够小时，相对于信号分量 $s_k(t)$本身，其瞬时幅度 $A_k(t)$和瞬时频率 $\varphi'_k(t)$都是缓慢变化的函数。

与通信、雷达、声呐等工程领域中的幅度调制信号(如模拟幅度调制 AM、数字幅度调制 ASK 等)、相位调制信号(如相位编码信号 PSK)、频率调制信号(如跳频信号 FSK)等不同，这里定义幅度 $A_k(t)>0$，$t\in\mathbb{R}$，且幅度 $A_k(t)$、相位 $\varphi_k(t)$和瞬时频率 $\varphi'_k(t)$都是连续的。理论上，上述所有条件均要求 $t\in\mathbb{R}$。实际中，分量 $s_k(t)$并不一定在整个实数域$\mathbb{R}$上都有定义。对于不同的信号分量 $k=1, 2, \cdots$, K，可以假设 $s_k(t)$支撑于不同的区间上，即

$$\mathrm{supp}(s_k)=\mathrm{supp}(A_k)\subset[T_k^{\mathrm{s}}, T_k^{\mathrm{e}}],\ k=1, 2, \cdots, K \tag{6.4-8}$$

其中，$T_k^{\mathrm{s}}<T_k^{\mathrm{e}}$。在这种情况下，式(6.4-6)和式(6.4-7)的条件只需要在特定支撑区间上满足即可。

因此，对于数字幅度调制信号、相位编码信号、跳频信号等存在波形函数跳变的雷达或通信信号，可将其看作在时间上相互不重叠的、不同支撑区间的多分量信号。注意到，这一点与实际雷达或通信系统中对单分量信号的定义是不同的。实际上，在时间上相互不重叠的、不同支撑区间的多分量信号也可以看作具有单个分量的信号，因为除了有限个间断点外，它们均满足式(6.4-6)和式(6.4-7)的条件。

前文已指出，当式(6.4-1)中多分量信号的各个分量良好可分时，即

$$\varphi'_{k+1}(t)-\varphi'_k(t)>d[\varphi'_{k+1}(t)+\varphi'_k(t)] \tag{6.4-9}$$

其中，$0<d<1$ 为某一给定常数。那么，多分量信号 $s(t)$理想的时频图应为

$$\mathrm{TF}_{\zeta}(t,\ \eta)=\sum_{k=1}^{K}A_{k}(t)^{\zeta}\delta[\eta-\varphi'_{k}(t)] \tag{6.4-10}$$

其中，ζ与时频分析的阶次有关，例如$\zeta=1$和$\zeta=2$分别对应线性和二次时频分析方法。然而，由于实际信号的频率变化复杂，信号非平稳性导致局部时间-频率分辨率较差，因此很难得到上述理想时频图。

接下来，从数学上描述多分量信号在时频图上的分布特性。这里仍以连续小波变换为例进行描述。需要注意的是，虽然同步压缩变换可以极大地提升多分量信号的能量聚集性，但是其以小波变换为基础。如果多分量信号无法通过小波变换良好可分地表示，那么也很难通过同步压缩变换提升其能量聚集性。

首先，对于满足本征模式类函数条件的信号分量$s_k(t)$，$k\in\{1,\ \cdots,\ K\}$，有

$$|A_k(t+\tau)-A_k(t)|\leqslant\epsilon|\tau|\left[|\varphi_k'(t)|+\frac{1}{2}M_k|\tau|\right] \tag{6.4-11}$$

$$|\varphi_k'(t+\tau)-\varphi_k'(t)|\leqslant\epsilon|\tau|\left[|\varphi_k'(t)|+\frac{1}{2}M_k|\tau|\right] \tag{6.4-12}$$

其中，$M_k:=\sup\limits_{t\in\mathbb{R}}|\varphi''_k(t)|<\infty$，$\epsilon>0$为常数。

式(6.4-11)和式(6.4-12)从数学上保证了瞬时幅度$A_k(t)$和瞬时频率$\varphi'_k(t)$是缓慢变化的函数。下面给出具体证明过程：

当$\tau\geqslant0$时(当$\tau<0$时，情况类似)，有

$$\begin{aligned}
|A_k(t+\tau)-A_k(t)|&=\left|\int_0^{\tau}A_k'(t+u)\mathrm{d}u\right|\\
&\leqslant\int_0^{\tau}|A_k'(t+u)|\mathrm{d}u\leqslant\epsilon\int_0^{\tau}|\varphi_k'(t+u)|\mathrm{d}u\\
&=\epsilon\int_0^{\tau}\left|\varphi_k'(t)+\int_0^{u}\varphi''_k(t+x)\mathrm{d}x\right|\mathrm{d}u\\
&\leqslant\epsilon\left[|\varphi'_k(t)||\tau|+\frac{1}{2}M_k|\tau|^2\right]
\end{aligned}$$

式(6.4-12)的证明与式(6.4-11)类似，这里不再赘述。可以看出，$A_k(t)$和$\varphi'_k(t)$的变化主要由$|\varphi'_k(t)|$和$|\varphi''_k(t)|$决定。

对于非平稳多分量信号，虽然式(6.4-10)给出的理想时频图一般并不存在，但是当满足良好可分条件时，多分量信号$s(t)$的CWT可以用单个分量近似表示，即

$$W_s(a,\ b)\approx\sum_{k=1}^{K}A_k(b)\mathrm{e}^{\mathrm{i}\varphi_k(b)}\hat{\psi}[a\varphi'_k(b)] \tag{6.4-13}$$

且满足如下近似精度：

$$\left|W_s(a,\ b)-\sum_{k=1}^{K}A_k(b)\mathrm{e}^{\mathrm{i}\varphi_k(b)}\hat{\psi}[a\varphi'_k(b)]\right|\leqslant\epsilon a\Gamma_1(a,\ b) \tag{6.4-14}$$

其中

$$\Gamma_1(a,b)=I_1\sum_{k=1}^{K}|\varphi'_k(b)|+\frac{1}{2}I_2 a\sum_{k=1}^{K}[M_k+|A_k(b)||\varphi'_k(b)|]+\frac{1}{6}I_3 a^2\sum_{k=1}^{K}M_k|A_k(b)|$$

$$I_n:=\int|u|^n|\psi(u)|\mathrm{d}u,\ n=1,2,3$$

式(6.4-13)表明，对于满足本征模式类函数和良好可分条件的多分量信号(定义 6.1.1 给出的 MCS 模型)$s(t)\subset L^{\infty}(\mathbb{R})$，以及支撑区间为$[1-\Delta, 1+\Delta]$的小波$\hat{\psi}$，$s(t)$小波变换的能量集中在$a\varphi'_k(b)\approx 1$的附近区域。如果$\hat{\psi}(\xi)$仅在$1-\Delta<\xi<1+\Delta$不为0，则当$|a\varphi'_k(b)-1|>\Delta$时，对任意的$k\in\{1, 2, \cdots, K\}$都有$|W_{s_k}(a, b)|\leqslant\epsilon a\Gamma_1(a, b)$。

实际上，$s(t)$的**CWT 分布在 K 个时间-尺度区域**，这些区域的中心为$a\varphi'_k(b)\approx 1$。如果分量信号$s_k(t)$，$k=1, 2, \cdots, K$之间是良好可分的，那么上述K个时间-尺度区域在 CWT 平面也是相互分开的。

具体来说，对于满足本征模式类函数和良好可分条件的多分量信号$s(t)\subset L^{\infty}(\mathbb{R})$，以及支撑区间为$[1-\Delta, 1+\Delta]$的小波$\hat{\psi}$，如果$|a\varphi'_k(b)-1|>\Delta$成立，那么对于确定的坐标$(a, b)$，最多只有一个$k\in\{1, 2, \cdots, K\}$满足该不等式。

上述命题的证明如下：

对于小波变换$W_s(a, b)$上确定的坐标(a, b)，假设$k, l\in\{1, 2, \cdots, K\}$都满足上述条件，即$|a\varphi'_k(b)-1|<\Delta$且$|a\varphi'_l(b)-1|<\Delta$，其中$k\neq l$。

假设$k>l$，可以得到

$$\varphi'_k(b)-\varphi'_l(b)\geqslant\varphi'_k(b)-\varphi'_{k-1}(b)\geqslant d[\varphi'_k(b)+\varphi'_{k-1}(b)]\geqslant d[\varphi'_k(b)+\varphi'_l(b)] \tag{6.4-15}$$

再结合

$$\varphi'_k(b)-\varphi'_l(b)\leqslant a^{-1}[(1+\Delta)-(1-\Delta)]=2a^{-1}\Delta$$

$$\varphi'_k(b)+\varphi'_l(b)\geqslant a^{-1}[(1-\Delta)+(1-\Delta)]=2a^{-1}(1-\Delta)$$

可以得到

$$\Delta\geqslant d(1-\Delta)$$

这与前文的条件$\Delta<d/(1+d)$相互矛盾。因此，最多只有一个$k\in\{1, 2, \cdots, K\}$，使得$|a\varphi'_k(b)-1|>\Delta$成立。

上述命题表明，小波变换平面被分割成了K个不相交的区域$Z_k=\{|a\varphi'_k(b)-1|<\Delta\}$，$k\in\{1, 2, \cdots, K\}$。对于第$k\in\{1, 2, \cdots, K\}$个分量，$\varphi'_k(b)$有上界和下界，那么，如果$(a, b)\in Z_k$，则$a$是一致有界的。同时，可以在区域$Z_k$中估计瞬时频率$\varphi'_k(b)$，利用区域

Z_k 还原信号分量 $s_k(t)$。

于是，对于满足本征模式类函数和良好可分条件的多分量信号 $s(t)$，其信号分量 $s_k(t)$ 可通过 $s(t)$的 CWT 进行还原。$s_k(t)$的还原公式为

$$s_k(b)=\frac{1}{C_\psi}\int_{\{a\in\mathbb{R}_+:|a\varphi_k'(b)-1|<\Gamma_1\}}W_s(a, b)\frac{\mathrm{d}a}{a} \tag{6.4-16}$$

其中，C_ψ 为常数，定义见式(6.4-4)。小波 $\hat{\psi}$ 的支撑区间为$[1-\Delta, 1+\Delta]$。Γ_1 为门限，考虑噪声等影响，一般取 $\Gamma_1\geqslant\Delta$。

如果 $s(t)$和 $s_k(t)$均为实信号，则有

$$s_k(b)=\mathrm{Re}\left[\frac{2}{C_\psi}\int_{\{a\in\mathbb{R}_+:|a\varphi_k'(b)-1|<\Gamma_1\}}W_s(a, b)\frac{\mathrm{d}a}{a}\right] \tag{6.4-17}$$

在第 5 章中已经证明，可以由 SST 重构原信号 $s(t)$。换言之，SST 和 CWT 一样，具有逆变换，可以恢复出原始信号。$s(t)$的重构原信号为

$$s(b)=\frac{1}{C_\psi}\int_0^\infty T_s(\xi, b)\mathrm{d}\xi \tag{6.4-18}$$

其中，$T_s(\xi, b)$表示 $s(t)$的 SST，具体定义见式(5.3-4)和式(5.3-5)。

于是，对于解析信号和实信号两种情况，$s_k(t)$的还原公式分别表示为

$$s_k(b)=\frac{1}{C_\psi}\int_{\{\xi\in\mathbb{R}_+:|\xi-\varphi_k'(b)|<\Gamma_2\}}T_s(\xi, b)\mathrm{d}\xi \tag{6.4-19}$$

$$s_k(b)=\mathrm{Re}\left[\frac{2}{C_\psi}\int_{\{\xi\in\mathbb{R}_+:|\xi-\varphi_k'(b)|<\Gamma_2\}}T_s(\xi, b)\mathrm{d}\xi\right] \tag{6.4-20}$$

其中，Γ_2 为提前设定的门限，表示沿 SST 平面上时频脊线的积分范围。

同理，考虑在 CWT 基础上的二阶同步压缩变换和各类自适应压缩变换，只需要将 $T_s(\xi, b)$替换为不同的变换公式，即可得相应的信号分量还原公式。与 CWT 相比，各类同步 SST 算法可以较大地提升时频聚集性，从而减少对积分范围大小，即门限 Γ_2 的依赖，提高信号还原的鲁棒性和稳健性。

例 6.4.1　利用 SST 对实测雷达编队目标信号进行分离。

随着航空飞行器技术的发展以及现代战争战术的更新，空中目标一般采用密集编队飞行，飞行间距在几十米到数百米之间。然而，现役的大多数雷达都是常规低分辨雷达，其距离分辨率一般为几百米，方位分辨率一般为几度到十几度，难以直接利用其距离和方位分辨率分辨多个目标。所以，基于常规雷达目标回波信号特征，寻求具有良好抗干扰能力和编队目标分辨能力的信号处理方法，具有重要的研究意义。

对于常规低分辨雷达来说，飞机目标可以认为是“点”目标。假设雷达发射的波形为

$$s(t)=\exp(\mathrm{i}2\pi f_0 t)$$

若目标静止，则其回波为

$$y(t)=A(t)s(t-\tau)=A(t)\exp[\mathrm{i}2\pi f_0(t-\tau)]$$

其中：$A(t)$为幅度因子；$\tau=\dfrac{2R}{c}$为时间延迟，R 是目标到雷达的径向距离，c 为光速；f_0 是载频。当目标以相对雷达速度为 $v(t)$运动时，回波为

$$y(t)=A(t)J(t)\exp\{\mathrm{i}[2\pi(f_0+2v(t)/\lambda_0)t-2\pi 2R/\lambda_0]\}$$

其中，$\lambda_0=c/f_0$，$J(t)=b(t)\exp[\mathrm{i}\varphi(t)]$是一个时变函数，反映了飞机运动部件对回波的调制。定义多普勒频率为

$$f_d=\frac{2v(t)}{\lambda_0}=\frac{2v_0\cos\varphi(t)}{\lambda_0}\approx\frac{2v_0\cos\varphi(t_0)}{\lambda_0}-\left(\frac{2v}{\lambda}\frac{v}{R}\sin^2\varphi_1\right)t$$

其中，$\dfrac{2v_0\cos\varphi(t_0)}{\lambda_0}$称为初始多普勒频率。多普勒频率的变化率$\dfrac{\mathrm{d}f_d}{\mathrm{d}t}\approx\dfrac{-2v^2}{(\lambda R)\sin^2\varphi_1}$可近似为常数，其中，$\varphi_1=\dfrac{\varphi_0+\varphi_T}{2}$，$T$ 是观测时间。

通过进一步推导，多编队目标的雷达回波可以近似看作多个频率相近的、幅度恒定的 LFM 信号的线性组合，其数学模型可表示为

$$z_r(t)=\sum_{k=1}^{K}a_k\exp\left[\mathrm{i}2\pi\left(f_{0k}t+\frac{\mu_k t^2}{2}\right)\right],\ 0\leqslant t\leqslant T$$

图 6.4-1 所示为实测的雷达编队信号波形及其频谱。这里信号波形已经过匹配滤波处理，每个脉冲间隔(PRI)周期得到一个观测值。这里脉冲重复频率为 400 Hz，即图 6.4-1(a)中的波形采样频率为 400 Hz。图 6.4-2 所示为处理结果，分别给出了 CWT、SST 和 SST2 的处理结果，以及瞬时频率估计结果。从图中可以看出，编队目标包括两架次飞机，与实际情况一致。

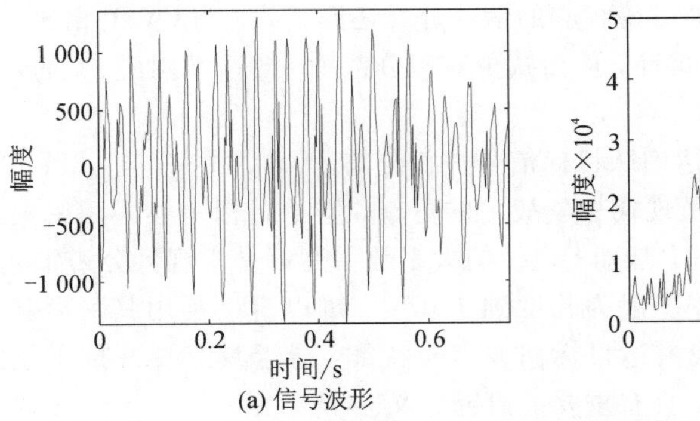

(a) 信号波形

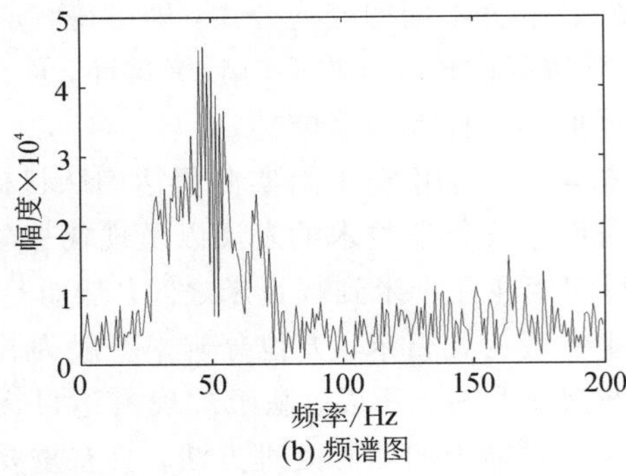

(b) 频谱图

图 6.4-1　实测雷达编队信号波形及其频谱图

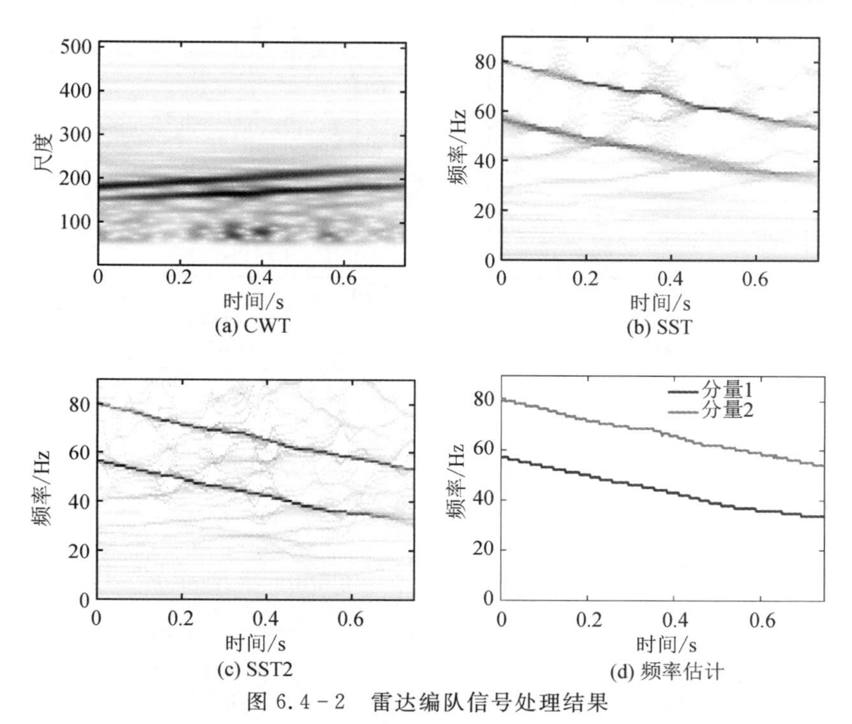

(a) CWT　(b) SST
(c) SST2　(d) 频率估计

图 6.4-2　雷达编队信号处理结果

例 6.4.2　利用 SST 对蝙蝠信号进行分离。

采用美国 Rice 大学采集到的蝙蝠信号，该信号包括 400 个样本点，采样频率约为 142.86 kHz，如图 6.4-3 所示。从图中可以看出，信号包络变化明显，频率成分复杂，带宽较宽，很难通过时域或频域提取有用信息。图 6.4-4 给出了处理结果，包括 SST 和 SST2 时频图，以及瞬时频率估计和信号分离结果。从图中可以看出，该蝙蝠信号包含 4 个非线性频率成分，具有不同的时域支撑区间。由于 SST2 具有较高的时频聚集性，可利用其实现高精度的瞬时频率估计和信号分量重构。

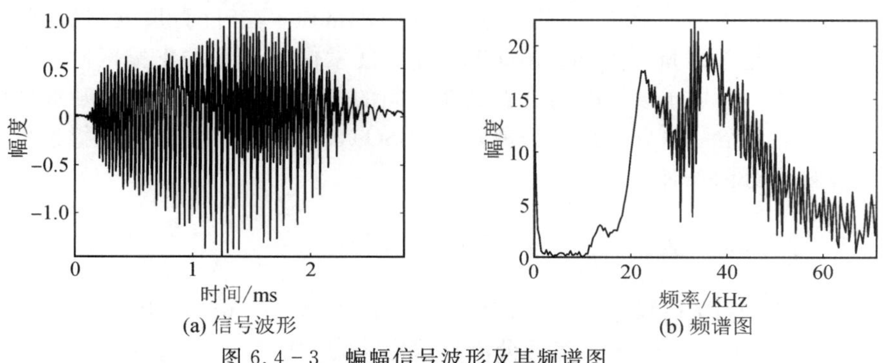

(a) 信号波形　(b) 频谱图

图 6.4-3　蝙蝠信号波形及其频谱图

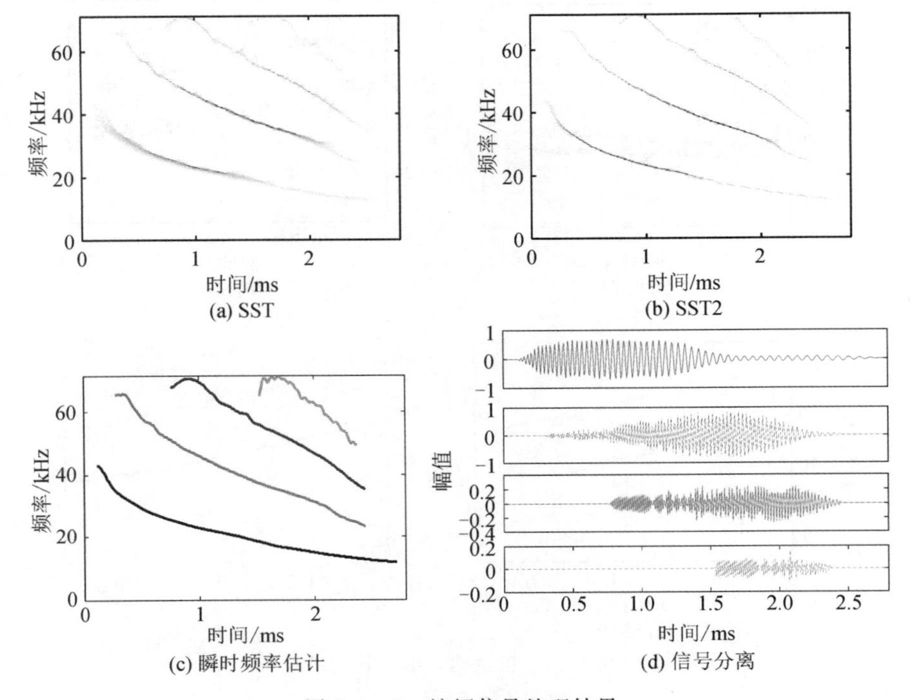

(a) SST (b) SST2

(c) 瞬时频率估计 (d) 信号分离

图 6.4-4 蝙蝠信号处理结果

6.5 直接信号分离算法

在 EMD 方法中，通过拟合的上下包络，信号被分解为一系列 IMF。然而，由于缺乏理论依据，这些 IMF 与 MCS 模型(满足本征模式类函数和良好可分条件的多分量信号模型)中的信号分量并不能一一对应。SST 通过时频同步挤压，在时间-尺度(或时间-频率)平面上极大地提升了时频能量聚集性。在此基础上，搜索信号分量的支撑区间，进而实现了多分量信号的还原。信号还原精度取决于支撑区间的估计是否准确，同时要求这些信号分量良好可分。本节介绍一种直接信号分离算法(SSO)，SSO 不需要估计支撑区间，同时降低了对信号良好可分的条件要求。

6.5.1 信号分离算法

如果实值偶函数 $h(t)$的支撑区间为$[-1, 1]$，且 $h\in C^3(\mathbb{R})$，则称 $h(t)$为允许窗。对于满足 MCS 模型的信号 $x(t)$，**信号分离算法**定义为

$$T_x^{a,\delta}(t,\theta):=\frac{1}{\hbar_a}\sum_{n\in\mathbb{Z}}x(t-n\delta)h\left(\frac{n}{a}\right)\mathrm{e}^{\mathrm{i}2\pi n\delta\theta} \tag{6.5-1}$$

其中，参数 δ，$a>0$，$\hbar_a>0$ 定义为

$$\hbar_a:=\sum_{n\in\mathbb{Z}}h\left(\frac{n}{a}\right) \tag{6.5-2}$$

考虑满足 MCS 模型的多分量信号 $x(t)$：

$$x(t)=\sum_{k=1}^{K}x_k(t)=\sum_{k=1}^{K}A_k(t)\cos\left[2\pi\varphi_k(t)\right] \tag{6.5-3}$$

其中，幅度 $0<A_k(t)\in C^0$，相位 $\varphi_k(t)\in C^2$，瞬时频率 $\varphi_k'(t)>0$，且满足

$$\varphi_k'(t)-\lambda_h>\varphi_{k-1}'(t)+\lambda_h,\quad k=2,3,\cdots,K \tag{6.5-4}$$

其中，λ_h 为与窗函数 $h(t)$有关的门限参数。基于 $\varphi_k'(t)$和 λ_h，可以定义如下时间-频率区域：

$$Z_k:=\{(t,\theta):|\theta-\varphi_k'(t)|<\lambda_h,\ t\in\mathbb{R}\} \tag{6.5-5}$$

因此，如果 $x(t)$满足良好可分条件，则等价于 $Z_k\cap Z_l=\varnothing$，$k\neq l$。

对于满足本征模式类函数条件的信号分量 $x_k(t)$，$k\in\{1,2,\cdots,K\}$，有

$$|A_k(t+u)-A_k(t)|\leqslant_\epsilon|u|A_k(t) \tag{6.5-6}$$

$$|\varphi_k'(t+u)-\varphi_k'(t)|\leqslant_\epsilon|u|\varphi_k'(t) \tag{6.5-7}$$

式(6.5-6)、式(6.5-7)表明，瞬时幅度 $A_k(t)$和瞬时频率 $\varphi_k'(t)$是缓慢变化的函数。

于是，令 $B=B(t):=\max_{1\leqslant k\leqslant K}\varphi_k'(t)$，$\mu=\mu(t):=\min_{1\leqslant k\leqslant K}A_k(t)$，$\delta=\dfrac{1}{\varepsilon a\sqrt{4B}}$，可以证明，对于式(6.5-1) 定义的信号分离算法，存在以下性质：

(1) 存在非连续集合 $\Upsilon_t:=\{\theta:|T_x^{a,\delta}(t,\theta)|>\frac{\mu}{2}\}$，$\Upsilon_t$ 由如下非空子集构成：

$$\Upsilon_k:=\Upsilon_{k,t}:=\Upsilon_t\cap\{\theta:(t,\theta)\in Z_k\},\ k=1,2,\cdots,K \tag{6.5-8}$$

(2) 在 SSO 平面提取脊线(局部最大值)：

$$\tilde{\theta}_k(t)=\underset{\theta\in\Upsilon_k}{\operatorname{argmax}}|T_x^{a,\delta}(t,\theta)| \tag{6.5-9}$$

满足：

$$|\tilde{\theta}_k(t)-\varphi_k'(t)|<C\varepsilon^{\frac{1}{3}} \tag{6.5-10}$$

其中，$\varepsilon>0$ 足够小，参数 C 与信号 $x(t)$有关。

(3) 对于提取的脊线 $\tilde{\theta}_k(t)$，满足：

$$|2\mathrm{Re}\{T_x^{a,\delta}[t,\tilde{\theta}_k(t)]\}-x_k(t)|<D\varepsilon^{\frac{1}{3}} \tag{6.5-11}$$

其中，参数 D 取决于窗函数 $h(t)$。

性质(1)表明 SSO 可以将信号 $x(t)$的各个分量互不重叠地映射到时间-频率二维平面。性质(2)和(3)表明可以由 SSO 精确地估计信号瞬时频率，进而恢复出信号分量。只需要直

接将 $\widetilde{\theta}_k(t)$ 代入 $T_x^{a,\delta}[t,\widetilde{\theta}_k(t)]$ 中，即可得到第 k 个信号分量：

$$\widetilde{x}_k(t)=2\mathrm{Re}\{T_x^{a,\delta}[t,\widetilde{\theta}_k(t)]\} \tag{6.5-12}$$

不同于 6.4 节中的积分运算，这里直接代入瞬时频率估计 $\widetilde{\theta}_k(t)$ 得到信号分量，因此称为直接信号分离算法。

需要注意的是，瞬时频率估计精度与信号恢复精度无关。换言之，对于复杂非平稳信号，上述瞬时频率估计可能存在固定偏差，但是信号恢复精度仍然可以达到很高。

与自适应 SST 类似，对于复杂多分量信号，这里考虑**自适应信号分离算法（ASSO）**。假设信号 $x(t)$ 满足 MCS 信号模型，$a_t>0$ 是一个时变参数，$x(t)$ 的自适应信号分离算法定义为

$$\widetilde{T}_x^{a,\delta}(t,\eta):=\frac{1}{\hbar_{a_t}}\sum_{n\in\mathbb{Z}}x(t-n\delta)h\left(\frac{n}{a_t}\right)\mathrm{e}^{\mathrm{i}2\pi n\delta\eta} \tag{6.5-13}$$

接下来，分析自适应 SSO 和自适应 STFT 之间的关系。假设

$$g_\sigma(t):=\frac{1}{\sigma}g\left(\frac{t}{\sigma}\right) \tag{6.5-14}$$

对于信号 $x(t)$，其自适应短时傅里叶变换可以表示为

$$\widetilde{V}_x(t,\eta)=\int_{\mathbb{R}}x(\tau)g_{\sigma(t)}(\tau-t)\mathrm{e}^{-\mathrm{i}2\pi\eta(\tau-t)}\mathrm{d}\tau \tag{6.5-15}$$

注意到，当 a_t 足够大时，同时假设 $\int_{\mathbb{R}}h(t)\mathrm{d}t=1$，可以得到

$$\hbar_{a_t}=\sum_{n\in\mathbb{Z}}h\left(\frac{n}{a_t}\right)\approx a_t\int_{\mathbb{R}}h(x)\mathrm{d}x=a_t \tag{6.5-16}$$

因此，有

$$\begin{aligned}\widetilde{T}_x^{a,\delta}(t,\eta)&\approx\frac{1}{a_t}\sum_{n\in\mathbb{Z}}x\left[t-(\delta a_t)\frac{n}{a_t}\right]h\left(\frac{n}{a_t}\right)\mathrm{e}^{(\mathrm{i}2\pi\delta\eta a_t)\frac{n}{a_t}}\\&\approx\int_{\mathbb{R}}x(t-\delta a_tu)h(u)\mathrm{e}^{\mathrm{i}2\pi\delta\eta a_tu}\mathrm{d}u\\&=\int_{\mathbb{R}}x(t+\tau)\frac{1}{\delta a_t}h\left(\frac{\tau}{\delta a_t}\right)\mathrm{e}^{-\mathrm{i}2\pi\eta\tau}\mathrm{d}\tau\end{aligned} \tag{6.5-17}$$

其中，假设 $\tau=-\delta a_tu$。可以看出，自适应 SSO 可看作自适应 STFT 的一种离散形式，满足 $g=h$，$\sigma=\delta a_t$。

6.5.2 局部线性调频近似

上述 SSO 和 ASSO 的前提条件是局部线性调频近似，即待分析信号可以被局部近似为线性调频模式，满足：

$$x_k(t+\tau)=A_k(t+\tau)\mathrm{e}^{\mathrm{i}2\pi\varphi_k(t+\tau)}\approx A_k(t)\mathrm{e}^{\mathrm{i}2\pi[\varphi_k(t)+\varphi_k'(t)\tau]}=x_k(t)\mathrm{e}^{\mathrm{i}2\pi\varphi_k'(t)\tau} \tag{6.5-18}$$

下面介绍在局部线性调频近似模型下信号分量的重构问题。考虑到 STFT 和 SSO 的等价性，为了方便推导，采用高斯窗来计算 SSO。信号 $x(t)$的 SSO 简记为 $T_x^\sigma(t, \eta)$。

首先，考虑实线性调频信号：

$$x(t)=A\cos\left[2\pi\left(ct+\frac{rt^2}{2}\right)\right],\ c+rt>0$$

选取高斯函数作为窗函数，对于 $\eta>0$，其 SSO 可以表示为

$$T_x^\sigma(t,\eta)\approx\frac{A\mathrm{e}^{\mathrm{i}2\pi(ct+rt^2/2)}}{2\sqrt{1-\mathrm{i}2\pi\sigma^2 r}}m[\eta-(c+rt)] \tag{6.5-19}$$

其中：

$$m(\xi)=\mathrm{e}^{-\frac{2\pi^2\sigma^2}{1-\mathrm{i}2\pi r\sigma^2}\xi^2} \tag{6.5-20}$$

在本书中，复数 $a+b\mathrm{i}(a>0)$的根$\sqrt{a+b\mathrm{i}}$的取值与 $a+b\mathrm{i}$ 位于相同象限。

注意到$|m(\xi)|$是高斯函数，在 $\xi=0$ 处取得最大值。所以在时频平面上，$|T_x^\sigma(t,\eta)|$的脊线集中在 $\eta=c+rt$ 附近。如果$|m(\xi)|$的支撑区间为$[-\lambda_m,\lambda_m]$，则 $T_x^\sigma(t,\eta)$的支撑区间为

$$\{(t,\eta):|\eta-(c+rt)|<\lambda_m,\ t\in\mathbb{R}\}$$

对于高斯函数，λ_m 为

$$\lambda_m=\sqrt{2|\ln\tau_0|}\sqrt{\frac{1}{(2\pi\sigma)^2}+(r\sigma)^2} \tag{6.5-21}$$

其中，τ_0 是预先设定的阈值，详见式(5.5.2)。

假设 $x(t)$的各个分量在任何时刻都可以近似为线性调频模型，即

$$x_k(t+u)\approx A_k(t)\cos\left\{2\pi\left[\varphi_k(t)+\varphi_k'(t)u+\frac{\varphi_k''(t)u^2}{2}\right]\right\} \tag{6.5-22}$$

则根据式(6.5-19)，可以得到

$$T_{x_k}^\sigma(t,\eta)\approx\frac{A_k(t)\mathrm{e}^{\mathrm{i}2\pi\varphi_k(t)}}{2\sqrt{1-\mathrm{i}2\pi\sigma^2\varphi''_k(t)}}\mathrm{e}^{-\frac{2\pi^2\sigma^2[\eta-\varphi_k'(t)]^2}{1-\mathrm{i}2\pi\varphi''_k(t)\sigma^2}} \tag{6.5-23}$$

因此，$T_{x_k}^\sigma(t,\eta)$的支撑区间可以表示为

$$Z_k:=\{(t,\eta):|\eta-\varphi_k'(t)|<\lambda_{k,t},\ t\in\mathbb{R}\} \tag{6.5-24}$$

其中：

$$\lambda_{k,t}:=\sqrt{2|\ln\tau_0|}\sqrt{\frac{1}{(2\pi\sigma)^2}+[\varphi''_k(t)\sigma]^2} \tag{6.5-25}$$

如果要求 $x(t)$的分量在时频平面上不交叠，则需要满足：

$$\varphi_k'(t)-\varphi'_{k-1}(t)>\lambda_{k,t}+\lambda_{k-1,t},\ t\in\mathbb{R},\ 2\leqslant k\leqslant K \tag{6.5-26}$$

此时，$x(t)$的各个分量在时频平面上互不交叠，$x_k(t)$可以通过前面章节介绍的STFT、FSST或FSST2等方法进行还原与重构。

当使用SSO方法进行瞬时频率估计或信号分离时，更关注时频平面上脊线的位置，因此式(6.5-26)的条件可以放宽为

$$\varphi'_k(t)-\varphi'_{k-1}(t)>w_{k,t},\ t\in\mathbb{R},\ 2\leqslant k\leqslant K \tag{6.5-27}$$

其中 $w_{k,t}$ 满足：

$$\max\{\lambda_{k,t},\ \lambda_{k-1,t}\}<w_{k,t}<\lambda_{k,t}+\lambda_{k-1,t} \tag{6.5-28}$$

因此，与STFT、FSST或FSST2等方法相比，SSO可以对频率更加接近的多分量信号进行分离。

下面介绍一种更为精确的信号重构方法。首先，考虑单分量信号：

$$s(t)=A(t)\cos[2\pi\varphi(t)]$$

其中，$A(t)>0$，且 $s(t)$满足本征模式类函数条件。假设：

$$\breve{\eta}(t)=\operatorname{argmax}_{\theta>0}|T_s^\sigma(t,\ \eta)| \tag{6.5-29}$$

$\breve{\eta}(t)$可以看作对瞬时频率 $\varphi'(t)$的估计。根据6.5.1节，其重构公式可以表示为

$$\breve{s}(t)=2\mathrm{Re}\{T_s^\sigma[t,\ \breve{\eta}(t)]\} \tag{6.5-30}$$

当 $s(t)$满足局部线性调频近似时，可以得到

$$T_s^\sigma[t,\ \breve{\eta}(t)]\approx\frac{A(t)\mathrm{e}^{\mathrm{i}2\pi\varphi(t)}}{2\sqrt{1-\mathrm{i}2\pi\sigma^2\varphi''(t)}}\mathrm{e}^{-\frac{2\pi^2\sigma^2[\breve{\eta}(t)-\varphi'(t)]^2}{1-\mathrm{i}2\pi\varphi''(t)\sigma^2}}\approx\frac{A(t)\mathrm{e}^{\mathrm{i}2\pi\varphi(t)}}{2\sqrt{1-\mathrm{i}2\pi\sigma^2\varphi''(t)}}$$

因此，信号的重构误差可以表示为

$$\begin{aligned}
e_s&=|\breve{s}(t)-s(t)|=|2\mathrm{Re}\{T_s^\sigma[t,\ \breve{\eta}(t)]\}-A(t)\cos[2\pi\varphi(t)]|\\
&\leqslant 2T_s^\sigma[t,\ \breve{\eta}(t)]-A(t)\mathrm{e}^{\mathrm{i}2\pi\varphi(t)}\approx\left|\frac{A(t)\mathrm{e}^{\mathrm{i}2\pi\varphi(t)}}{\sqrt{1-\mathrm{i}2\pi\sigma^2\varphi''(t)}}-A(t)\mathrm{e}^{\mathrm{i}2\pi\varphi(t)}\right|\\
&=A(t)\left|\frac{1}{\sqrt{1-\mathrm{i}2\pi\sigma^2\varphi''(t)}}-1\right|=A(t)\left|\frac{\mathrm{i}2\pi\sigma^2\varphi''(t)}{\sqrt{1-\mathrm{i}2\pi\sigma^2\varphi''(t)}[1+\sqrt{1-\mathrm{i}2\pi\sigma^2\varphi''(t)}]}\right|\\
&\leqslant\frac{2\pi\sigma^2|\varphi''(t)|A(t)}{[1+4\pi^2\sigma^4\varphi''^2(t)]^{\frac{1}{4}}(1+\sqrt{1+4\pi^2\sigma^4\varphi''^2(t)})^{\frac{1}{2}}}
\end{aligned} \tag{6.5-31}$$

可以看出，误差 e_s 是有界的，其上确界小于 $2\pi\sigma^2|\varphi''(t)|A(t)$。显然，$\sigma$ 越小，误差越小，但是也会导致式(6.5-21)中 λ_m 的增大。所以，σ 的选择不能太小，否则时频能量聚集性太差。此外，$\varphi''(t)$越小，即信号频率变化越缓变，重构误差越小。

因此，可以得到一个改进的信号还原公式：

$$\breve{s}(t)=2\Re e\{\sqrt{1-\mathrm{i}2\pi\sigma^2\varphi''(t)}\,T_s^\sigma[t,\ \breve{\eta}(t)]\} \tag{6.5-32}$$

其对应的还原误差为

$$
\begin{aligned}
|\breve{s}(t)-s(t)| &= \left|2\Re\mathrm{e}\left\{\sqrt{1-\mathrm{i}2\pi\sigma^2\varphi''(t)}\,T_s^\sigma[t,\breve{\eta}(t)]\right\}-f(t)\right| \\
&\leqslant \left|2\sqrt{1-\mathrm{i}2\pi\sigma^2\varphi''(t)}\,T_s^\sigma[t,\breve{\eta}(t)]-A(t)\mathrm{e}^{\mathrm{i}2\pi\varphi(t)}\right| \\
&\approx \left|A(t)\mathrm{e}^{\mathrm{i}2\pi\varphi(t)}-A(t)\mathrm{e}^{\mathrm{i}2\pi\varphi(t)}\right|=0
\end{aligned}
$$

由此可见，式(6.5-32)给出了一个更为精确的还原公式。

注意到，应用上述还原公式时，需要预先估计 $\varphi''(t)$，可以通过下式得到

$$
\min_u \|\breve{\eta}(t+u)-[\breve{\eta}(t)+\breve{r}_t u]\|_2 \tag{6.5-33}
$$

其中，$\breve{r}_t$ 为 $\varphi''(t)$的估计，u 的范围为$[-\lambda_0, \lambda_0]$，λ_0 为 $g_\sigma(t)$的支撑区间，定义为

$$
\lambda_0 := 2\pi\sigma\sqrt{2|\ln\tau_0|}
$$

例 6.5.1　利用 SSO 对音乐信号进行分离。

考虑对实际采集到的一段音乐信号进行分析和处理，采样频率为 44.1 kHz。图 6.5-1(a)和(b)分别是信号波形和频谱。从图中可以看出，该音乐信号由 3 个基音组成。利用上述 SSO 方法提取信号瞬时频率，并还原信号分量，其结果分别如图 6.5-1(c)和(d)所示。

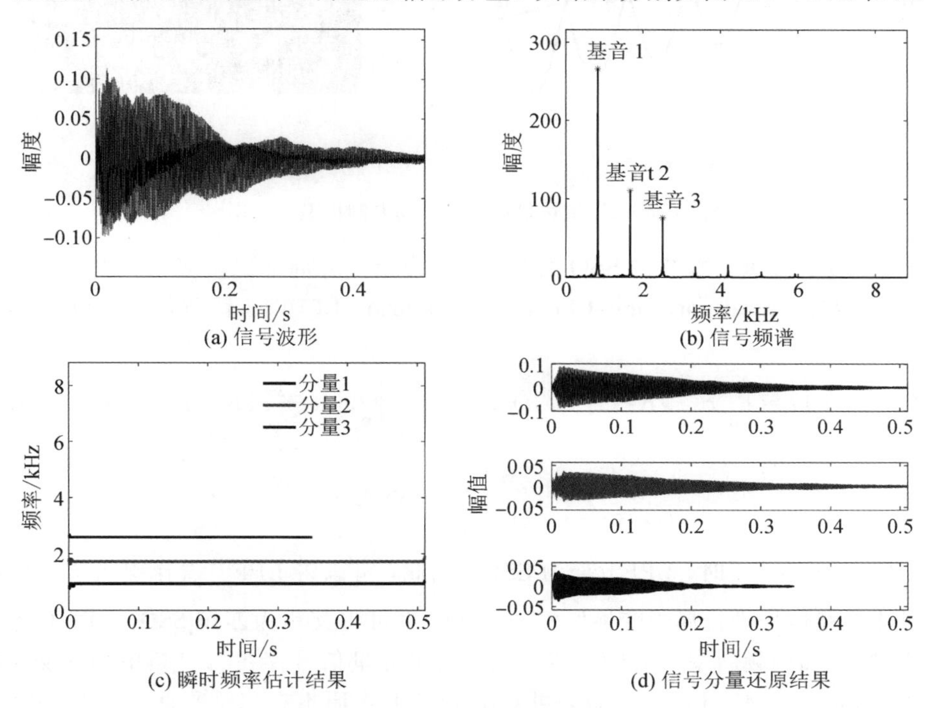

图 6.5-1　音乐信号及其分析结果

6.5.3 时频交叉信号的分离

MCS 模型是上述 EMD、SST 和 SSO 等方法的前提，即要求信号分量良好可分。然而，实际中信号分量可能在时频平面相互交叉。此时，在瞬时频率交叉时刻附近，应用上述方法将无法正确提取各个分量的频率，也无法有效分离各个分量。例如，在雷达信号处理中，目标的运动及其相关结构部件的旋转、振动等，将产生复杂的多普勒效应，形成典型的非平稳多分量信号。这些频率分量通常是相互交叉的，如图 6.5-2 所示。在雷达信号处理中，需要提取这些频率分量，以及其能量、相位等信息，从而实现对目标的特征分析、分类识别等任务。

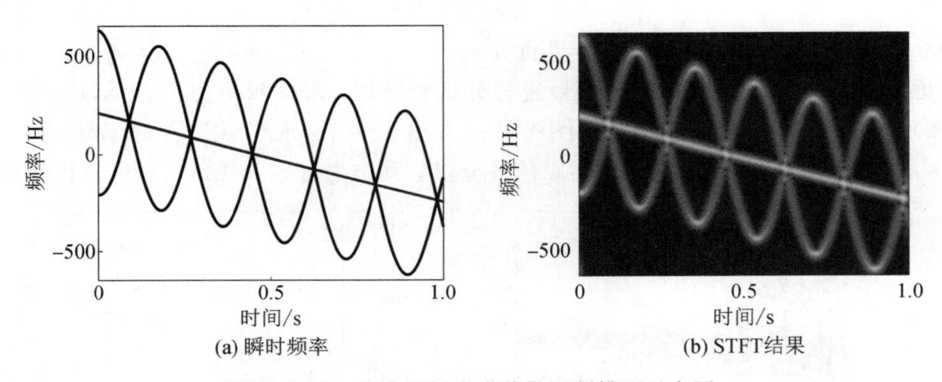

图 6.5-2 雷达目标微多普勒调制模型示意图

结合 Chirplet 变换，本节在 SSO 的基础上，介绍一种局部二阶多项式变换，称为**局部多项式傅里叶变换(local polynomial Fourier transform，LPFT)**。针对信号 $x(t)$，其 LPFT 定义为

$$\mathfrak{S}_x(t,\ \eta,\ \lambda):=\int_{\mathbb{R}} x(\tau)K_\sigma(\tau-t,\ \eta,\ \lambda)\mathrm{d}\tau=\int_{\mathbb{R}} x(t+\tau)K_\sigma(\tau,\ \eta,\ \lambda)\mathrm{d}\tau \tag{6.5-34}$$

其中：

$$K_\sigma(\tau,\ \eta,\ \lambda):=\frac{1}{\sigma}g\left(\frac{\tau}{\sigma}\right)\mathrm{e}^{-\mathrm{i}2\pi\eta\tau-\mathrm{i}\pi\lambda\tau^2} \tag{6.5-35}$$

可以看出，当 $\lambda=0$ 时，LPFT 变为 SSO。因此，可以将 LPFT 看作引入了二次相位项 $\mathrm{e}^{-\mathrm{i}\pi\lambda\tau^2}$，对非平稳信号进行局部变换匹配的 SSO，也可将其称为**匹配 SSO**。LPFT 将信号表示在时间、频率和调频斜率形成的三维空间。当多分量信号存在瞬时频率相互交叉时，在交叉时刻，调频斜率并不相等。因此，可利用 LQFT 将原本在二维平面上交叉的时频曲线在三维空间中分离，进而进行瞬时频率估计、信号分量重构等处理。

基于 6.4 节中的 MCS 模型，这里首先定义一种更加普遍的多分量信号模型，即**自适应**

谐波模型(adaptive harmonic model，AHM)，从而满足 LPFT 对时频交叉信号处理的需求。

针对非平稳多分量信号：

$$x(t)=\sum_{k=1}^{K}f_k(t)=\sum_{k=1}^{K}A_k(t)\mathrm{e}^{\mathrm{i}2\pi\varphi_k(t)}$$

若其瞬时幅度和瞬时相位满足：

$$A_k(t)\in L_\infty(\mathbb{R}),\ A_k(t)>0,\ \varphi_k(t)\in C^3(\mathbb{R}),\ \inf_{t\in\mathbb{R}}\varphi'_k(t)>0,\ \sup_{t\in\mathbb{R}}\varphi'_k(t)<\infty$$

且有

$$|A_k(t+\tau)-A_k(t)|\leqslant\alpha^3B_1|\tau|A_k(t),\ k=1,2,\cdots,K \tag{6.5-36}$$

$$\sup_{t\in\mathbb{R}}|\varphi'''_k(t)|\leqslant\alpha^7B_2,\ k=1,2,\cdots,K \tag{6.5-37}$$

其中 $\alpha>0$，B_1，B_2 是独立于 α 的正数。且任意两个分量 k 和 $l(k\neq l)$，有

$$|\varphi'_k(t)-\varphi'_l(t)|+\rho|\varphi''_k(t)-\varphi''_l(t)|\geqslant2\Delta \tag{6.5-38}$$

那么，称函数 $x(t)$**满足 AHM 条件**。

接下来，与 6.4 节类似，定义 $g(t)$为允许窗函数，满足 $\int_{\mathbb{R}}g(t)\mathrm{d}t=1$，$\mathrm{supp}(g)\subseteq[-N,N]$。$g(t)$的多项式傅里叶变换表示为

$$\breve{g}(\eta,\lambda):=\int_{\mathbb{R}}g(\tau)\mathrm{e}^{-\mathrm{i}2\pi\eta\tau-\mathrm{i}\pi\lambda\tau^2}\mathrm{d}\tau \tag{6.5-39}$$

那么存在常数 C，使得下式成立

$$|\breve{g}(\eta,\lambda)|\leqslant\frac{C}{\sqrt{|\eta|+|\lambda|}},\ \forall\eta,\lambda\in\mathbb{R} \tag{6.5-40}$$

对于高斯函数：

$$g(t)=\frac{1}{\sqrt{2\pi}}\mathrm{e}^{-\frac{t^2}{2}} \tag{6.5-41}$$

其多项式傅里叶变换表示为

$$\breve{g}(\eta,\lambda)=\frac{1}{\sqrt{1+\mathrm{i}2\pi\lambda}}\mathrm{e}^{-\frac{2\pi^2\eta^2}{1+\mathrm{i}2\pi\lambda}} \tag{6.5-42}$$

可以证明，高斯函数满足上述允许窗函数的条件。

此外，根据式(6.5-40)，可以得到

$$|\breve{g}(\eta,\lambda)|\leqslant\frac{L}{\sqrt{|\eta|+\rho|\lambda|}},\ \forall\eta,\lambda\in\mathbb{R} \tag{6.5-43}$$

其中，$L=\max\{1,\sqrt{\rho}\}C$，ρ 为式(6.5-38)中的参数。

对于满足 AHM 条件的多分量信号 $x(t)$和允许窗函数 $g(t)$，假设 $\sigma=\frac{c_0}{\alpha^2}$，其中 $c_0>0$，且有

$$\mu=\mu(t)=\min_{1\leqslant k\leqslant K}|A_k(t)|,\ M=M(t)=\sum_{k=1}^{K}|A_k(t)|$$

$$\alpha\leqslant\min\left\{\frac{\mu}{4Mc_0N(B_1+\pi B_2c_0^2N^2/3)},\ \frac{\mu\sqrt{c_0\Delta}}{4ML}\right\}$$

那么，以下命题成立：

(1) 集合 $G(t):=\{(\eta,\lambda):|\mathfrak{S}_x(t,\eta,\lambda)|\geqslant\mu/2\}$ 可以表示为 K 个不相交的非空集合，即

$$G_l(t):=\left\{(\eta,\lambda)\in G(t):\sigma|\eta-\varphi_l'(t)|+\rho\sigma^2|\lambda-\varphi_l''(t)|\leqslant\left(\frac{4LM}{\mu}\right)^2\right\},\ l=1,2,\cdots,K \tag{6.5-44}$$

(2) LPFT 的局部最大值为

$$(\hat{\eta}_l,\hat{\lambda}_l):=\arg\max_{(\eta,\lambda)\in\mathfrak{S}_l(t)}|\mathfrak{S}_x(t,\eta,\lambda)|,\ l=1,2,\cdots,K \tag{6.5-45}$$

那么

$$||\mathfrak{S}_x(t,\hat{\eta}_l,\hat{\lambda}_l)|-A_l(t)|\leqslant\alpha M\left(\frac{L}{\sqrt{c_0\Delta}}+c_0NB_1+\frac{\pi B_2c_0^3N^3}{3}\right) \tag{6.5-46}$$

$$|\hat{\eta}_l-\varphi'_l(t)|=\frac{1}{\sigma}\mathrm{o}(1)=\alpha^2\mathrm{o}(1),\ \alpha\to0^+ \tag{6.5-47}$$

$$|\hat{\lambda}_l-\varphi''_l(t)|=\frac{1}{\sigma^2}\mathrm{o}(1)=\alpha^4\mathrm{o}(1),\ \alpha\to0^+ \tag{6.5-48}$$

$$|\mathfrak{S}_x(t,\hat{\eta}_l,\hat{\lambda}_l)-x_l(t)|\leqslant\mathrm{o}(1)+\alpha M\left(\frac{L}{\sqrt{c_0\Delta}}+c_0NB_1+\frac{\pi B_2c_0^3N^3}{3}\right),\ \alpha\to0^+ \tag{6.5-49}$$

命题(1)表明，当多分量信号 $x(t)$ 满足 AHM 条件时，可通过 LPFT 在时间、频率和调频斜率形成的三维空间进行有效表示，具有良好的聚集特性，可实现多分量分离。命题(2)表明，可利用 LPFT 实现多分量信号瞬时频率估计，也可实现各信号分量的重构，即

$$\hat{x}_l(t)=\mathfrak{S}_x(t,\hat{\eta}_l,\hat{\lambda}_l),\ l=1,2,\cdots,K \tag{6.5-50}$$

如果 $x(t)$ 及各分量为实信号，则重构公式为

$$\hat{x}_l(t)=2\mathrm{Re}[\mathfrak{S}_x(t,\hat{\eta}_l,\hat{\lambda}_l)],\ l=1,2,\cdots,K \tag{6.5-51}$$

以二分量 LFM 信号为例，图 6.5-3 所示为合成信号波形和各分量的瞬时频率。从图中可以看出，两条瞬时频率曲线相互交叉。图 6.5-4 给出了 STFT 和 FSST 的结果，从图中可以看出，信号的瞬时频率存在交叉，无法利用 STFT 和 FSST 进行有效的表示和分离。

图 6.5－5 给出了该信号的 LPFT $|\mathfrak{S}_x(t, \eta, \lambda)|$ 在固定不同参数下的切片。通过切片可以看出，虽然信号分量的瞬时频率相互交叉，但是在 LPFT 构成的三维空间中它们良好可分。

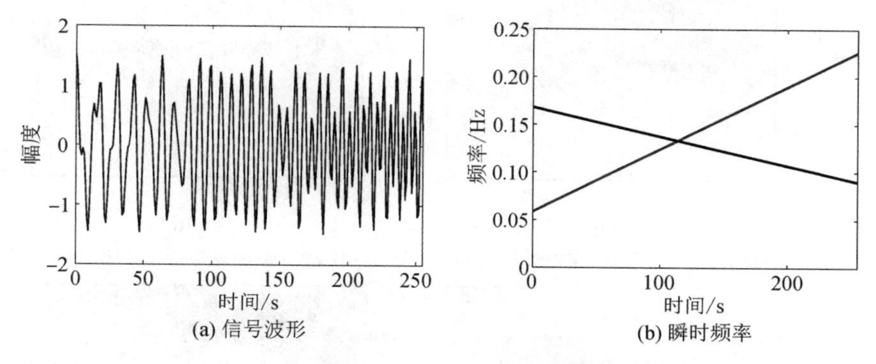

(a) 信号波形　(b) 瞬时频率

图 6.5－3　二交叉分量信号波形和瞬时频率

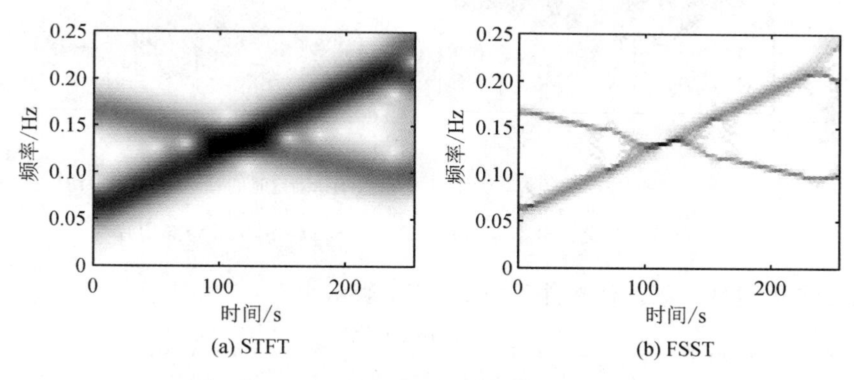

(a) STFT　(b) FSST

图 6.5－4　二交叉分量信号的 STFT 和 FSST

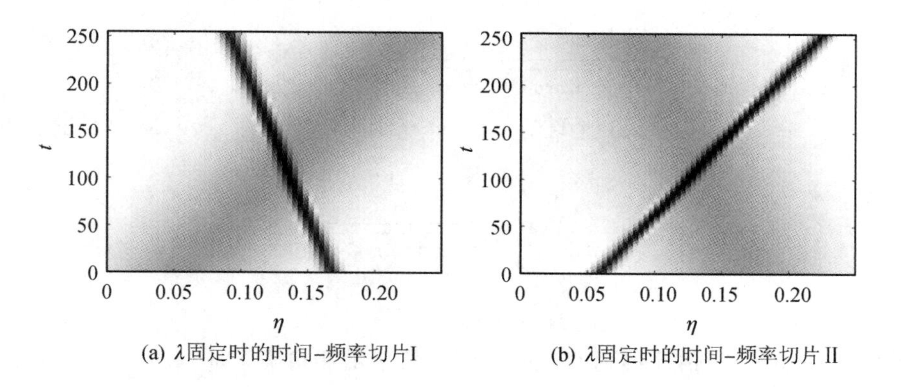

(a) λ固定时的时间-频率切片I　(b) λ固定时的时间-频率切片II

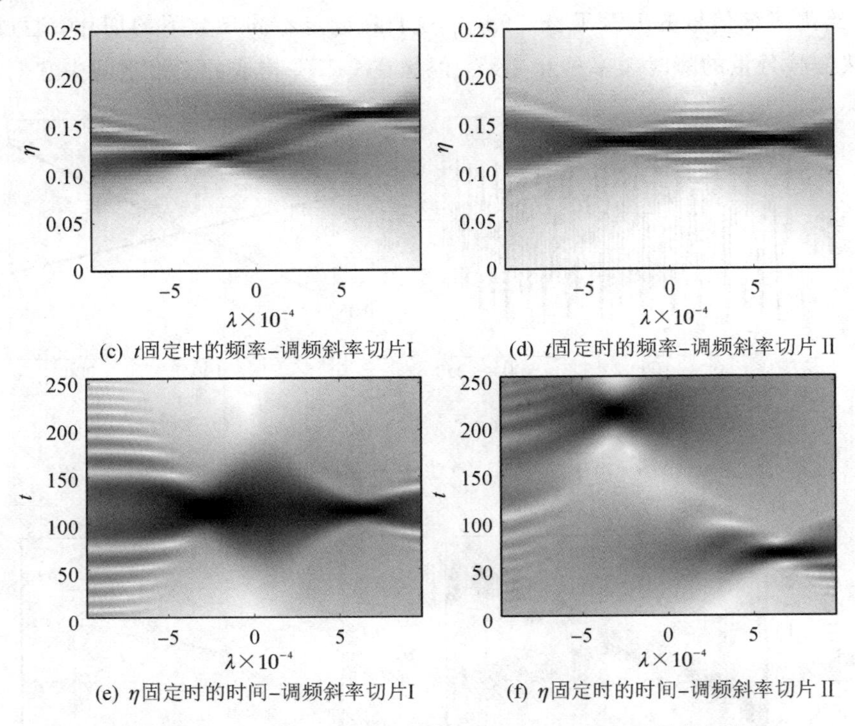

(c) t固定时的频率–调频斜率切片I　(d) t固定时的频率–调频斜率切片II

(e) η固定时的时间–调频斜率切片I　(f) η固定时的时间–调频斜率切片II

图 6.5-5　二交叉分量信号的 LPFT $|S_x(t,\eta,\lambda)|$局部切片

接下来，考虑线性调频近似条件下的 LPFT，表示为

$$
\begin{aligned}
\mathfrak{S}_{x_k}(t,\eta,\lambda) &\approx \int_{\mathbb{R}} x_k(t)\mathrm{e}^{\mathrm{i}2\pi[\varphi_k'(t)\tau+\varphi_k''(t)\tau^2/2]}K_\sigma(\tau,\theta,\lambda)\mathrm{d}\tau \\
&= x_k(t)\breve{g}\{\sigma[\eta-\varphi'_k(t)],\ \sigma^2[\lambda-\varphi''_k(t)]\} \\
&= \frac{1}{\sqrt{1+\mathrm{i}2\pi\sigma^2[\lambda-\varphi''_k(t)]}}x_k(t)\mathrm{e}^{-\frac{2\pi^2\sigma^2}{1+\mathrm{i}2\pi\sigma^2[\lambda-\varphi_k''(t)]}[\eta-\varphi_k'(t)]^2} \\
&= x_k(t)A[\lambda-\varphi''_k(t)]\Omega[\lambda-\varphi''_k(t),\ \eta-\varphi'_k(t)]
\end{aligned}
\tag{6.5-52}
$$

其中

$$A(\lambda):=\frac{1}{\sqrt{1+\mathrm{i}2\pi\sigma^2\lambda}}$$

$$\Omega(a,b):=\mathrm{e}^{-\frac{2\pi^2\sigma^2}{1+\mathrm{i}2\pi\sigma^2 a}b^2}$$

假设由式(6.5-45)估计得到的频率和调频斜率足够精确，即

$$(\hat{\eta}_k,\ \hat{\lambda}_k)=(\varphi'_k(t),\ \varphi''_k(t))$$

那么

$$\hat{x}_k(t) = \mathfrak{S}_{x_k}(t, \hat{\eta}_k, \hat{\lambda}_k) \approx x_k(t) \tag{6.5-53}$$

可以看出，在线性调频近似情况下，LPFT 可以准确地重构各个信号分量 $x_k(t)$。

例 6.5.2　利用 LPFT 对二分量信号进行分离。

考虑一个瞬时频率相互交叉的二分量信号。其中一个是简单的单频信号，另一个是非线性频率调制信号，如图 6.5-6 所示。为了证明 LPFT 的有效性，图 6.5-7(a)～图 6.5-7(c)所示为 STFT、FSST 和 FSST2 的结果。从图中可以看出，STFT 在瞬时频率处会产生较高的能量，FSST 已很难实现有效的同步压缩，而 FSST2 虽然具有较好的能量聚集性，但仍然在频率交叉附近出现错误。通过引入二次相位，LFPT 在三维空间可以实现频率交叉分量的良好分离。图 6.5-7(d)～图 6.5-7(f)分别是 LPFT 的瞬时频率估计结果和两个分量的波形恢复结果。除了信号边界(两端)部分外(受边界效应影响)，LPFT 可以准确分离两个信号的瞬时频率曲线，同时高精度地重构出两个分量信号的波形。

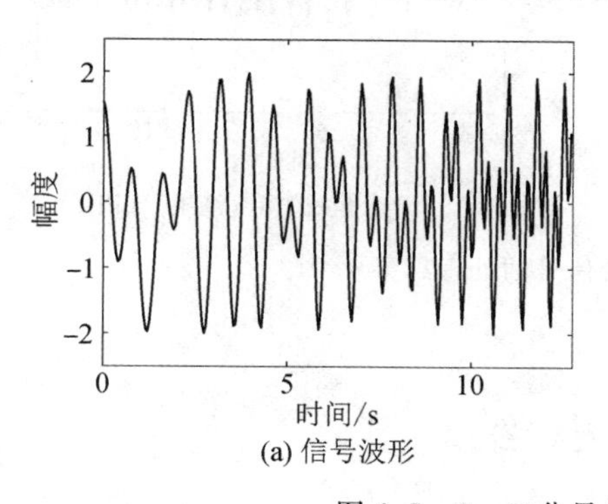

(a) 信号波形

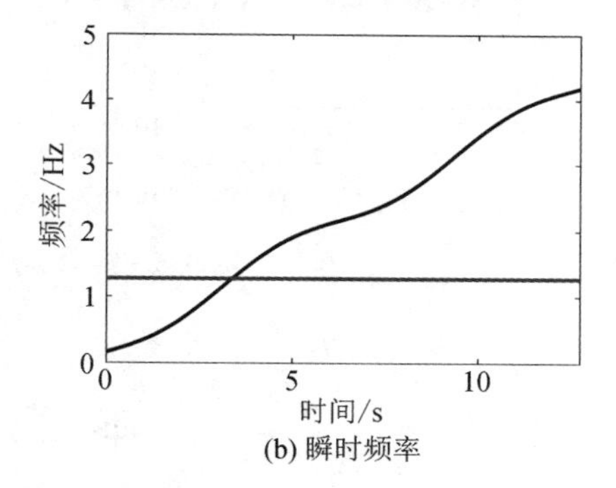

(b) 瞬时频率

图 6.5-6　二分量信号波形和瞬时频率

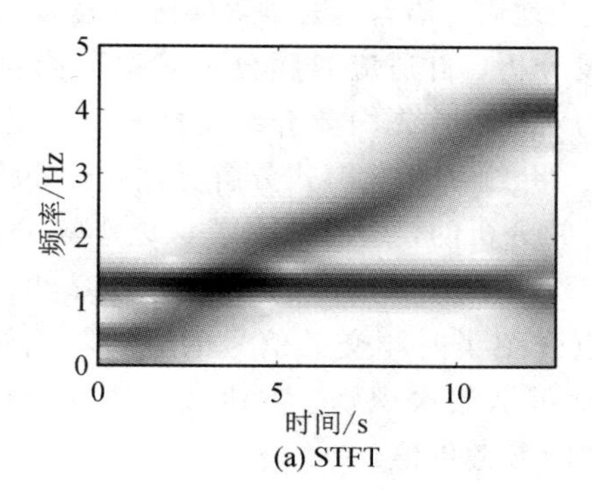

(a) STFT

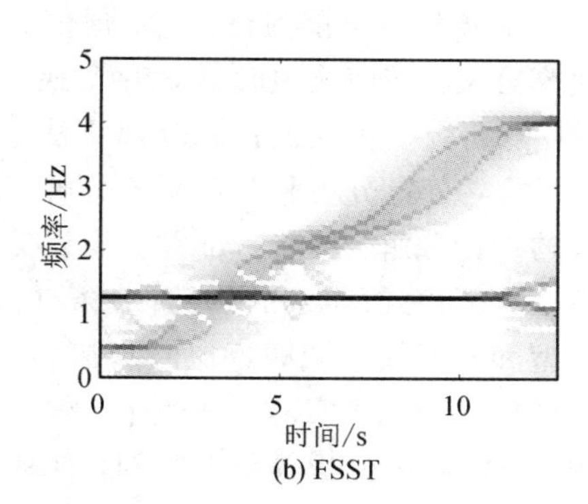

(b) FSST

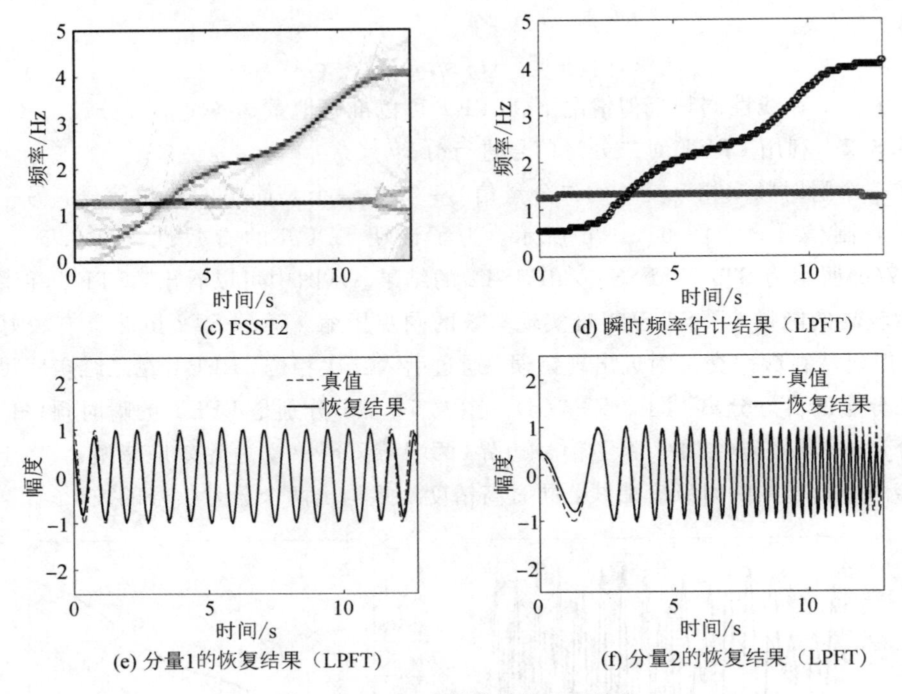

图 6.5-7 二分量信号的处理结果

本章小结

多分量信号分离与重构在雷达、通信、声呐、地震、语音、医学等实际工程领域中具有重要的研究意义。在前文短时傅里叶变换、小波分析、自适应时频分析等章节内容的基础上，本章重点研究了单通道盲源分离算法。作为对比，首先简要介绍了两种多通道盲源分离算法，即独立分量分析和非负矩阵分解。其次，介绍了经验模式分解算法，对分解性能进行了详细的理论分解。接着，介绍了基于线性时频分析的信号分离算法，以小波分析为例，重点介绍了本征模式函数和良好可分条件。最后，介绍了一种直接信号分离算法，在自适应谐波模型和局部线性调频近似的基础上，重点介绍了时频交叉信号的分离与重构。本章给出了语音信号分离、EEG 信号特征分析、雷达编队架次识别、雷达微多普勒分析、音乐信号重构、蝙蝠回声分析等众多实例，具有较大的参考价值。

附录 参考程序与代码

附录 1 图 5.4-3 中 SST 和图 5.4-4 中 SST2 参考代码

```
r1=50;r2=64; c1=12;c2=34;     % 信号产生 & 参数设置
t=[0:256-1]/256;     % 采样时刻
s=cos(2*pi*(c1*t+r1/2*t.^2)) + cos(2*pi*(c2*t+r2/2*t.^2));
gamma=0.01; mu=1; ci=1.0;nv=32;
function [Ws Ts1 Ts2 pw aj]=cwt_sst(s,gamma,mu,ci,nv)     % 计算 CWT，SST 和 SST2
n=length(s); L=log2(n);
na=L*nv;     % 计算尺度数量
j=[1:na]; t=[0:n-1];     % 时间
aj=2.^(j/nv);     % 尺度
sleft=flipud(s(2:n/2+1));     % symmetric Padding
sright=flipud(s(end-n/2:end-1));
x=[sleft; s; sright]; n1=length(sleft)-1; clear xleft xright;
N=length(x);Ws=zeros(na,N); dWs=Ws;
xh=fft(x);
psihfn=@(w) exp(-2*pi^2*ci^2*(w-mu).^2);     % 定义小波
xi=zeros(1,N); xi(1:N/2+1)=1/N*[0:N/2]; xi(N/2+2:end)=1/N*[-N/2+1:-1];     %频点
for ai=1:na
    a=aj(ai); psih=psihfn(a*xi); dpsih=(2i*pi*xi) .* psih; xcpsi=(ifft(psih .* xh));
    Ws(ai, :)=xcpsi; dxcpsi=(ifft(dpsih .* xh)); dWs(ai, :)=dxcpsi;
end
Ws=Ws(:, n1+1:n1+n); dWs=dWs(:, n1+1:n1+n);
hWs=(abs(Ws)>gamma).*(1./Ws);
```

```
Rs=1/(2i*pi)*dWs.*hWs; Rs=real(Rs);      % 相位变换
dt=t(2)-t(1); dT=t(end)-t(1); fM=1/(2*dt); fm=1/dT;
fs=linspace(fm, fM, na);
dfs=1/(fs(2)-fs(1));
Ts1=zeros(length(fs),size(Ws,2));
for b=1:n;
  for ai=1:length(aj)
        k=min(max(round(Rs(ai,b)*dfs),1),length(fs));
        Ts1(k, b)=Ts1(k, b) +Ws(ai, b);      % 计算 SST
  end;
end
Ts1=Ts1 *log(2)/nv;
Ws=zeros(na,N); dWs=Ws; wdWs=Ws; wWs=Ws; wwWs=Ws;       %初始化变换矩阵
psihfn=@(w) exp(-2*pi^2*ci^2*(w-mu).^2);      % 定义小波
psihfn0=@(w) (-4*pi^2*ci^2*(w-mu)).*exp(-2*pi^2*ci^2*(w-mu).^2);   % psihfn 的导数
psihfn1=@(w) w.*(-4*pi^2*ci^2*(w-mu)).*exp(-2*pi^2*ci^2*(w-mu).^2);
psihfn2=@(w) w.*exp(-2*pi^2*ci^2*(w-mu).^2);      % w.*
psihfn3=@(w) w.^2.*exp(-2*pi^2*ci^2*(w-mu).^2);      % w^2.*
for ai=1:na;
        a=aj(ai);
        psih=psihfn(a*xi); xcpsi=(ifft(psih .* xh)); Ws(ai, :)=xcpsi;
        dpsih=psihfn0(a*xi); dxcpsi=(ifft(dpsih.*xh)); dWs(ai, :)=dxcpsi;
        wdpsih=psihfn1(a*xi); wdxcpsi=(ifft(wdpsih.*xh)); wdWs(ai, :)=wdxcpsi;
        wpsih=psihfn2(a*xi); wxcpsi=(ifft(wpsih.*xh)); wWs(ai, :)=wxcpsi;
        wwpsih=psihfn3(a*xi); wwxcpsi=(ifft(wwpsih.*xh)); wwWs(ai, :)=wwxcpsi;
end
Ws=Ws(:, n1+1:n1+n); dWs=dWs(:, n1+1:n1+n);
wdWs=wdWs(:, n1+1:n1+n);
wWs=wWs(:, n1+1:n1+n);
wwWs=wwWs(:, n1+1:n1+n);
a=repmat(aj,[n 1]); a=a';
w0=1./(a).*(wWs./Ws);
q=(1i./(a.^2)).*((wwWs.*Ws-wWs.^2)./(Ws.^2+wdWs.*Ws-Ws.*wWs));
pw=abs(w0+q.*(-(a/1i.*(dWs./Ws))));
dT=t(end)-t(1); fM=1/(2*dt); fm=1/dT;
```

```
fs=linspace(fm, fM, na); dfs=1/(fs(2)-fs(1));
Ts2=zeros(length(fs),size(Ws,2));
for b=1:n;
  for ai=1:length(aj);
    if abs(Ws(ai, b)) > gamma
            k=min(max(round(pw(ai,b) * dfs),1),length(fs));
            Ts2(k, b)=Ts2(k, b) +Ws(ai, b);    % 计算 SST2
    end;
  end;
end
Ts2=Ts2 * log(2)/nv;
```

附录 2　图 5.4-8 中 FSST2 和自适应 FSST2 参考代码

```
function [Vs_tv Ts2_tv]=adap_stft_sst(s,gamma,sigma_tv)    %自适应 STFT 和自适应 FSST2 函数
n=length(s);ol=n;
sleft=flipud(s(2:n/2+1));sright=flipud(s(end-n/2:end-1));    % Padding
x=[sleft; s; sright]; N=length(x); n1=length(sleft); clear xleft xright;
cit=sigma_tv(:); cit1=repmat(cit,[1,n]); cit1=cit1';
dcit=([cit(2:end); 0]-[0;cit(1:end-1)])/2;
dcit(1)=[cit(2)-cit(1)]; dcit(end)=[cit(end)-cit(end-1)];
dcit1=repmat(dcit,[1,n]);dcit1=dcit1';        % \sigma(t)的导数
V0=zeros(N,n);  % 将 V0…V7 初始化为 0,这里省略了部分赋值
V0_t=zeros(N,N);%将 V0_t…V6_t, V71_t, V72_t 和 V73_t 初始化为 0,这里省略了部分赋值
xh=fft(x);
xi=zeros(1,N); xi(1:N/2+1)=1/N*[0:N/2]; xi(N/2+2:end)=1/N*[-N/2+1:-1];%频点
ghn0=@(ci,xi) exp(-2*pi^2*ci^2*xi.^2);    % STFT with "Gaussian window"
ghn1=@(ci,xi) -2i*pi*ci*xi.* exp(-2*pi^2*ci^2*xi.^2);
ghn2=@(ci,xi) (4*pi^2*ci^2*xi.^2-1).* exp(-2*pi^2*ci^2*xi.^2);
ghn3=@(ci,xi) -4*pi^2*ci*(xi).^2 .* exp(-2*pi^2*ci^2*xi.^2);
ghn4=@(ci,xi) -4*pi^2*ci^2*(xi).* exp(-2*pi^2*ci^2*xi.^2);
ghn5=@(ci,xi) 8i*pi^3*ci^3*(xi).^2 .* exp(-2*pi^2*ci^2*xi.^2);
ghn6=@(ci,xi) -4*pi^2*ci^2*(xi).* (4*pi^2*ci^2*xi.^2-1).* exp(-2*pi^2*ci^2*xi.^2);
```

```
ghn71=@(ci,xi) -8i*pi^3*ci^2*(xi).* exp(-2*pi^2*ci^2*xi.^2);
ghn72=@(ci,xi) -8*pi^2*ci*(xi).* exp(-2*pi^2*ci^2*xi.^2);
ghn73=@(ci,xi) 16*pi^4*ci^3*(xi).^3 .* exp(-2*pi^2*ci^2*xi.^2);
for bb=1:ol;
  ci=sigma_tv(bb);
    for kk=1:N;       %循环
        eta=xi(kk);
        psih0=ghn0(ci,eta-xi); xcpsi=(ifft((psih0.* xh))); V0_t(kk,:)=xcpsi;
        psih1=ghn1(ci,eta-xi); xcpsi=(ifft((psih1.* xh))); V1_t(kk,:)=xcpsi;
        psih2=ghn2(ci,eta-xi); xcpsi=(ifft((psih2.* xh))); V2_t(kk,:)=xcpsi;
        psih31=2i*pi*xi.*ghn0(ci,eta-xi); xcpsi=(ifft((psih31.* xh)));
        V31_t(kk,:)=xcpsi;
        psih32=ghn3(ci,eta-xi); xcpsi=dcit(bb)*(ifft((psih32.* xh)));
        V32_t(kk,:)=xcpsi;
        psih4=ghn4(ci,eta-xi); xcpsi=(ifft((psih4.* xh))); V4_t(kk,:)=xcpsi;
        psih5=ghn5(ci,eta-xi); xcpsi=(ifft((psih5.* xh)));
        V5_t(kk,:)=xcpsi-2i*pi*ci*V0_t(kk,:);
        psih6=ghn6(ci,eta-xi); xcpsi=(ifft((psih6.* xh)));
        V6_t(kk,:)=xcpsi+4i*pi*ci*V1_t(kk,:);
        psih71=xi.* ghn71(ci,eta-xi); xcpsi=(ifft((psih71.* xh)));
        V71_t(kk,:)=xcpsi;
        psih72=ghn72(ci,eta-xi); xcpsi=dcit(bb) * (ifft((psih72.* xh)));
        V72_t(kk,:)=xcpsi;
        psih73=ghn73(ci,eta-xi); xcpsi=dcit(bb) * (ifft((psih73.* xh)));
        V73_t(kk,:)=xcpsi;
    end
    V0(:,bb)=V0_t(:,bb+n1); V1(:,bb)=V1_t(:,bb+n1); V2(:,bb)=V2_t(:,bb+n1);
    V3(:,bb)=V31_t(:,bb+n1) + V32_t(:,bb+n1);
    V4(:,bb)=V4_t(:,bb+n1); V5(:,bb)=V5_t(:,bb+n1); V6(:,bb)=V6_t(:,bb+n1);
    V7(:,bb)=V71_t(:,bb+n1) + V72_t(:,bb+n1) + V73_t(:,bb+n1);
end
V0(n+1:end,:)=[];V1(n+1:end,:)=[]; V2(n+1:end,:)=[];
V3(n+1:end,:)=[]; V4(n+1:end,:)=[];
V5(n+1:end,:)=[];V6(n+1:end,:)=[];V7(n+1:end,:)=[];
Vs_tv=V0/(n);
```

```
Ts2_tv=zeros(n/2,ol);  w2nd=zeros(n/2,ol); %
tp1=(V5. * V0-V1. * V4)./V0.^2; tp2=(V7. * V0-V3. * V4)./V0.^2;
tp3=(V6. * V0-V2. * V4)./V0.^2;
R0=real(V3./(2i * pi * V0));% . * (abs(V0)>gamma);
R1=dcit1./cit1 . *  real(V2./(2i * pi * V0));%. * (abs(V0)>gamma);
R2=V1./(2i * pi * V0);%. * (abs(V0)>gamma);
for bb=1:ol;
  for fi=1:n;
     if   tp1(fi,bb) ~=0
        P0=(tp2(fi,bb) + dcit(bb)/cit(bb) * tp3(fi,bb))/tp1(fi,bb);
       w2nd(fi,bb)=R0(fi,bb) + R1(fi,bb) - real(R2(fi,bb) * P0); % 二阶参考频率
       else   w2nd(fi,bb)=R0(fi,bb) + R1(fi,bb);
    end;
  end;
end
w2nd=real(w2nd); fs=[0:n/2-1]/n; dfs=n;
for bb=1:ol;
  for fi=1:n;
    if abs(V0(fi, bb)) > gamma
              kk=min(max(round(w2nd(fi,bb) * dfs),1),length(fs));
              Ts2_tv(kk, bb)=Ts2_tv(kk, bb) + V0(fi, bb) * cit(bb); % 自适应 FSST2
    end;
  end;
end
Ts2_tv=Ts2_tv/(dfs);
```

附录 3　图 6.2-4 参考代码

```
S=[s1' s2' s3'];      % s1,s2 和 s3 为采集得到的语音信号,为行向量,长度相同
mixdata=S * randn(num) + randn(1,num);  %多通道观测信号模型,随机混合
figure    %绘制源信号图形
fori=1:num
     subplot(1,num,i)
```

```
        plot(S(:,i))
        title(['源信号',num2str(i)])
end
figure      %绘制混合信号图形
fori=1:num
        subplot(1,num,i)
        plot(S(:,i))
        title(['混合信号',num2str(i)])
end
mixdata=prewhiten(mixdata);      %白化操作
Mdl=rica(mixdata,q,'NonGaussianityIndicator',ones(num,1));      % ICA 实现信号还原
unmixed=transform(Mdl,mixdata);      %信号提取
figure      %绘制估计信号图形
fori=1:num
        subplot(1,num,i)
        plot(unmixed(:,i))
        title(['估计信号',num2str(i)])
end
```

附录 4　6.3.2 节中改进 EMD 参考代码

```
function [local_min_x,local_min_y,num_extrema]=localmin1(data_x, data_y)   %极小值点提取函数
num_extrema=0;      %极值点个数初始化
fori=2:length(data_y)-1;
    if((data_y(i) < data_y(i-1)) & (data_y(i) <=data_y(i+1)))
            Y=data_y(i); X=data_x(i);
            local_min_y=[local_min_y, Y];
            local_min_x=[local_min_x, X];
            num_extrema=num_extrema+1;   end
    if((data_y(i)==data_y(i-1)) & (data_y(i) < data_y(i+1)))
            Y=data_y(i); X=data_x(i);
            local_min_y=[local_min_y, Y];
            local_min_x=[local_min_x, X];
```

```
            num_extrema=num_extrema+1;
        end
end
function env=interp(xi,yi,L)      %基于高阶极值点的插值函数
if length(xi) > 3
    [yt,term1]=min(abs(yi(1)-yi(3:end)));   term1=term1+2;
     yi=[yi(term1-2) yi(term1-1) yi];
     xi=[xi(1)+xi(term1-2)-xi(term1) xi(1)+xi(term1-1)-xi(term1)   xi];
    [yt,term2]=min(abs(yi(end)-yi(1:end-2)));
     yi=[yi yi(term2+1) yi(term2+2)];
     xi=[xi xi(end)+xi(term2+1)-xi(term2) xi(end)+xi(term2+2)-xi(term2)];
     ifxi(1)>1;   xi(1)=1;   end
     if xi(end)<L;   xi(end)=L;   end
     mx=(xi(1):xi(end)); my=spline(xi, yi, mx);
     env=my(find(mx==1):find(mx==L));
else
     env=mean(yi)*ones(1,L);
end
```

附录5　图6.5-1中SSO参考代码

```
function ridge=ridge_extr_spec(SSOmatrix,gamma,xa,yb)      %从SSO矩阵提取脊线的函数
N=size(SSOmatrix,2); Tx=SSOmatrix;
c1=xa; d1=yb; ccur=ones(1,N); ccur(c1)=d1; mxm=Tx(d1,c1);
mstep=2;    % 最大频率跳变参数
flag=1;  % 前向搜索
while c1 < N && flag
    bt=c1+1;
    TauVector=Tx(:,bt);     % fix t, \TauF(t,thelta)
    tep=abs(TauVector); tep=tep(:); tep=tep'; tep1=tep;      %/max(tep);
    l_tep1=[0,0,tep1(4:end-1),0,0]; r_tep1=[0,0,tep1(2:end-3),0,0];
    m_tep1=[0,0,tep1(3:end-2),0,0];
    a_1=find(((m_tep1>l_tep1)+(m_tep1>r_tep1))==2 & tep>gamma*mxm);
```

```
    da_1=a_1-d1;
    [mda, ix2]=min(abs(da_1));
    ifmda<mstep;   ccur(bt)=a_1(ix2);   d1=a_1(ix2);
    else;   flag=0;   end;
    c1=bt;
end
c1=xa; d1=yb; ccur(c1)=d1;
flag=1;   %后向搜索
while c1 > 1 && flag
    bt=c1-1;
    TauVector=Tx(:,bt);      % fix t, \TauF(t,thelta)
    tep=abs(TauVector); tep=tep(:); tep=tep'; tep1=tep;%/max(tep);
    l_tep1=[0,0,tep1(4:end-1),0,0];   r_tep1=[0,0,tep1(2:end-3),0,0];
    m_tep1=[0,0,tep1(3:end-2),0,0];
    a_1=find(((m_tep1>l_tep1)+(m_tep1>r_tep1))==2 & tep>gamma*mxm);
    da_1=a_1-d1;
    [mda, ix2]=min(abs(da_1));
    ifmda<mstep;
        ccur(bt)=a_1(ix2);   d1=a_1(ix2);
    else
        flag=0;
    end
    c1=bt;
end
ridge_m=ccur;
```

附录 6　图 6.5-7 中 LPFT 参考代码

```
function LPFTmatrix=lpft(signal,sigma)      %计算 LPFT 的函数
N=length(signal);
js=[-N/2+1:N/2-1];
TimeVariable_0=js/N;
gf=1/(sqrt(2*pi)*sigma) * exp(-TimeVariable_0.^2/(2*sigma^2));    %高斯函数
```

```
gf1=1/2 * [zeros(1,64),gf(2:2:end),zeros(1,64)];
ThetaVariable=pi * [0:N/2-1]/(N/2);
sleft=flipud(signal(2:N/2+1));
sright=flipud(signal(end-N/2:end-1));
x=[sleft signal sright];
clearxleft xright;
M=length(x);    % M=2 * N is the length of the padded signal
n1=length(sleft);
rate=2 * pi * [-N/4+1:N/4-1]/N/N;
LPFTmatrix=zeros(N,length(ThetaVariable));
for k=1:N;
  for n=1:length(ThetaVariable)
        x_trun=x(k+n1-N/2+1:k+n1+N/2-1);
        chirp1=exp(1i * ThetaVariable(n) * js);
        LPFTmatrix(k,n)=sum(gf. * x_trun. * chirp1)-sum(gf1. * x_trun. * chirp1);
    end;
end
```

关于本书中的更多程序代码，请读者参考作者的个人网页：
https://web.xidian.edu.cn/lilin/llcg.html

参 考 文 献

[1] 唐向宏，李齐良. 时频分析与小波变换[M]. 2版. 北京：科学出版社，2016.

[2] 张贤达. 现代信号处理[M]. 3版. 北京：清华大学出版社，2015.

[3] 张贤达. 矩阵分析与应用[M]. 2版. 北京：清华大学出版社，2013.

[4] COHENL. 时-频分析：理论与应用[M]. 白居宪，译. 西安：西安交通大学出版社，1999.

[5] 王宏禹，邱天爽，陈喆. 非平稳随机信号分析与处理[M]. 2版. 北京：国防工业出版社，2008.

[6] 张贤达，保铮. 非平稳信号分析与处理[M]. 北京：国防工业出版社，1998.

[7] 程正兴. 小波分析算法与应用[M]. 西安：西安交通大学出版社，2002.

[8] 张彬，杨风暴. 小波分析方法及其应用[M]. 北京：国防工业出版社，2011.

[9] 唐向宏，贺振华，谢书琴. 小波分析与应用[M]. 成都：四川科学技术出版社，1999.

[10] 冯象初. 数值泛函与小波理论[M]. 西安：西安电子科技大学出版社，2003.

[11] PHILIPPE G. Ciarlet 线性与非线性泛函分析及其应用[M]. 秦铁虎，童裕孙，译. 北京：高等教育出版社，2017.

[12] BOYD S，VANDENBERGHE L. 应用线性代数：向量、矩阵及最小二乘[M]. 张文博，张丽静，译. 北京：机械工业出版社，2020.

[13] 向敬成，刘醒凡. 信号理论[M]. 成都：成都电讯工程学院出版社，1988.

[14] OPPENHEIM A V，SCHAFER R W. 离散时间信号处理[M]. 3版. 黄建国，刘树棠，张国梅，译. 北京：电子工业出版社，2015.

[15] 唐向宏. 数字信号处理：原理、实现与仿真[M]. 2版. 北京：高等教育出版社，2012.

[16] 刘本永. 非平稳信号分析导论[M]. 北京：国防工业出版社，2006.

[17] 田福庆，罗荣，贾兰俊，等. 机械故障非平稳特征提取方法及其应用[M]. 北京：国防工业出版社，2014.

[18] DAUBECHIES I. 小波十讲[M]. 贾洪峰，译. 北京：人民邮电出版社，2017.

[19] CHUI C K. 小波分析导论[M]. 程正兴，译. 西安：西安交通大学出版社，1995.

[20] 高勇. 时频分析与盲信号处理[M]. 北京：国防工业出版社，2017.

[21] 梅铁民. 盲源分离理论与算法[M]. 西安：西安电子科技大学出版社，2013.

[22] 余先川，胡丹. 盲源分离理论与应用[M]. 北京：科学出版社，2011.

[23] 杨万海. 多传感器数据融合及其应用[M]. 西安：西安电子科技大学出版社，2004.

[24] CHUI C K，JIANG Q. Applied mathematics：data compression，spectral methods，fourier analysis，wavelets and applications[M]. Springer Publ.，2013.

[25] WILEY R G. ELINT：the interception and analysis of radar signals[M]. Artech house，norwood，MA，USA，2006.

[26] HAYES M H. Statistical digital signal processing and modeling [M]. Wiley, New York, 1996.

[27] CHEN V C, HAO L. Time-frequency transforms for radar imaging and signal analysis [M]. Boston, London: Artech House, 2002.

[28] COHEN L. Time-frequency analysis [M]. Englewood cliffs, NJ: Prentice-Hall, 1995.

[29] HLAWATSCH F, BONDREAUX-BARTELS G F. Linear and quadratic time-frequency signal representations [J]. IEEE signal processing magazine, 1992, 9(2): 21 - 88.

[30] CHOI H, WILLIAMS W J. Improved time-frequency representation of multicomponent signals using exponential kernels [J]. IEEE transactions on acoustics speech and signal processing, 1989, 37 (6): 862 - 871.

[31] MALLAT S. A wavelet tour of signal processing (2nd Edition) [M]. Academic Press, New York, 1999.

[32] GRÖCHENIG K. Foundations of time-frequency analysis [M]. Springer Science & Business Media, 2001.

[33] BOASHASH B. Time-frequency signal analysis and processing: A comprehensive reference [M]. Academic press, 2015.

[34] DAUBECHIES I. The wavelet transform, time-frequency localization and signal analysis [M]. Princeton University Press, 2009.

[35] STANKOVIC L, DAKOVIĆM, THAYANNATHAN T. Time-frequency signal analysis with applications [M]. Norwood, MA: Artech house, 2014.

[36] STANKOVIC L. A measure of some time-frequency distributions concentration [J]. Signal Processing, 2001, 81(3): 621 - 631.

[37] STANKOVIC L, STANKOVIĆ S, DAKOVIC M. From the STFT to the Wigner Distribution [J]. IEEE signal processing magazine, 2014, 31(3): 163 - 174.

[38] AUGER F, FLANDRIN P. Improving the readability of time-frequency and time-scale representations by the reassignment method [J]. IEEE transactions on signal processing, 1995, 43(5): 1068 - 1089.

[39] DAUBECHIES I, LU J, WU H T. Synchrosqueezed wavelet transforms: an empirical mode decomposition-like tool [J]. Applied and computational harmonic analysis, 2011, 30(2): 243 - 261.

[40] HUANG N E, SHEN Z, LONG S R, et al. The empirical mode decomposition and the Hilbert spectrum for nonlinear non-stationary time series analysis [J]. Proceedings of the royal society of london series A, 1998, 454(1971): 903 - 995.

[41] CHUI C K, MHASKAR H N. Signal decomposition and analysis via extraction of frequencies [J]. Applied and computational harmonic analysis, 2016, 40(1): 97 - 136.

[42] WU H T, Adaptive analysis of complex data sets [M]. Ph. D. dissertation, Princeton Univ. , Princeton, NJ, 2012.

[43] JIANG Q, SUTER B W. Instantaneous frequency estimation based onsynchrosqueezing wavelet transform [J]. Signal Processing, 2017, 138: 167 - 181.

[44] LI L, CAI H, JIANG Q, et al. An empirical signal separation algorithm for multicomponent signals

based on linear time-frequency analysis [J]. Mechanical systems and signal processing, 2019, 121 (15): 791-809.

[45] LI L, CAI H, HAN H, et al. Ji. Adaptive short-time Fourier transform and synchrosqueezing transform for non-stationary signal separation [J]. Signal processing, 2020, 166(1): 1-15.

[46] LI L, CAI H, JIANG Q. Adaptive synchrosqueezing transform with a time-varying parameter for non-stationary signal separation [J]. Applied and computational harmonic analysis, 2020: 1075-1106.

[47] CHUI CK, JIANG Q, LI L, et al. Time-scale-chirp_rate operator for recovery of non-stationary signal components with crossover instantaneous frequency curves [J]. Applied and computational harmonic analysis, 2021 (54): 323-344.

[48] LI L, CHUI C K, JIANG Q. Direct signal separation via extraction of local frequencies with adaptive time-varying parameters[J]. IEEE transactions on signal processing, 2022, 70: 2321-2333.

[49] CHUI C K, JIANG Q, LI L, et al. Signal separation based on adaptive continuous wavelet-like transform and analysis [J]. Applied and computational harmonic analysis, 2021. 53: 151-179.

[50] CHUI C K, JIANG Q, LI L, et al. Analysis of an adaptive short-time Fourier transform-based multicomponent signal separation method derived from linear chirp local approximation [J]. Journal of computational and applied mathematics, 2021, 396: 113607.

[51] LI L, HAN N, JIANG Q, et al. A chirplet transform-based mode retrieval method for multicomponent signals with crossover instantaneous frequencies [J]. Digital signal processing, 2022, 120: 103262.

[52] CHUI C K, JIANG Q, LI L, et al. Analysis of a direct separation method based on adaptive chirplet transform for signals with crossover instantaneous frequencies [J]. Applied and computational harmonic analysis, 2023, 62: 24-40.

[53] 李林，王林，韩红霞，等. 自适应时频同步压缩算法研究[J]. 电子与信息学报，2020，42(2): 438-444.

[54] 李林，姬红兵. 基于 L-Wigner 分布的多径 ESM 信号估计[J]. 系统工程与电子技术，2009，31 (11): 2618-2621.

[55] 江莉，赵国庆，李林. 一种改进的复延迟时频分布算法[J]. 西安电子科技大学学报，2016，43(5): 36-40.

[56] LI L, JI H. Signal feature extraction based on an improved EMD method[J]. Measurement, 2009, 42(5): 796-803.

[57] LI L, YU X, JIANG Q, et al. Synchrosqueezing transform meets a-stable distribution: an adaptive fractional lower-order SST for instantaneous frequency estimation and non-stationary signal recovery [J]. Signal processing, 2022, 201: 108683.

[58] LI L, DONG Z, ZHU Z. Deep-learning hopping capture model for automatic modulation classification of wireless communication signals[J]. IEEE transactions on aerospace and electronic systems, 2023, 59(2): 772-783.